国家自然科学基金青年科学基金项目(52104083)资助
国家自然科学基金面上项目(51674098)资助

煤矿巷道底板锚固孔钻渣运移规律与钻具优化

付孟雄 著

中国矿业大学出版社
· 徐州 ·

内容提要

煤矿巷道底板锚固孔钻进是利用锚杆(索)控制底鼓的关键环节,成孔质量与锚固效果成正比。长期以来,小孔径下向孔钻进排渣困难是高质量成孔的瓶颈问题。本书以煤矿巷道底板锚固孔钻进过程为研究对象,系统研究了巷道底板小孔径锚固孔钻渣生成机理与尺寸分布特征,确定了合理的排渣方式,明晰了巷道底板锚固孔钻渣运移规律及其影响因素,基于以上研究成果,完成了高效排渣钻具的设计优化,在现场进行了成功试验。

本书可供煤炭行业地质从业人员及相关科研人员学习借鉴,也可供高等院校相关专业师生参考。

图书在版编目(CIP)数据

煤矿巷道底板锚固孔钻渣运移规律与钻具优化 / 付孟雄著. —徐州:中国矿业大学出版社,2024. 6.

ISBN 978-7-5646-6298-1

Ⅰ. TD322

中国国家版本馆 CIP 数据核字第 2024C8V113 号

书　　名　煤矿巷道底板锚固孔钻渣运移规律与钻具优化

著　　者　付孟雄

责任编辑　陈红梅

出版发行　中国矿业大学出版社有限责任公司

（江苏省徐州市解放南路　邮编 221008）

营销热线　(0516)83885370　83884103

出版服务　(0516)83995789　83884920

网　　址　http://www.cumtp.com　**E-mail**:cumtpvip@cumtp.com

印　　刷　徐州中矿大印发科技有限公司

开　　本　787 mm×1092 mm　1/16　**印张** 9.25　**字数** 231 千字

版次印次　2024 年 6 月第 1 版　2024 年 6 月第 1 次印刷

定　　价　38.00 元

（图书出现印装质量问题,本社负责调换）

前　言

据统计，埋深在 2 000 m 以内的煤炭资源储量约为 5.9×10^{12} t，其中埋深超过 1 000 m 以上的占 50%以上。当前，中国很多煤矿已进入深部开采，高应力作用下多数巷道围岩呈现工程软岩特征，巷道顶板及两帮变形严重，底鼓现象频发。近年来，锚杆(索)支护技术对于深井巷道顶板及帮部的控制取得了一系列成果，但锚杆(索)支护应用于巷道底板控制仍有较大研究空间。其主要原因是，底板锚固孔均属于大角度下向钻孔，破碎岩石形成的钻渣排出是成孔过程中的重要环节，但岩石钻渣尺寸尚无有效的数据参考，钻渣尺寸与排渣通道尺寸不相符或孔深较大时排渣动力不足，往往会造成钻渣堵塞严重，使钻孔施工难度大大增加。由此可知，降低钻渣生成尺寸可在一定程度上提高排渣效果。岩石在钻头刀片作用下被多次破坏，进而形成了各级粒径钻渣，可通过优化钻头结构参数减小钻渣尺寸，但目前底板锚固孔钻进过程中刀片破岩及钻渣生成的机理尚未明确。钻渣在钻进液中的运移规律对钻渣的排出至关重要。由于钻进过程中钻杆及钻头始终处于快速旋转状态，钻杆参数(钻杆类型、进液通道尺寸、杆壁厚度等)、钻孔深度及排渣动力等因素均会对钻渣运移规律产生影响，明确各因素对排渣效果的影响程度，可进一步对钻杆结构进行设计优化。针对上述问题，本书以煤矿巷道底板锚固孔钻进过程为研究对象，采用理论分析、实验室试验、数值模拟及现场试验等方法，围绕巷道底板小孔径锚固孔钻渣生成机理、钻渣尺寸分布特征、钻渣运移规律及其影响因素、高效排渣钻具优化设计等方面进行了系统阐述。

首先，介绍底板岩石与钻头刀片相互作用过程中各级粒径钻渣的生成机理，即 PDC 复合金刚石两翼式钻头破岩时钻渣的生成可分为 4 个阶段：钻渣初始生成阶段、崩落钻渣被重复破碎阶段、底部中心岩柱生成阶段和中心岩柱破断大尺寸钻渣生成阶段。钻渣平均尺寸主要与岩石单轴抗压强度及钻头有效刀片宽度有关，随着岩石单轴抗压强度的增大而增大，随着刀片有效宽度的增大而减小。

其次，在理论研究的基础上进行了底板常见沉积岩的实钻试验，进一步分析了钻渣尺寸分布规律及形貌特征。PDC 钻头产生的钻渣尺寸服从广义极值分布函数，钻渣的平均尺寸随着岩石单轴抗压强度的增大而增大，岩石强度越高，钻进产生的大尺寸钻渣比例越大，其平均尺寸也越大。随着钻头刀片间距的增加，有效刀片宽度不断减小，中心岩柱尺寸不断增大。尽管中心岩柱尺寸增加会导致产生的大于 1.5 mm 的钻渣增多，但是未造成整体平均尺寸增加。

再次，钻渣运移规律对于排渣过程至关重要，利用流体力学相关理论，建立了巷道底板锚固孔钻进正循环排渣与泵吸反循环排渣两种流体力学模型，认为基于泵送条件下的正循环排渣较泵吸反循环排渣效率更高，且更易实现小孔径锚固孔的施工。基于流体有限元数值模拟软件，分析了正循环排渣过程中钻渣的运移规律。正循环排渣过程中，钻渣在绕流阻力、浮力及自重作用下呈先减速而后类匀速的运动规律。钻杆截面形状对排渣效果具有显著影响，四棱钻杆在排渣过程中表现出较好的工作性能。钻孔深度、钻渣粒径与排渣效果呈负相关关系，提高钻杆转速可提高倾斜钻孔钻渣聚集区域偏转速度，降低钻渣聚集程度。

最后，基于上述研究结论，完成了高效排渣钻具的设计优化。工业性试验表明，高效破岩钻头极大程度上降低了钻渣尺寸，使小尺寸钻渣在高效排渣钻杆的作用下具有更高的上返速度，从而较 B19 六棱钻杆具有更高的成孔速度。同时，可减少孔底钻渣的残余量，增加锚固剂与围岩的有效接触面积，提高锚杆（索）的锚固力，工作性能良好，为煤矿巷道底板小孔径锚固孔快速钻进提供了一种新的方法。

本书可为煤矿巷道底板锚固施工工艺及施工钻具的选型、优化提供更加科学的借鉴，为矿山、水利、交通等领域的巷（隧）道围岩控制和灾害预控提供新思路，是煤矿巷道围岩控制理论及控制方法的有效补充。

本书出版得到了国家自然科学基金青年科学基金项目（52104083）以及国家自然科学基金面上项目（51674098）的资助，所有研究成果均反映在本书中。

由于作者水平有限，书中不妥之处在所难免，恳请专家、同行批评指正。

著　者

2023 年 11 月

目　录

第1章　绪　　论

1.1　问题的提出

煤炭是中国的主体能源。据统计，埋深在2 000 m以内的煤炭资源储量约为5.9×10^{12} t，其中埋深超过1 000 m以上的占50%以上[1]。因此，为了保证我国经济快速发展的能源供给，煤炭深部开采势在必行。有关报道显示我国煤矿开采深度以平均10～12 m/a的速度增加，其中东部地区矿井正以10～25 m/a的速度发展[2-5]。目前，我国很多煤矿已进入深部开采阶段，应力作用下多数巷道围岩呈现工程软岩特征，巷道顶板及两帮变形严重，底鼓现象频发[6-8]。

自20世纪90年代以来，锚杆支护以其显著的技术及经济优越性，得到了我国煤炭企业的广泛应用，是煤矿巷道支护的一场革命[9-15]。其中，锚杆(索)支护技术对于深井巷道顶板及帮部的控制取得了一系列成果[16-22]，但锚杆(索)支护应用于巷道底板控制仍有较大研究空间。诸多学者对巷道底鼓机理进行了有益探索[23-26]，大多认为底鼓主要是底板岩层受水平应力的挤压作用产生弯曲变形并向巷道中部移动形成的，底板岩层的物理力学性质对底板稳定性至关重要。据此，部分学者采用锚杆(索)支护技术对巷道的底鼓控制进行了尝试，取得了较好效果[27-29](图1-1)。

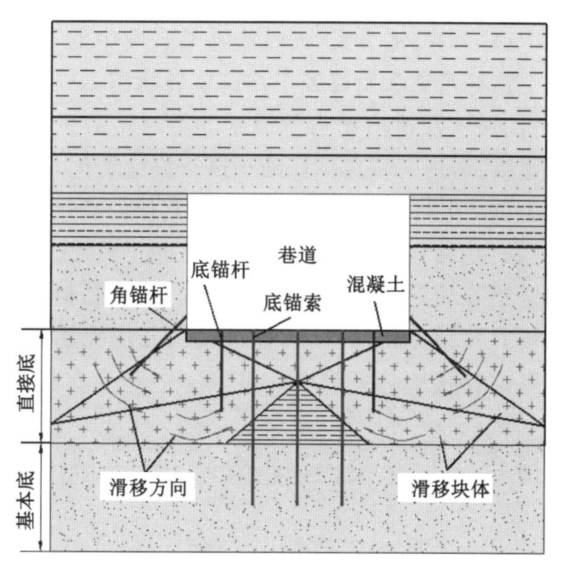

图1-1　锚杆(索)支护技术控制底鼓

总体来说，在我国采用锚杆(索)支护技术控制底鼓的煤矿企业仍属少数。其主要原因是，底板锚固孔均属于大角度下向钻孔，破碎岩石形成的钻渣排出是成孔过程中的重要环节，但岩石钻渣尺寸尚无有效的数据参考，钻渣尺寸与排渣通道尺寸不相符或孔深较大时排渣动力不足，往往会造成钻渣堵塞严重，使钻孔施工难度大大增加(图 1-2)。因此，减小生成钻渣的尺寸可在一定程度上提高排渣效果。岩石在钻头刀片作用下被多次破坏，进而形成了各级粒径钻渣，可通过优化钻头结构参数减小钻渣尺寸，但目前底板锚固孔钻进过程中刀片破岩及钻渣生成的机理尚未明确，均有待进一步研究。

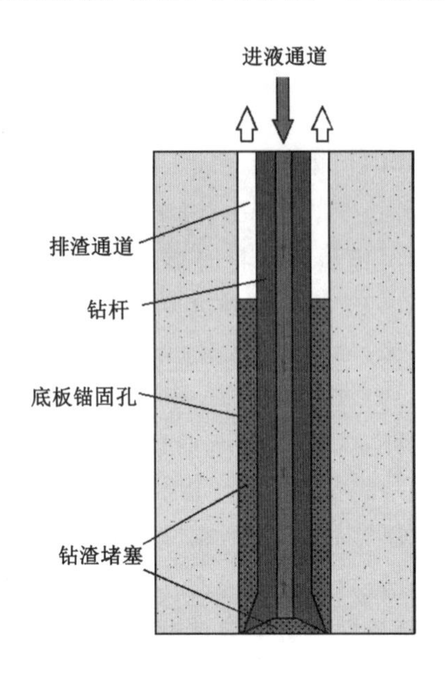

图 1-2　正循环排渣过程钻渣堵塞

水力排渣是目前应用最广的排渣方式，而钻渣在钻进液中的运移规律对钻渣的排出至关重要。由于钻进过程中钻杆及钻头始终处于快速旋转状态，钻杆参数(钻杆类型、进液通道尺寸、杆壁厚度等)、钻孔深度及排渣动力等因素均会对钻渣运移规律产生影响，明确各因素对排渣效果的影响程度，可进一步对钻杆结构进行设计优化。

综上所述，巷道底板锚固孔钻进是实现锚杆(索)支护的必经步骤。针对上述问题，本书将系统研究巷道底板锚固孔钻进过程中钻渣生成机理及尺寸分布特征，明晰钻渣、钻进液组成的液渣混合流的运移规律，并在以上研究基础上实现底板锚固孔钻具的设计优化，为煤矿巷道底板小孔径锚固孔钻进快速排渣，保证锚固孔成孔质量提供新方法，对于保证煤矿安全高效生产也具有重要意义。

1.2　煤矿巷道底鼓机理及控制技术研究现状

随着煤矿巷道支护技术的发展，巷道底板及帮部变形已可控制于某种程度内。一般来说，在底板不支护的情况下，巷道顶、底移近量中有 2/3～3/4 是由底鼓造成的[30]。在动压影响下(掘进或回采)，巷道围岩会发生不规则变形，并向巷道内移动，巷道底板向上隆起的现象称为底鼓。由于巷道地质条件及应力分布特征的差异，底鼓机理也不尽相同。国内外学者针对巷道底鼓机理及控制技术进行了大量研究工作。

德国学者 Oldengott[31] 在其著作《巷道底鼓的防治》一书中提出，底板岩层含水、底板岩层的弹性应变变形及破坏变形这三方面是巷道底鼓的主要原因。Peng 等[32] 以及 Wuest[33] 认为，在房柱式采煤过程中，巷道底鼓按照底板破坏过程分为两种类型：一种为底板软岩在水平应力作用下，底板岩层发生弯曲折断形成的底鼓；另一种为底板软岩在煤柱垂直应力作用下，向巷道中部移动形成的底鼓。根据两类型底鼓机理，Peng 等[34,35] 认为可通过设计煤柱尺寸使底板岩层拉应力及岩层界面处的剪应力分别小于其抗拉强度和抗剪强度，从而避免第一种底鼓的发生。同时，Peng 等[36] 利用锚杆支护技术对底板进行加固，通过锚杆"组合梁"原理使底板岩层形成整体，以防治第一类底鼓。锚杆限制了底板岩层在水平应力作用下向巷道内部滑动，从而达到防治第二类底鼓的目的。

20 世纪 90 年代，我国学者就已针对煤矿巷道底鼓进行了大量研究工作。姜耀东、陆士良等[37-40] 认为，煤矿巷道的底鼓问题属于岩体破坏后的力学行为问题（高采动应力）和地质历史上已破坏岩体在巷道开挖后再变形和再破坏的规律问题（软弱岩体）。侯朝炯、王卫军等[41-43] 认为，回采巷道底鼓主要影响因素为工作面超前支承压力，巷道顶板及两帮的变形对底鼓也会产生重要影响，在提高回采巷道整体稳定性的同时，增强巷道帮、角的加固可有效控制回采巷道底鼓。刘泉声等[44-47] 对高应力软岩破碎巷道底鼓机理进行了研究，认为高地应力、低围岩强度是造成巷道底鼓的根本原因。何满潮等[48-50] 利用数值模拟方法分析了底角锚杆在巷道底鼓控制方面的应用，认为底角锚杆在控制底鼓中的作用主要是通过发挥成排置入底板的锚杆自身的抗弯刚度，切断底板基角部位的塑性滑移线，对于岩体结构为块状结构或块裂结构的深部软岩巷道支护工程，可有效控制巷道底鼓。多年来，国内外学者针对巷道底鼓控制的研究工作从未停止，经过多年实践研究，形成了多种底鼓控制方法，如卸压法、封闭可缩性金属支架、底板锚杆、底板注浆及锚注技术相结合支护方法等[51-60]。

1.3 岩石切削过程及岩屑尺寸特征研究现状

1.3.1 岩石切削过程

岩石切削是锚固孔钻进的典型特征。20 世纪 70 年代末，PDC 复合金刚石钻头的出现，彻底改变了传统牙轮钻头破岩效率低、使用成本高的状况[61-62]。岩石切削过程的研究始于 20 世纪 50 年代，在此后的几十年中，国内外学者针对岩石切削理论开展了大量研究工作。

1945 年，Merchant 等[63-64] 受到金属切削模型的启发，首次提出了基于莫尔-库仑准则及力学平衡的单个剪切面的半经验岩石切削力学模型。但该模型由于未考虑刀片的磨损，因此仅限于分析岩石单纯切割过程。1972 年，日本学者 Nishimatsu[65] 提出了首个真正适用于岩石切削的力学模型，该模型同样基于莫尔-库仑准则建立，得到了美国和西欧部分国家的广泛认可，并启发了许多学者进行不同岩石机械破坏类型下切削模型的研究，Nishimatsu 模型更适用于分析岩屑产生及不连续岩石底层的切削过程[66]。该模型的缺点是，不适用于岩石的延性破坏，并且模型也并未考虑钻头刀片的磨损情况。Lebrun[67] 在

Nishimatsu 模型基础上做了进一步拓展，提出了三维岩石切削模型，计算表明钻头刀翼切削力与切削深度线性相关，其中比例系数取决于刀具的宽度、磨损程度及倾角。他还指出，切削力和法向力是线性相关的，比例系数主要取决于磨损程度。Glowka[68-70]在前人基础上考虑了钻头刀翼与岩石界面的磨损，并分析了温度对刀具以及磨损对钻进效率的影响。1992 年，Detournay 等[71]提出了一种岩石切削唯象模型(DD 模型，见图 1-3)，以刮刀钻头上单一 PDC 刀片作为研究对象，将钻进分为发生于钻头刀片正面的纯切削过程以及刀片磨损部分与岩石面之间的摩擦接触两个过程，该模型与 Glowka 于 1987 年发表的论文中的试验结果进行了成功验证，逐步发展为描述岩石塑性破坏条件下岩石切削的力学模型，在随后的 20 多年里，该模型也得到了许多学者验证[72-76]。

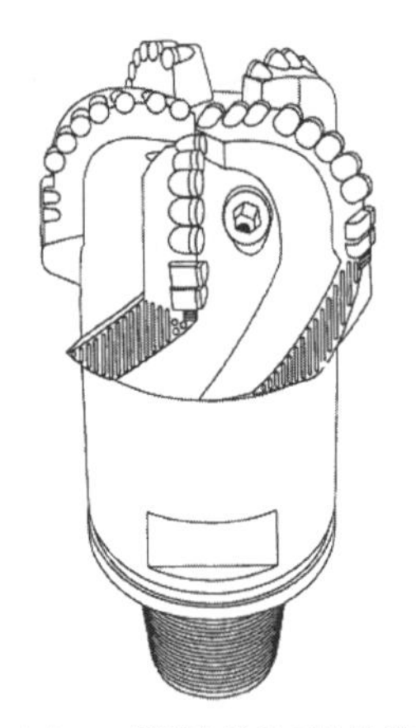

(a) DD模型中的刮刀钻头模型

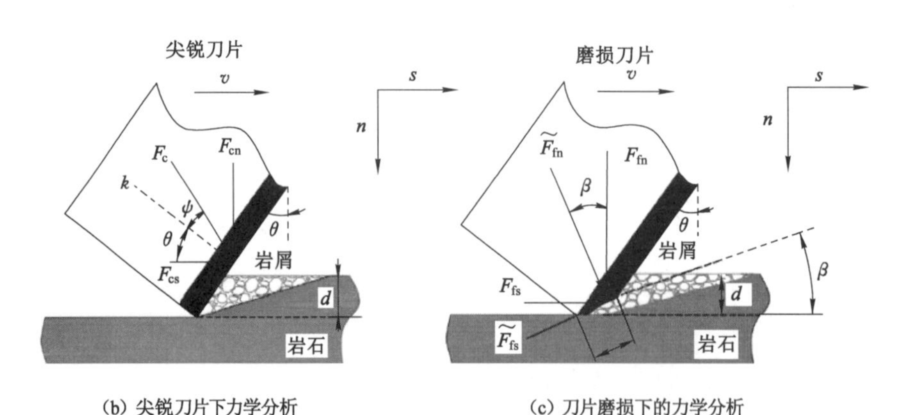

(b) 尖锐刀片下力学分析　　(c) 刀片磨损下的力学分析

v—钻头切向速度；F_c—切削力；F_{cn}—切削力的法向分量；F_{cs}—切削力的切向分量；

θ——刀片的后倾角；ψ—切削力与刀片法向的夹角；F_{fs}—刀片磨损面切削力；$\widetilde{F}_{fs}$—磨损面切削力切向分量；

$\widetilde{F}_{fn}$—磨损面切削力法向分量；β—切削力与磨损面法向的夹角；d—切削深度。

图 1-3　DD 模型中单个 PDC 刀片切削岩石力学分析

徐小荷等[77]在岩石破碎强度理论、岩石破碎程度和破碎功、岩石破碎方法与岩石坚固性及分级等方面进行了大量的工作，为岩石破碎学科的发展奠定了坚实基础。赵统武、单仁亮等[78-79]分析了钻钎破岩过程，以冲击凿入效率为基础，推导出了钎杆波动理论公式，随后提出了冲击钻进波动过程的随机理论。付孟雄、刘少伟等[80-86]以岩石切削为理论基础，在煤巷顶板锚固孔钻进过程中顶板岩石的动力响应特性研究方面进行了大量工作，得到了钻进速度、转速、钻杆振动特征等指标与顶板岩石强度的关系。随着计算机技术的快速发展，数值模拟技术也逐步成为破岩过程研究的重要分析方法[87-90]。

1.3.2 岩屑尺寸特征

脆性为岩石在荷载作用下破坏时所表现出的固有性质。国内外关于脆性材料受瞬时动载形成的碎片尺寸特征已有较多研究。Grady[91-92]通过平衡可用动能及破碎过程中产生新表面的能量，提出了脆性材料动态碎裂模型，得到了碎片平均尺寸计算公式，该公式表明材料破碎平均碎片尺寸随应变率及脆性的增加而降低。随后 Glenn 等[93-94]于 1986 年在 Grady 模型基础上引入了应变能概念，提出了基于能量守恒的脆性材料在动载作用下的碎片平均尺寸预测模型，经试验证明其具有较高的准确性，同时认为低断裂韧度、高断裂起始应力的脆性材料破碎时以应变能的转化为主。Zhou 等[95]针对材料及裂隙参数对脆性材料破碎过程的影响进行了研究，推导出了脆性材料特征尺寸及特征应变率的表达式，并计算出了基于多应变参数及材料参数的碎片平均尺寸表达式。Levy 等[96]通过引入材料缺陷的分布参数对 Zhou 等[95]提出的模型做了进一步扩展，进而得到了包括材料属性参数、缺陷统计参数以及加载速率等参数的脆性材料碎片平均尺寸计算表达式。

张立国、赵志红等[97-99]依据能量守恒方法，推导出了岩石爆破过程产生岩屑的平均尺寸计算表达式，并通过现场实测进行了验证。炸药单耗与岩石爆破后的比表面积和岩石的单位表面能成正比，平均块度与岩石的单位表面能成正比，随炸药爆热和单耗的增加而减小。王利等[100]根据岩石破碎过程中能量守恒原理，提出了一种岩石块度分布预测方法，建立了损伤-能量-碎块尺寸理论关系式，根据块度分布的自相似性，将岩石块度分布特性应用于岩体块度分布预测，提出适合工程应用的损伤模型建立方法，并针对岩体块度分布的特点，定义岩体裂隙损伤参数。谢和平等[101-103]将分形引入岩石破碎规律研究中，对岩石裂隙及岩石块体的分形特征进行了研究，分形维数可以较好地反映岩石破碎特征，且岩石块度的分形维数与岩石力学性能和岩石微观结构密切相关，是岩石微观结构、加载方式及试样形状尺寸等因素的综合反映。李德建等[104-106]通过对花岗岩岩爆、单轴压缩、三轴压缩情况下产生的岩屑进行量测，得到了花岗岩岩爆碎屑的分形特征。研究表明，破坏后微粒碎屑所占百分比以岩爆试验最多，其次为真三轴试验，单轴压缩试验最少。微粒碎屑的粒度分布曲线形状不同，岩爆的平缓，小尺度的多，三轴和单轴压缩的大致相同，粒径大。闫铁等[107-109]建立旋转钻井钻头破岩的能量耗散模型，通过分形岩石理论将钻进参数、岩石破碎程度与钻井能耗联系起来，应用该模型可以确定钻井过程中破碎岩石所需的能量；同时还可以反演计算，根据所需岩石的破碎能量优选钻进参数(钻压和转数)，为丰富工程理论提供了一种新的理论与方法。

分布规律是描述材料碎片尺寸特征的有效方法。1939 年，瑞典数学家 Weibull[110]经过大量试验，首次提出了描述脆性材料碎片尺寸分布规律的方法，即著名的 Weibull 分布函数，虽然基于双参数的 Weibull 函数在描述材料尺寸特征时拟合度较低，但该函数激发了广大学者对于脆性材料碎片尺寸分布规律的研究。Rosin 等[111]及 Cheong 等[112]分析了煤粉粒度分布规律，并在 Weibull 分布函数基础上做了进一步推导，形成了基于双参数的 Rosin-Rammler 分布。Blair[113]分析了岩石爆破过程中岩块的尺寸分布规律，并利用非线性拟合方法，将尺寸频率分布曲线分别与 Rosin-Rammler 分布函数、对数正态分布函数以及 S 型分布函数进行拟合，发现对数正态分布函数具有最好的拟合效果。Hou 等[114]及 James 等[115]分析了不同种类大理岩在瞬时动载冲击下产生的岩屑特征，同样利用拟合方法将岩屑尺寸分布曲线分别进行了拟合对比，认为破碎条件下岩屑尺寸服从基于三参数的广义极值分布函数(图 1-4)。

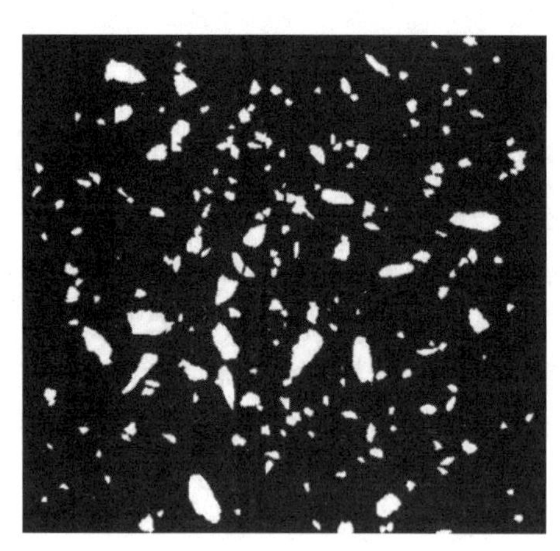

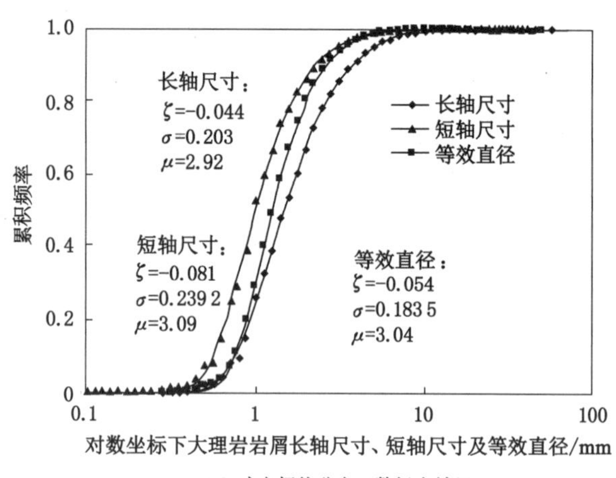

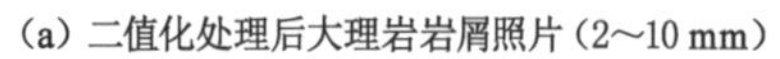
(a) 二值化处理后大理岩岩屑照片(2～10 mm)

(b) 广义极值分布函数拟合效果

图 1-4 冲击载荷作用下大理岩岩屑粒径累积频率分布曲线

1.4 煤岩体成孔排渣方式及钻渣运移规律研究现状

1.4.1 成孔排渣方式

在煤岩体中钻孔是煤岩切削的重要表现形式，根据工程需要，钻孔深度、方向也会不同。在矿山生产、地质钻探、石油开采等施工时，往往需要钻进几米甚至上千米深度及朝向不同的钻孔，此时钻孔产生岩屑的如何排出则是影响成孔的关键因素。当前，国内外钻孔施工时采用的排渣方法主要分三类：水力排渣、风力排渣和机械螺旋排渣[116-123]。

(1) 水力排渣

高压水排渣主要通过向孔内持续注入具有一定压力的钻进液(水)，钻进液在上返过程中推动钻孔底部的钻渣向钻孔外部移动，从而达到排渣目的。这种排渣方式可增加岩石和煤层的湿度，具有较好的防突效果，在水平孔及上向钻孔施工中应用广泛。但在下向钻孔施工时，钻进液携带钻渣向钻孔外部移动时需持续提供钻渣上返所需动能，这对于钻进液压力及流量的稳定性有较高要求，同时排渣效果还受钻渣尺寸、进液通道尺寸及排渣通道尺寸影响。

(2) 风力排渣

即利用压缩空气经钻杆内部进气孔、钻头进入孔底，在钻孔内部形成高速气流，推动悬浮于气流中的钻渣向钻孔外部移动。这种排渣方式的原理与水力排渣相似，在水平钻孔及上向钻孔施工中应用广泛且。但在下向钻孔施工时，气流必须持续提供钻渣上返所需动能，对于矿井的压风系统具有较高要求。此外，携带钻渣粉尘的空气排出会对空气造成污染,也对施工人员的身体健康构成威胁。

(3) 机械螺旋排渣

所谓机械螺旋排渣,即采用麻花钻杆高速旋转过程中螺旋叶片产生的螺旋推力进行排渣。由于麻花钻杆的结构特性,该钻杆强度较低,因此这种排渣方式一般常见于煤层内的水平钻孔施工或上向钻孔施工,但施工底板强度较高的岩石钻孔具有一定难度。此外,由于螺旋叶片的作用,大大增加了钻杆与钻渣的接触面积,从而增加了钻杆旋转时的阻力。当排渣量突然增大时,很可能出现抱钻、卡钻等问题。

当前,煤矿巷道底板锚固孔施工主要有三种方法[124](图 1-5):

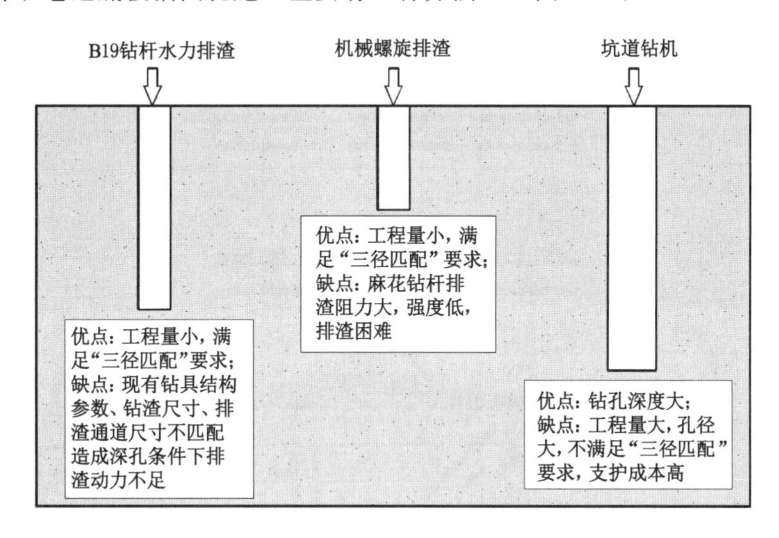

图 1-5 现有巷道底板锚固孔钻进方法及特点

① 利用底板锚杆钻机以及 B19 六棱钻杆进行钻进,并且利用高压水进行排渣。

② 利用麻花钻杆钻进,通过钻杆表面的螺旋叶片产生的推力进行排渣。

③ 依据强推力液压钻机,大直径钻具使钻渣强力压入孔壁进行钻孔。

采用第一种方法钻进时,随着钻孔深度以及钻渣产出量的增加,钻进液在上返过程中能量不断转化为钻渣排出时的动能,导致压力水头不断降低,再加上排渣效果还受钻渣尺寸、进液通道尺寸及排渣通道尺寸的影响,现有钻具对于底板小孔径锚固孔排渣存在参数不匹配的缺陷,很可能造成排渣不畅。当采用麻花钻杆排渣时,随着钻孔深度的不断增加,螺旋叶片大大增加了钻杆旋转时的阻力,易出现抱钻、卡钻等问题。以上两种方法均可以实现小孔径锚固孔的施工(小于或等于 32 mm),基本满足"三径匹配"的要求(钻孔直径、锚固剂直径、锚杆(索)直径)[125]。第三种方法虽然解决了排渣问题,但是设备笨重,操作不便,且成孔直径大(大于或等于 70 mm),必须使用特制的锚杆或锚索才能达到"三径匹配"的要求。

石油系统在钻孔施工时多采用水力排渣方法,根据钻进液进入钻孔的通道不同,可将水力排渣方式分为钻进液正循环排渣以及钻进液反循环排渣[126]。正循环排渣是指将钻进液通过钻柱中心孔注入钻孔底部,然后将产生的岩屑沿孔壁及钻柱外壁的环形通道运至孔口,实现钻渣的排出。反循环排渣是指钻进液经孔口密封装置沿着孔壁与钻柱外表的环状间隙送到孔底,然后将孔底产生的钻渣沿钻柱中心孔上返至地表,实现钻渣的排出。

1.4.2 钻渣运移规律

钻渣在钻进液中的运移规律对于钻具结构、排渣动力参数的设定及优化至关重要。近年来,诸多专家学者针对石油钻井过程中钻渣运移规律、排渣动力参数、钻进动力参数设定等方面开展了大量的研究工作,为石油钻井及地质钻探孔的成功实施提供了重要的理论依据。国内外学者将石油钻井水平钻孔或倾斜钻孔中钻渣在钻进液中的运动状态分为了8种类型(图1-6)[127-130]。

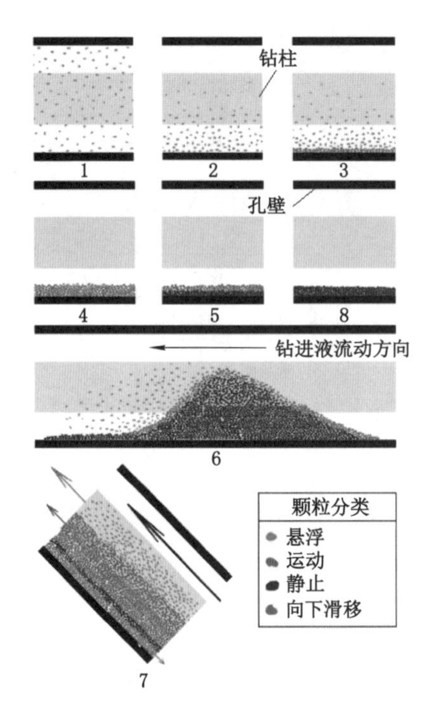

1—均匀悬浮;2—非均匀悬浮;3—钻渣沉降至下侧孔壁,形成滑移层;4—滑移层积累,覆盖下侧孔壁;5—静止层与滑移层;6—沙丘运动;7—博伊科特(Boycott)运动;8—静止层。

图1-6　石油钻孔中钻渣运移类型

(1) 均匀悬浮,即所有钻渣均匀分布于钻进液中,没有出现沉积。

(2) 非均匀悬浮,在水平或倾斜钻孔中,钻渣由于受自身重力影响,在上返过程中出现沉降,开始向钻孔壁下部偏移。

(3) 随着时间推移,渣体颗粒悬浮主要集中于钻孔下部,部分钻渣开始沉降至下侧孔壁,并沿孔壁形成钻渣颗粒的滑移层。

(4) 钻渣颗粒继续上返,钻孔壁下部全部被滑移层的钻渣覆盖,但在钻进液的作用下,滑移层依然向前运动。

(5) 静止层与滑移层。不同类型钻渣颗粒分层沉积于钻孔壁下部,下层钻渣保持静止形成静止层,而上层钻渣则继续向前运动形成滑移层。

(6) 沙丘运动。沙丘运动形成的机理与第(5)项中所述类似,只是沙丘运功中的静止层为成簇状或串状的大粒径钻渣,运动层钻渣由沙丘下游运动至沙丘上游时,由于沙丘的阻挡会停止运动,这种运动方式循环反复便形成了沙丘运动。

(7) 博伊科特运动。这种运动方式常见于倾斜钻井或近垂直钻井中,在钻孔环形截面中,不同位置的钻渣运动方向有所不同,贴近钻孔壁处的钻渣由于钻进液流速较低,因而受重力影响较大,会以较低速度向下运动,而在钻孔中部的钻渣受较大速度的钻进液影响,以较大速度向上运动。位于上述两层之间的钻渣则以两速度范围内的速度前进[131]。Boycott[132]在进行血液检测时发现倾斜试管内的血细胞向下的流动速度要快于垂直试管,并于1920年首次提出了这种现象。不同层位钻渣运动示意如图1-6中7所示,但在石油及天然气系统,Boycott运动类型并不常见。

(8) 静止层。这种情况常见于水平钻孔中,钻进液并不能有效地将钻渣排出,导致所有钻渣在钻孔下部出现沉积,形成静止层。

钻渣在钻进液中的运动状态影响因素较多,不仅与钻进液的运动速度有关,而且与诸多钻进参数相关。Becker[133]通过试验分析了多角度下倾斜钻井钻渣运移规律,发现钻孔中钻渣浓度可由钻进液速度及钻孔角度的三次多项式表示,而且对于垂直钻孔时层流及湍流状态下的钻进液而言,钻渣浓度可以用钻进液速度的对数函数表示,而角度为45°时,钻渣浓度与钻进液速度呈线性关系。Azar等[134-140]详细分析了油气钻井中影响钻渣运移效果的主要因素,如钻进液速度、钻孔倾角、钻柱转速、钻柱居中度、钻进液的渗透率以及钻进液的性质等,认为钻进液速度的提升可以有效提高排渣效率,但钻进液最高速度主要由钻进设备的排渣动力以及钻进底层对于水力侵蚀的敏感程度决定。他们还认为,钻柱在钻进液中的运动状态,即钻柱转动以及伴随钻柱转动时的振动现象(横向振动、纵向振动、扭转振动)对于附着于钻孔壁钻渣起到有效清理作用,此外增加钻进液的黏度,可以提高尺寸较小钻渣的清理效果。

针对煤矿钻孔钻渣运移规律的研究相对较少,多集中于煤层瓦斯抽采钻孔煤屑运移规律的研究。孙玉宁、王永龙等[141-143]对松软煤层瓦斯抽采钻孔钻屑运移特征进行了深入研究,认为钻进过程中孔壁失稳破坏形成钻穴是导致钻进困难的主要原因,填充型钻穴在钻孔底部的钻屑质量分数成倍增长,钻屑颗粒运动轨迹曲折,排渣需要更长时间。针对突出松软煤层钻进过程中常出现的吸钻卡钻现象,相关学者确定了当钻进产生煤粉量大于钻杆排出能力时因煤粉大量积压产生吸钻卡钻现象的力学机理,提出了防止钻进过程中吸钻卡钻的临界钻进速度[144]。以上成果对于煤矿巷道底板锚固孔钻渣运移研究具有重要参考价值。

1.4.3 钻具优化

目前,学者们在底板锚固孔钻机优化设计方面已进行了大量研究工作。现有底板钻机在结构、动力、机动性、操作性、成孔速度等方面均有了较大的研究突破[145-148],但锚固孔孔径一般较大,无法满足“三径匹配”要求。

研究表明,我国煤层瓦斯钻孔钻具在改善钻杆形状、增强排渣动力方面取得了长足进步,棱状刻槽钻杆的研发使成孔效率有了极大程度提高[149-152],但针对巷道底板锚固孔钻具设计优化方面的研究鲜有报道。张辉[153]研制了泵吸反循环成套钻具,包括双壁排渣钻杆与双壁破岩钻头,利用负压排渣方法进行了底板锚固孔的成功施工,但锚固孔孔径较大,无法满足“三径匹配”要求。徐佑林等[154]研发了一种基于正循环排渣的小孔径排渣钻杆,对B19六棱钻杆进行了优化设计,增加了杆体直径及密封性能,利用高压强力正循环排渣完成5 m锚固孔的施工。王其洲等[155]针对底板锚固孔钻进过程中堵钻卡钻的问题,研发了一种提升巷道底板锚杆(索)成孔效率及锚固性能的装置,该装置可避免钻进过程中钻孔浅部一定范围内细碎岩块塌落堵孔影响施工速度。综上所述,参考瓦斯钻孔钻具优化研究成果,钻渣尺寸以及钻杆形状是影响排渣过程的关键因素,关于底板锚固孔钻具优化的研究并未过多考虑两者对排渣效果的影响。

1.5 目前存在的主要问题

尽管国内外学者针对煤矿巷道底鼓机理及控制技术、岩石切削过程及破碎规律以及成孔排渣方式及渣体运移规律进行了大量的研究工作、取得了丰硕的成果,但是仍然存在以下问题有待科研人员进一步解决。

(1) 随着锚杆支护技术在煤矿巷道支护的广泛应用,其较型钢支架而言,成本低、施工简单、主动支护强度高的优点更加明显,而且锚杆可以更好地限制底板岩块的滑移。由此可见,锚杆支护技术在巷道底鼓控制方面具有良好的应用前景,然而底板锚固孔排渣问题亟待解决。

(2) 国内外学者有关碎片尺寸特征的研究均是基于脆性材料在瞬时动载作用下进行的,但巷道底板锚固孔钻进过程是岩石在持续动载作用下发生连续性破坏的过程。因为岩石受力状态及岩屑产生时的功能转换与瞬时动载有明显区别,所以并不能利用现有计算模型及分布函数得到较为准确的钻渣尺寸特征。

(3) 制约小孔径锚固孔成孔效果的根本在于排渣。目前,煤矿巷道底板锚固孔钻渣运移规律尚不明确,对于钻渣运移特征及其影响因素以及钻渣与钻具的相互作用机理仍需进行深入的研究。

(4) 底板锚固孔钻具仍有较大优化空间。因此,掌握底板锚固孔钻进过程中钻渣的尺寸特征,明晰底板钻渣运移规律,确定合理排渣方式,并在此基础上优化锚固孔施工钻具,这些是提高排渣效率的有效途径。

1.6 研究内容及技术路线

1.6.1 研究内容

针对上述问题,本书将系统研究巷道底板锚固孔钻进过程中钻渣生成机理及尺寸分布特征,明晰钻渣、钻进液组成的液渣混合流的运移规律,并在以上研究基础上实现底板锚固孔钻具的设计优化,为煤矿巷道底板小孔径锚固孔钻进快速排渣、保证锚固孔成孔质量提供新方法。

(1) 煤矿巷道底板锚固孔钻渣生成机理研究

依据岩石力学相关理论结合底板岩石初次实钻试验,分析底板锚固孔钻进过程中钻渣生成过程,建立底板锚固孔钻进岩石切削力学模型。从理论层面明晰钻渣生成机理以及岩石物理力学参数、钻进参数(钻速、转速)及钻头关键参数与钻渣尺寸的关系,为正式岩石实钻试验方案设计及钻头形状优化提供理论依据。

(2) 煤矿巷道底板锚固孔钻渣尺寸分布规律及形貌特征研究

以煤矿巷道底板典型沉积岩为研究对象,在实验室进行正式岩石实钻试验,对生成的钻渣进行收集、筛分，并通过 MATLAB 数字图像识别技术及扫描电镜分析钻渣的尺寸及形貌特征。同时，利用 PFC 数值模拟软件进行分析验证，为钻渣运移规律分析及高效破岩钻头设计优化提供理论依据。

(3) 煤矿巷道底板锚固孔钻渣运移规律研究

首先，基于流体力学相关理论比较正循环及反循环两种排渣方式下钻渣的上返速度，并结合实际条件选择确定合理排渣方式。其次，利用 ANSYS-FLUENT 软件分析液渣混合流的运移规律，对比不同类型钻杆的排渣效果确定最优钻杆类型，明确影响排渣效果的因素，为高效排渣钻杆设计提供理论支撑。

(4) 煤矿巷道底板锚固孔高效排渣钻具优化设计

依据前期钻渣生成机理、钻渣尺寸特征研究成果，进行高效破岩钻头设计，改善钻头切削部位结构，降低钻渣生成尺寸。同时，结合钻渣运移规律及其影响因素研究成果，进行高效排渣钻杆主体截面形状选型、截面尺寸参数确定及导升槽关键参数优化，并结合现场实际，完成高效排渣钻杆的结构设计及材质选型。

(5) 井下工业性试验研究

利用自主研发的高效排渣钻具进行底板小孔径锚固孔成孔现场试验，通过与常用 B19 钻杆在钻渣尺寸、成孔速度以及锚固力方面进行对比，评价其工作性能。

1.6.2　技术路线

本书采用理论分析、数值模拟、实验室试验以及现场工业性试验相结合的方法，系统研究巷道底板锚固孔钻进过程中钻渣生成机理及尺寸特征，分析液渣混合流的运移规律，优化锚固孔钻具。根据本书的研究方法及研究内容，技术路线如图 1-7 所示。

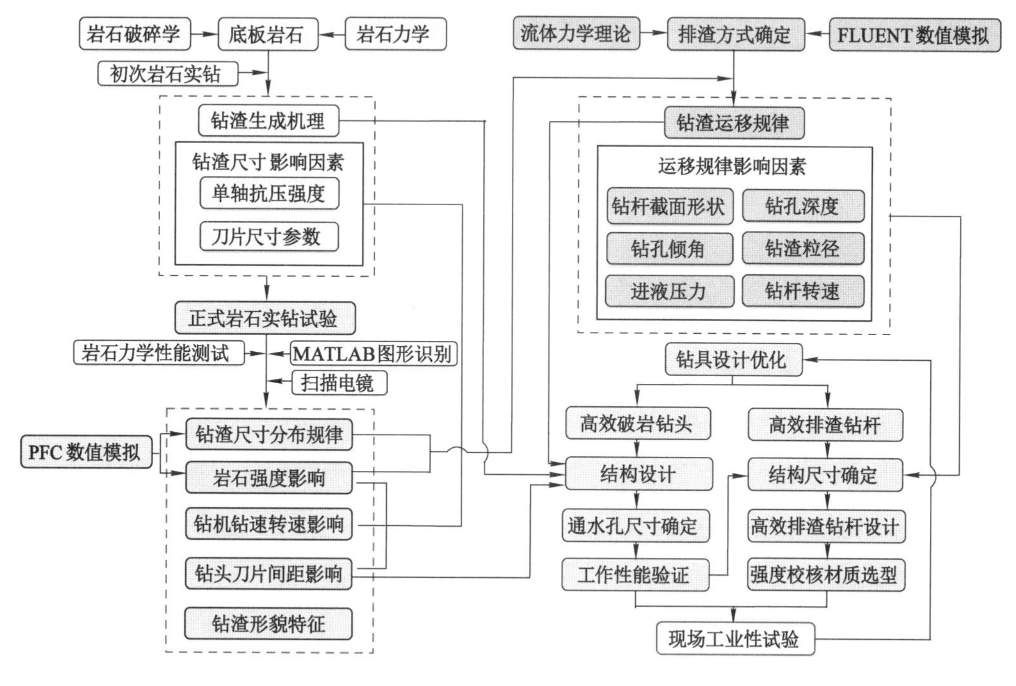

图 1-7　技术路线

第2章 煤矿巷道底板锚固孔钻渣生成机理研究

底板锚固孔钻进过程中会生成多级粒径钻渣，较大粒径钻渣的存在会严重影响排渣过程。本章主要通过理论分析方法，结合初次岩石实钻试验成孔及钻渣生成情况，研究底板岩石与钻头刀片相互作用过程中各级粒径钻渣的生成机理，确定钻渣尺寸影响因素，为正式底板岩石实钻试验方案设计、分析钻渣尺寸特征及钻具优化提供理论依据。

2.1 PDC两翼式钻头钻削破岩及钻渣生成过程分析

复合金刚石(PDC)钻头是目前应用最为广泛的破岩工具。金刚石极高的强度使破岩效率有了质的提升。煤矿巷道锚固孔施工以PDC两翼式钻头最为常见(图2-1)，因其切削岩石部位为两片呈中心对称的金刚石刀片而得名。PDC两翼式钻头按照刀片形状分为全片型、半片型和直片型三大类，成孔直径主要为28 mm和32 mm两种。

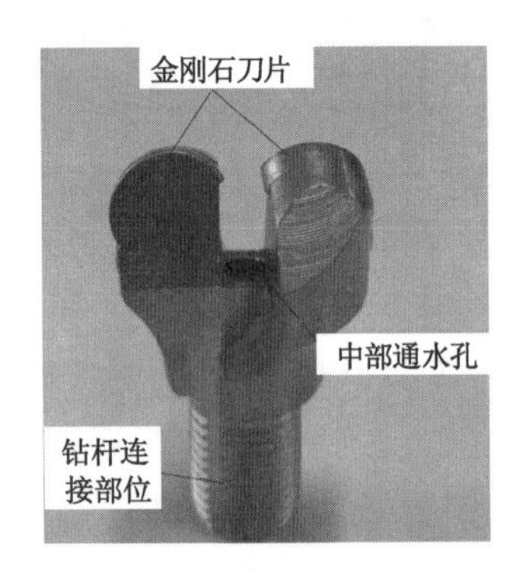

图2-1 PDC两翼式钻头(半片型)

无论是全片型、半片型，还是直片型钻头，钻头的形状可能会对岩块生成的尺寸特征产生一定影响，但刀片破岩时岩石破碎过程基本一致。钻渣是成孔过程中的必要产物，同时也是影响成孔效率的关键因素。为了掌握不同粒径钻渣的生成机理，我们在实验室进行了初次岩石实钻试验(所用钻机及相关器材将在3.2节详述)，以恒定钻速、转速对石灰岩、粗砂岩及泥岩进行钻进，旨在观察现有矿用PDC两翼式钻头的成孔状态及钻渣生成情况，如图2-2所示。

初次共钻进13个钻孔，钻渣经筛分后，得到不同粒径钻渣的质量分数，如表2-1所列。

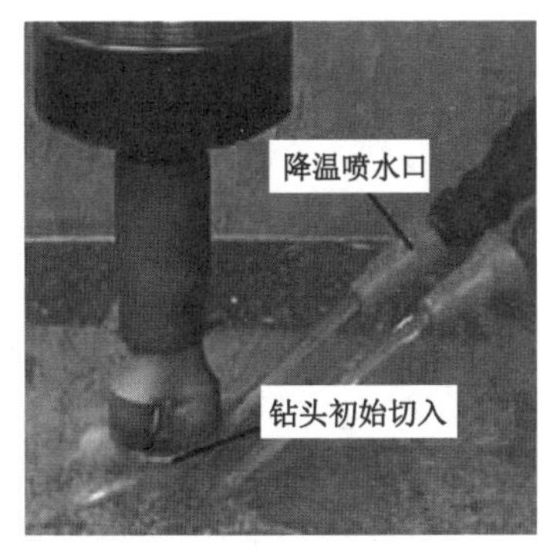

(a) 钻头初始切入

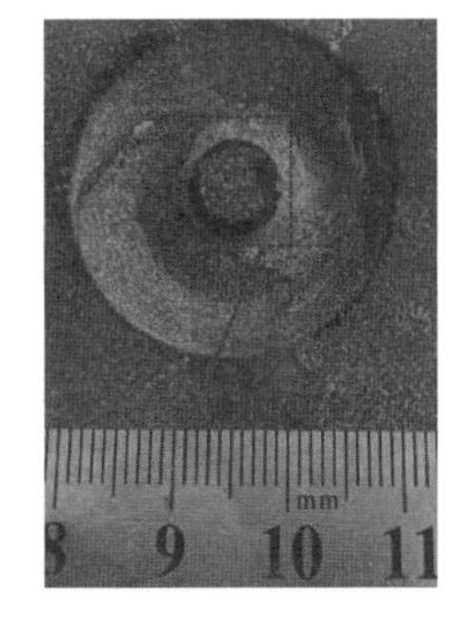

(b) 中心岩柱生成

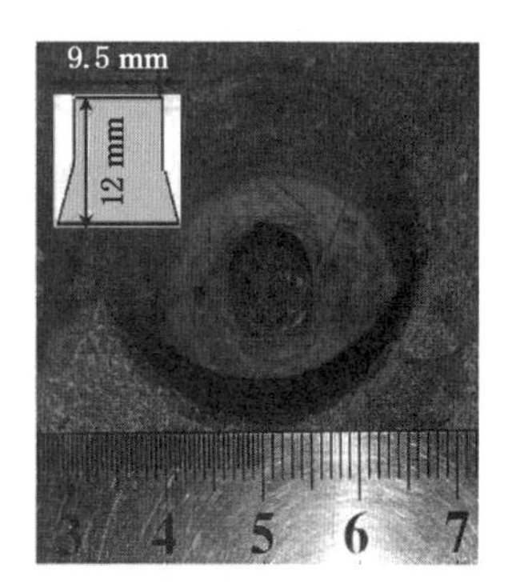

(c) 中心岩柱破断

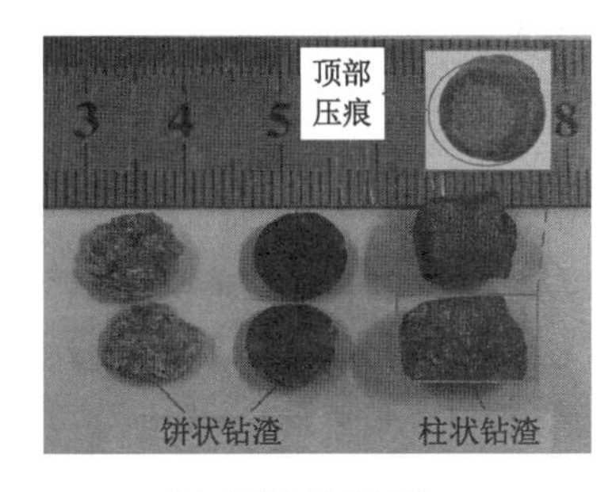

(d) 饼状与柱状钻渣

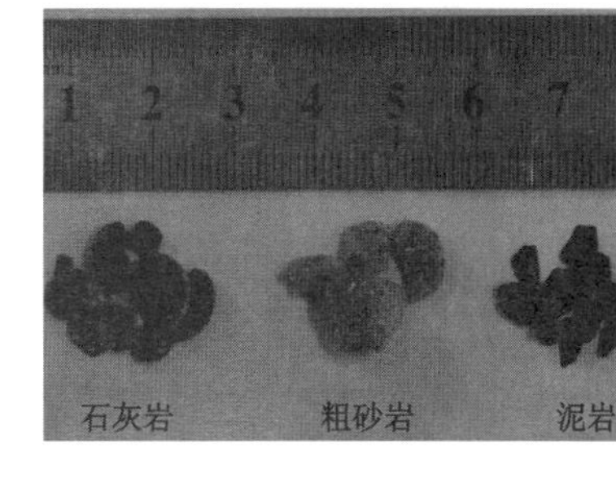

(e) 大粒径钻渣

图 2-2　钻进过程及钻渣生成情况

表 2-1　不同粒径钻渣的质量分数

钻孔编号	不同粒径钻渣的质量分数/%		
	>2.5 mm	1.5～2.5 mm(含)	≤1.5 mm
1#	18.50	0.58	70.77
2#	20.16	0.81	78.23
3#	23.08	0.85	74.36
4#	17.39	1.24	79.50
5#	29.33	1.33	68.00
6#	25.00	0.96	73.08
7#	27.21	2.72	66.67
8#	23.68	2.63	70.39
9#	12.74	0.64	85.35
10#	10.96	1.37	86.30
11#	12.08	0.67	86.58
12#	16.11	0.67	82.55
13#	15.93	0.88	81.42

注：未考虑筛分过程中因黏网而损失的钻渣颗粒，下同。

根据岩石破碎学切削破岩理论及初次岩石实钻试验，将底板锚固孔破岩及钻渣生成过程分为以下几个阶段。

(1) 钻渣初始生成阶段

钻进开始时，钻头刀片在钻杆推力作用下与岩石表面接触，钻头顶部的极小部分面积与岩石表面发生局部接触，稍加载荷就会使该面积内的接触压力迅速增大，从而产生微小的局部破碎[图 2-2(a)和图 2-3(a)]。载荷继续增加，当所产生的拉应力超过岩石的抗拉强度时，岩石被拉裂，出现赫兹裂纹；当所产生的剪应力超过岩石的抗剪强度时，岩石被剪开，出现剪切裂纹。随着载荷继续增加，原有裂纹不断扩展、相互交叉，当岩石所受应力超过破断面剪应力时，岩石发生脆断，生成钻渣，钻头突然切入，载荷瞬时下降，完成一次跃进式切削破碎过程[图 2-3(b)]。钻头载荷所做的功大部分转化为表面能，只有一小部分转化为变形能和动能。

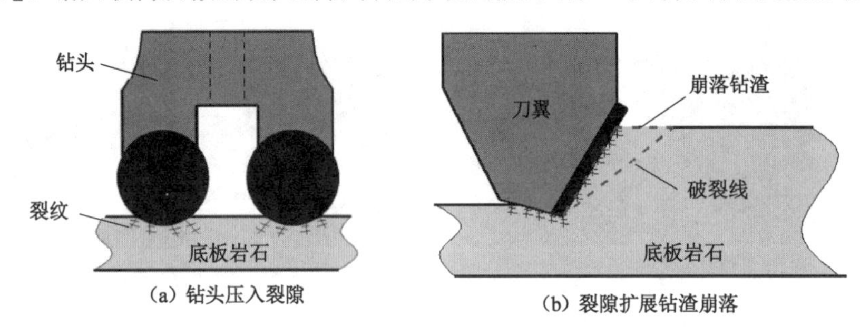

图 2-3　钻渣崩落过程

(2) 崩落钻渣重复破碎

该过程并不是独立的，而是始终存在于整个岩石切削过程。由于岩石的各向异性，即便在相同切削力作用下，当切削不同位置岩石时，破断面的位置也不尽相同(图 2-4)。这样就造成崩落钻渣的粒径有所差别：当破断面至刀片的距离较远时，崩落钻渣的尺寸会较大(破断面 $O—C$)；当破断面至刀片的距离较近时，崩落钻渣的尺寸会较小(破断面 $O—A$)。不同尺寸钻渣在未排出钻孔前，会受到高速旋转状态下钻头的进一步破碎，生成各级粒径钻渣。由计算及岩石实钻试验发现，钻头旋转 1 圈的轴向行程比较小，一般小于 1 mm，而刀片切入深度必然不超过钻头旋转 1 圈的轴向行程，因而岩石切削崩落的钻渣粒径也一般较小，刀片重复破碎会进一步生成更多次级粒径钻渣，这些钻渣的粒径一般小于 1.5 mm。由表 2-1 可以看出，阶段(1)、阶段(2)过程中产生的钻渣占整个锚固孔钻进产渣量的绝大部分，平均约占 79%。

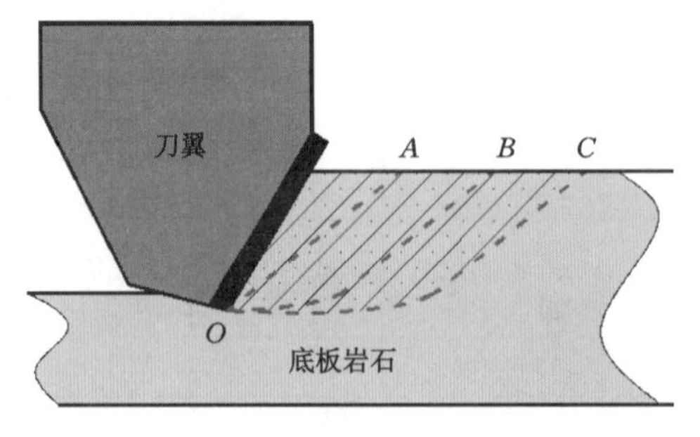

图 2-4　切削岩石钻渣崩落不同破断面

(3) 钻孔底部中心岩柱生成

因为两翼式钻头结构的特殊性，所以钻孔中部岩石并不会受到切削。随着钻进的持续进行，钻头刀片不断切削剥离岩石，在钻孔底部会逐渐出现一岩柱结构[图 2-2(b)]，其尺寸大小与钻头刀片结构尺寸及岩石强度有关，刀片内侧间距越大，岩石越坚硬，则岩柱尺寸越大。同时，由于现有两翼式锚杆钻头刀片内侧均存在一定间距，因而在锚固孔钻进过程中一般都存在中心岩柱现象。根据初次岩石实钻试验结果可知，中心岩柱上端直径 d [图 2-5(a)]与钻头两刀片内侧间距 l 有关，岩柱最大高度为钻头中心通水孔所在平面 $J—K$ 至岩石表面的垂直距离 m(对于切削坚硬岩石而言)，与刀片内侧边缘至岩石表面的垂直距离 i 有关。

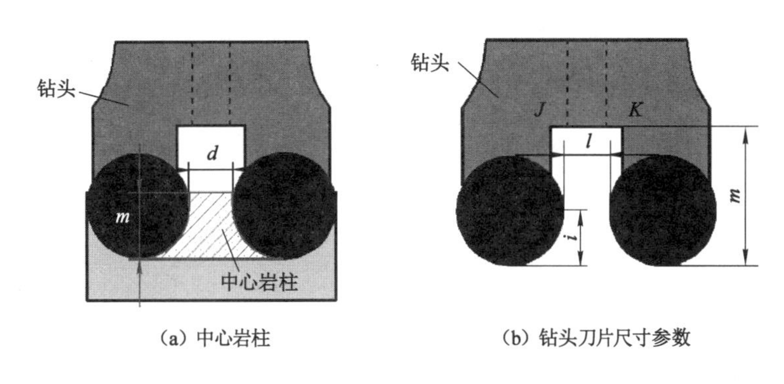

图 2-5　钻孔中心岩柱生成过程

(4) 中心岩柱破断，大尺寸钻渣生成

孔底中心岩柱生成后，钻头继续向下钻进，中心岩柱的受力状态与孔底外围表面岩石有所不同，钻头刀片内侧会施加给中心岩柱侧表面一定剪力，当剪力超过中心岩柱的抗剪强度后，岩柱会发生扭转破坏，破坏截面一般平行中心岩柱截面[图 2-6(a)]。受到扭转破坏生成的钻渣一般呈圆饼状，断面较平整[图 2-2(d)]。当岩石强度较高，刀片剪力不足以使中心岩柱破坏，岩柱高度就会不断增加，当高度达到 m 时，中心岩柱与中心通水孔所在平面 $J—K$ 接触，钻头继续钻进，中心岩柱上表面会受到 $J—K$ 平面施加的垂直应力，当超过单轴抗压强度时，中心岩柱会被压断[图 2-6(b)]，而受压破坏生成的钻渣一般呈短圆柱状，断面不规则[图 2-2(d)]。根据钻进试验实施现场可知，中心岩柱破坏多表现为第一种形式，而在钻进较坚硬岩柱时，会出现第二种破坏形式。破坏后的中心岩柱碎片一部分会被排除孔外，其余部分会进行二次破碎。总体来看，中心岩柱破坏产生的岩块粒径一般较大，因而刀片被二次破碎生成的钻渣也具有较大的粒径[图 2-2(e)]。该部分钻渣粒径一般不小于 1.5 mm，平均占总体产渣量的 21%左右(表 2-1)。

钻孔底部中心岩柱破断后，随着钻进持续进行，会发生周期性生成与破断，阶段(1)～阶段(4)过程中会重复出现，从而产生出各级粒径钻渣。因此，PDC 两翼式钻头破岩过程实际为底板锚固孔岩石钻渣分区域生成过程，分为孔底外围岩石切削破碎生成小粒径钻渣以及中部区域岩柱扭转(受压)破坏大粒径钻渣生成两部分。

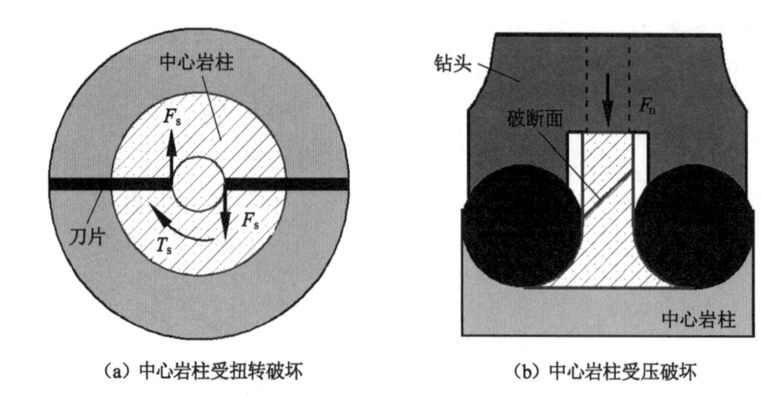

(a) 中心岩柱受扭转破坏　(b) 中心岩柱受压破坏

T_s—中心岩柱所受扭矩；F_s—中心岩柱所受剪力；F_n—中心岩柱所受压力。

图 2-6　锚固孔中心岩柱破坏形式

2.2　钻进过程中切削力确定

岩石切削过程极为复杂，目前关于岩石切削破碎理论均建立在一定假设基础之上。大量国内外文献表明，Nishimatsu 模型更适用于分析岩屑产生及不连续岩石底层的切削过程。因此，在其切削破岩模型基础上，学者们建立了煤巷底板锚固孔钻进岩石切削模型。该模型基本假设如下[65-66]：

(1) 切削下的破碎面(分离面)遵循莫尔-库仑准则。

(2) 刀片垂直于切削方向，而刃宽远大于切削深度，无侧向断裂和流动。

(3) 破裂面是从刀片开始按与切削面呈一定角度，并且向上发展到自由面。

(4) 刀片是锋利的，只有前刃面接触岩石，不考虑内、外侧刀片与岩石的作用。

在上述假设条件下，将切削破岩看作平面问题，通过破碎面的剪应力和正应力推算出切削力。切削力学模型如图 2-7 所示。

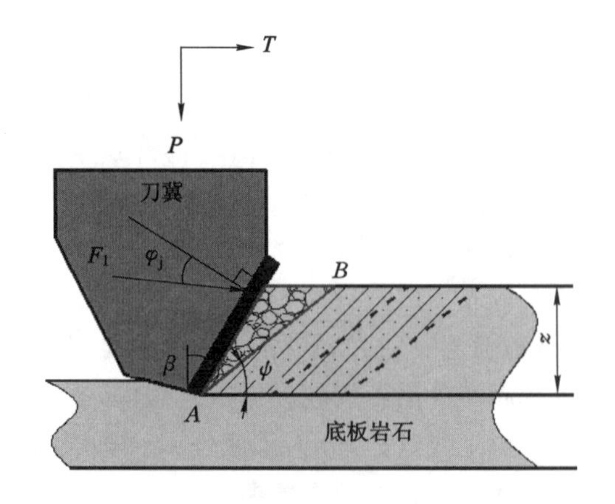

图 2-7　岩石切削力学模型

因此，A—B 破裂面上的载荷分布为：

$$F_L = F_0\left(\frac{z}{\sin\psi} - \lambda\right)^n \tag{2-1}$$

式中　F_0——由力平衡方程所确定的常数；

z——钻头刀片切入的深度(每周切入深度)；

ψ——切削方向与破 A—B 破裂面之间的夹角；

λ——从 A 点到 A—B 破裂面上任意一点的距离；

n——应力分布系数，与刀片倾角 β 有关。

A—B 破裂面上的合力等于切削力(外载荷)F_1，在极限平衡状态下，有：

$$F_1 + \int_0^{\frac{z}{\sin\psi}} F_0\left(\frac{z}{\sin\psi} - \lambda\right)^n \mathrm{d}\lambda = 0 \tag{2-2}$$

对上式求解，可得：

$$F_0 = -\left[(n+1)/\left(\frac{z}{\sin\psi}\right)^{n+1}\right]F_1 \tag{2-3}$$

将式(2-3)代入式(2-1)，可得到 $\lambda=0$(A 点)，即 A—B 破裂面上 F_L 的最大值：

$$F_L = -(n+1)\frac{\sin\psi}{z}F_1 \tag{2-4}$$

则 F_L 在破裂面的分量正应力 σ_0 及切应力 τ_0 可表示为：

$$\begin{cases} \sigma_0 = -(n+1)\dfrac{\sin\psi}{z}F_1\sin(\varphi_j + \beta + \psi) \\ \tau_0 = (n+1)\dfrac{\sin\psi}{z}F_1\cos(\varphi_j + \beta + \psi) \end{cases} \tag{2-5}$$

式中　β——钻头刀片倾角；

φ_j——切削力 F_1 与刀片前刃面法线之间的夹角。

根据摩尔应力圆包络线可推导出岩石破坏时的应力条件，则：

$$\tau = \frac{1}{2}Q_u\frac{1-\sin\varphi_i}{\cos\varphi_i} + \sigma\tan\varphi_i \tag{2-6}$$

式中　σ,τ——岩石破裂时，A—B 线上的正应力与切应力；

Q_u——岩石单轴抗压强度；

φ_i——岩石内摩擦角。

在切削破岩时，破裂线最先于 A 点破裂，即式(2-5)中的 σ_0、τ_0 满足式(2-6)中的应力条件，将式(2-5)代入式(2-6)，可得：

$$F_1 = \frac{zQ_u(1-\sin\varphi_i)}{2(n+1)\sin\psi\cos(\varphi_i - \varphi_j - \beta - \psi)} \tag{2-7}$$

式(2-7)可作为 F_1 随自变量 ψ 变化的函数，令 $\dfrac{\partial F_1}{\partial\psi} = 0$，可得：

$$\psi = \frac{\pi}{4} - \frac{\beta}{2} - \frac{\varphi_j}{2} + \frac{\varphi_i}{2} \tag{2-8}$$

将式(2-8)代入式(2-7)，可得到单位刃宽上切削力 F_1 的表达式：

$$F_1 = \frac{zQ_u(1-\sin\varphi_i)}{2(n+1) - [1-\sin(\beta + \varphi_j - \varphi_i)]} \tag{2-9}$$

令 $z=\dfrac{2\pi v}{\omega}$，其中 ω、v 分别表示钻头钻速及钻速，应力分布系数 n 及夹角 φ_j 由经验公式

可表示为 $n=a-b\beta$ 及 $\varphi_i=c+d\beta$，其中 a、b、c、d 均为常数，且均大于0。将以上参数代入式(2-8)，整理得：

$$F_1=\frac{2\pi vzQ_u(1-\sin\varphi_i)}{(a-b\beta+1)[1-\sin(\beta+c+d\beta-\varphi_i)]\omega} \tag{2-10}$$

由式(2-10)可知，在钻机动力参数及钻头几何参数不变条件下，单位刃宽上切削力 F_1 与岩石单轴抗压强度及内摩擦角相关，岩石单轴抗压强度越大，单位刃宽上切削力 F_1 越大。同样，在钻进同种岩石时，增加钻机钻进速度，可以提高切削力，而当钻机转速增加时，切削力反而降低。

2.3 基于能量守恒的钻渣平均尺寸影响因素确定

基于能量守恒定理，通过建立岩石切削力学模型得到钻渣平均尺寸的理论表达式，即可确定钻渣平均尺寸的影响因素，为后续正式岩石实钻实验方案设计以及钻渣尺寸特征分析提供理论依据。

2.3.1 中心岩柱受扭做功计算

由2.1节可知，钻头刀翼对岩石的破坏分为两部分，即锚固孔周边岩石切削破碎和中部区域岩柱扭转(受压)破坏。由能量守恒定理可知，刀片对岩石做的功绝大部分转化为岩屑形成时钻渣颗粒的表面能，只有很少一部分转化成岩屑颗粒的应变能及钻渣抛射时的动能(忽略过程中的热效应)，则：

$$W+E_{T_s}=E_f+E_s+E_k \tag{2-11}$$

式中 W——总切削力 F 所做的功；

E_{T_s}——切向剪力对中心岩柱扭矩 T_s 所做的功(由于岩柱受压破坏情况较少，因此假定中心岩柱均为扭转破坏)；

F_f——钻渣颗粒所具有的表面能；

E_s——钻渣颗粒所具有的应表能；

E_k——钻渣颗粒所具有的动能。

研究表明，总切削力 F 及剪力 F_s 所做的功中转化为钻渣表面能占总能量的绝大部分，而应变能及动能则占很小一部分比例[97-99]。因此，为简化计算，可近似认为二者所做的功全部转化为钻渣颗粒的表面能，则：

$$W+E_{T_s}\approx E_f \tag{2-12}$$

如图2-8所示，在钻孔中心岩柱形成过程中，钻头刀片内侧向中心岩柱侧表面施加的切向剪力会在每个剪切截面产生扭矩 T_{s1}，T_{s2}，…，T_{sn}。在极限平衡状态下，假定岩柱内部单元均处于纯剪切状态，τ_{max} 为剪切截面上最大剪应力，α_{max} 为剪切截面最大转角，当剪切破坏截面出现时，有：

$$\begin{cases}\tau_{max}=[\tau]\\ \alpha_{max}=[\alpha]\end{cases} \tag{2-13}$$

式中 τ——底板岩石抗剪强度；

α——底板岩石单位长度最大扭转角度。

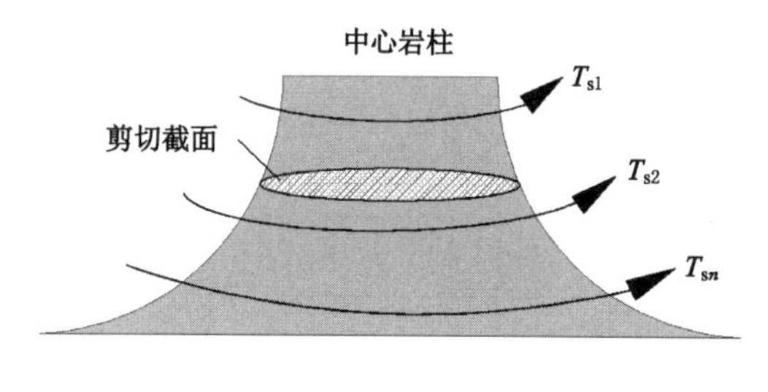

(a) 中心岩柱扭转破坏　　(b) 剪切截面剪应力分布

τ_ρ—距圆心距离为 ρ 处的剪应力。

图 2-8　中心岩柱扭转破坏力学模型

剪切破坏截面最大剪应力 τ_{max} 可表示为：

$$\tau_{max} = \frac{T_{max}}{W_P} \tag{2-14}$$

$$W_P = \frac{I_P}{r} \tag{2-15}$$

式中　T_{max}——剪切截面承受的最大扭矩；

W_P——底板岩石扭转截面系数；

I_P——极惯性矩，对于圆截面，$I_P = \frac{\pi r^4}{2}$。

结合式(2-13)至式(2-15)，T_{max} 可进一步表示为：

$$T_{max} = \frac{\tau \pi r^3}{2} \tag{2-16}$$

底板岩石单位长度最大扭转角度 α_{max} 可表示为：

$$\alpha_{max} = \alpha = \frac{180 T_{max}}{G I_P \pi} \tag{2-17}$$

式中　G——底板岩石剪切模量，$G = \frac{E}{2(1+\mu)}$；

E——底板岩石弹性模量；

μ——泊松比。

最大转角 α_{max} 可进一步表示为：

$$\alpha_{max} = \frac{360\tau(1+\mu)}{E\pi r} \tag{2-18}$$

而中心岩柱破断时最大扭矩 T_{max} 所做的功 E_{T_s} 为：

$$E_{T_s} = \alpha_{max} T_{max} \tag{2-19}$$

将式(2-16)与式(2-18)代入式(2-19)，可得：

$$E_{T_s} = \frac{180\tau^2 r^2 (1+\mu)}{E} \tag{2-20}$$

2.3.2　切削力做功计算

为了便于分析，假设将钻孔直径为 r，钻深为 h 的钻孔展开，由于钻头切削方向切削力方向一致，则认为该钻孔体积内岩石被钻头分割为若干斜长为 $l\left[l=\frac{2\pi r}{\cos(\beta-\varphi_j)}\right]$、垂直高度为 z 的条带，其中每个条带代表着钻头旋转 1 周所破碎岩石的体积，如图 2-9 所示。

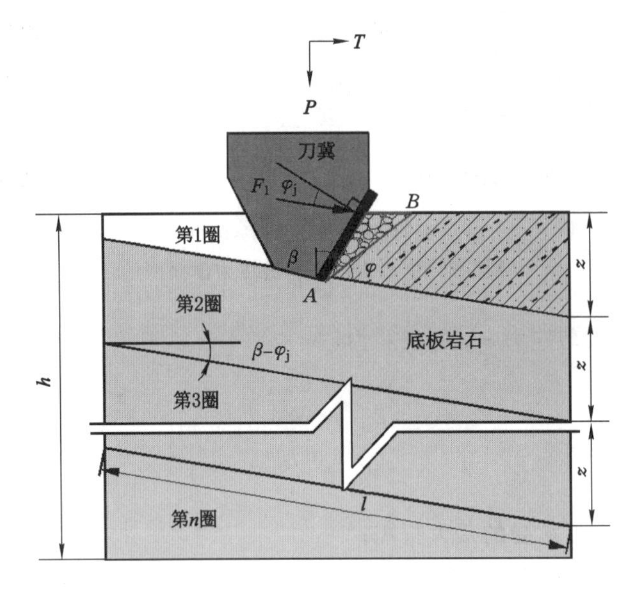

图 2-9　切削力做功计算模型

钻头旋转 1 周、切入深度为 z 时，用于切削岩石的刀片有效宽度为 p（参与岩石切削的刀片宽度），钻头刀片切削力 F 可表示为：

$$F=\int_0^p F_1\mathrm{d}p=\frac{2p\pi vQ_u(1-\sin\varphi_i)}{(a-b\beta+1)[1-\sin(\beta+c+d\beta-\varphi_i)]\omega} \tag{2-21}$$

切削单个条带岩石，则切削力 F 所做的功为：

$$W_1=\frac{4\pi^2 rvQ_u(1-\sin\varphi_i)p}{(a-b\beta+1)[1-\sin(\beta+c+d\beta-\varphi_i)]\cos(\beta-\varphi_j)\omega} \tag{2-22}$$

当孔深为 h、条带个数为 s 时，切削力 F 所做的总功为：

$$W=\frac{4\pi^2 rvQ_u(1-\sin\varphi_i)ps}{(a-b\beta+1)[1-\sin(\beta+c+d\beta-\varphi_i)]\cos(\beta-\varphi_j)\omega} \tag{2-23}$$

将 $s=\frac{\omega h}{2\pi v}$ 代入上式，可得：

$$W=\frac{2\pi rQ_u(1-\sin\varphi_i)ph}{(a-b\beta+1)[1-\sin(\beta+c+d\beta-\varphi_i)]\cos(\beta-\varphi_j)} \tag{2-24}$$

令 $\frac{(1-\sin\varphi_i)}{(a-b\beta+1)[1-\sin(c+d\beta-\varphi_i)]\cos(c+d\beta)}=k$，式(2-24)可表示为：

$$W=2\pi rphkQ_u \tag{2-25}$$

2.3.3　钻渣平均尺寸计算

假定钻渣为边长为 X_i 的立方体，其表面积 $S_1=6X_i^2$，体积 $V_1=X_i^3$，则其比表面积 $A_V=\frac{6}{X_i}$，破碎岩石总体积 $V=\pi r^2h$，则钻进半径为 r，钻深为 h 的钻孔生成钻渣的总表面积为

$S=\dfrac{6\pi r^2 h}{X_i}$。

根据断裂力学能量守衡相关理论，钻渣崩落时可认为张开型(Ⅰ型断裂)。当裂纹扩展单位面积系统可以提供的能量 G_1 小于裂纹扩展单位面积所需的能量 G_{IC} 时，裂纹不能扩展，仅当 G_1 等于或大于 G_{IC} 时，裂纹才可能失稳扩展。已知单位面积钻渣颗粒所具有的表面能为[156]：

$$G_{IC}=\frac{K_{IC}^2}{E} \tag{2-26}$$

式中　K_{IC}——岩石断裂韧度。

钻渣颗粒所具有的总表面能为：

$$E_f=G_{IC}S=\frac{6\pi r^2 hK_{IC}^2}{X_i E} \tag{2-27}$$

将式(2-20)及式(2-25)代入式(2-11)中，求得钻渣平均尺寸：

$$X_i=\frac{3\pi rK_{IC}^2 h}{90\tau^2 r(1+\mu)+\pi Q_u phkE} \tag{2-28}$$

2.3.4　平均尺寸影响因素分析

由式(2-28)可以看出，钻渣平均尺寸的影响因素可主要归纳为两类：第一类是底板岩石强度相关参数，包括岩石断裂韧度 K_{IC}、单轴抗压强度 Q_u、弹性模量 E 以及内摩擦角 φ_i；第二类是钻头刀片形状相关参数(参数 k 中含有)，包括有效刀片宽度 p、刀翼倾角 β 以及应力分布系数 n。在长期的生产实践过程中，PDC 两翼式钻头刀片倾角(全片型及半片型)已基本保持一致。因此，钻渣的平均尺寸主要与岩石断裂韧度 K_{IC}、单轴抗压强度 Q_u、弹性模量 E、内摩擦角 φ_i 以及有效刀片宽度 p 有关。

由岩石断裂韧度 K_{IC} 与岩石的单轴抗压强度 Q_u 相关，所以仅凭借式(2-28)的表达形式并不能确定钻渣平均尺寸与岩石力学参数的相关性。为了更好地进行分析，可对式(2-28)进一步变换。研究表明，岩石单轴抗压强度 Q_u 与断裂韧度 K_{IC} 及弹性模量 E 之间存在一定数学关系[157-158]。断裂韧度 K_{IC} 及弹性模量 E 可表示为：

$$\begin{cases}K_{IC}=AQ_u+B\\E=CQ_u^N\end{cases} \tag{2-29}$$

式中　A,B,C,N——常数，且满足 $0<A<1$，$0<B<1$，$0<C<1$，$0<N<2$。

将式(2-29)代入式(2-28)，可得：

$$X_i=\frac{3A^2\pi rhQ_u^2+6AB\pi rhQ_u+3B^2\pi rh}{90\tau^2 r(1+\mu)+C\pi Q\,N+1_u phk} \tag{2-30}$$

由式(2-30)可知，钻渣平均尺寸可用岩石单轴抗压强度 Q_u 表示：

$$X_i=f(Q_u) \tag{2-31}$$

令式(2-31)对 Q_u 求导，结合常量 A、B、C 及 k 的范围可得 $f'(Q_u)>0$(随着单轴抗压强度 Q_u 的增加，泊松比 μ 及系数 k 虽然有所变化，但变化量非常小，不会影响 $f'(Q_u)$ 的非负性结果)。因此，钻渣平均尺寸随着岩石单轴抗压强度 Q_u 的增加而增加，随着刀片有效宽度 p 的增加而降低。由式(2-31)还可看出，钻渣平均尺寸与钻机的动力参数(钻速及转速)无关，调节钻机动力参数对钻渣平均尺寸影响不大。因此，钻渣的平均尺寸主要与岩石的单轴抗压强度及钻头有效刀片宽度有关。

2.4 本章结论

本章结合岩石破碎学及初次岩石实钻试验，分析了矿用 PDC 两翼式锚杆钻头破岩时钻渣的生成过程，建立了底板锚固孔岩石破碎力学模型，求解了单位刀刃宽度切削力及钻孔中心岩柱所受扭矩的表达式，并基于能量守恒原理得到了钻渣平均尺寸表达式，确定了钻渣平均尺寸的影响因素。主要结论如下：

(1) PDC 两翼式钻头破岩时钻渣的生成可分为 4 个阶段：钻渣初始生成阶段、崩落钻渣重复破碎阶段、底部中心岩柱生成阶段、中心岩柱破断大尺寸钻渣生成阶段。其中，前两个阶段产生钻渣粒径较小，一般小于 1.5 mm，占据产渣量的绝大部分，后两个阶段产生钻渣尺寸较大，一般不小于 1.5 mm。这 4 个阶段实际体现了底板锚固孔钻渣分区域的生成过程，即锚固孔周边岩石切削破碎生成小粒径钻渣过程以及中心岩柱扭转(受压)破坏大粒径钻渣生成过程。

(2) 底板锚固孔钻进过程中，单位刃宽上切削力 F_1 与岩石单轴抗压强度及内摩擦角紧密相关，岩石单轴抗压强度越大，单位刃宽上切削力 F_1 越大。同样，在钻进同种岩石时，增加钻机钻进速度，可以提高切削力；而当钻机转速增加时，切削力反而降低。

(3) 由钻渣平均尺寸表达式可知，钻渣平均尺寸主要与岩石单轴抗压强度及钻头有效刀片宽度有关：随着岩石单轴抗压强度 Q_u 的增大而增大，随着刀片有效宽度 p 的增大而减小。在锚固孔钻进过程中，当钻进至较坚硬岩层时，大尺寸钻渣产出量会相应增加，增大刀片有效宽度可降低钻渣平均尺寸。此外，由于钻渣平均尺寸与钻机的动力参数(钻速及转速)无关，因而调节钻机动力参数对钻渣平均尺寸影响不大。本章节研究结论为正式岩石实钻试验方案设计及钻头结构优化提供重要理论依据。

第 3 章　煤矿巷道底板锚固孔钻渣尺寸及形貌特征研究

本章将在第 2 章的基础上制定正式底板岩石实钻试验方案，进一步分析钻渣尺寸分布规律及形貌特征。同时，利用 PFC 数值模拟软件对试验结果进行验证。其研究结论可为钻渣运移规律分析及钻具设计优化提供理论依据。

3.1　底板沉积岩力学性能测试

以某煤矿提取的底板常见沉积岩（石灰岩、粗砂岩、泥岩）为研究对象，在河南理工大学岩石力学实验室进行了岩石单轴压缩试验及巴西劈裂试验。底板沉积岩加工的标准岩样如图 3-1 所示。

图 3-1　底板沉积岩加工的标准岩样

标准岩样加工完成后，首先对其进行尺寸测量及称重，然后利用 RMT-150 型岩石伺服压力机进行单轴及巴西劈裂试验，如图 3-2 所示。

岩石力学试验部分结果如图 3-3 所示。

在试验中测得的石灰岩、粗砂岩、泥岩岩石力学参数如表 3-1 所列。

(a) 单轴压缩试验

(b) 巴西劈裂试验

(c) 破坏后的岩样

图 3-2　岩石力学试验

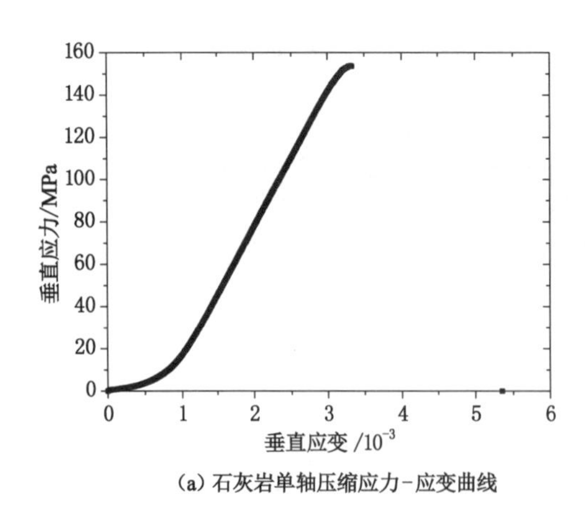

(a) 石灰岩单轴压缩应力-应变曲线

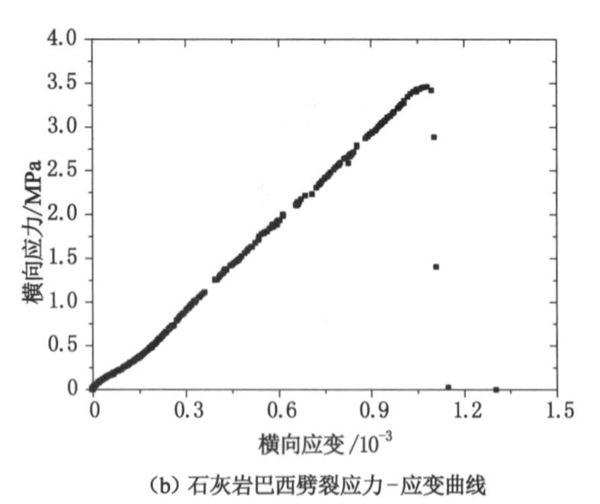

(b) 石灰岩巴西劈裂应力-应变曲线

图 3-3　岩石力学试验部分结果

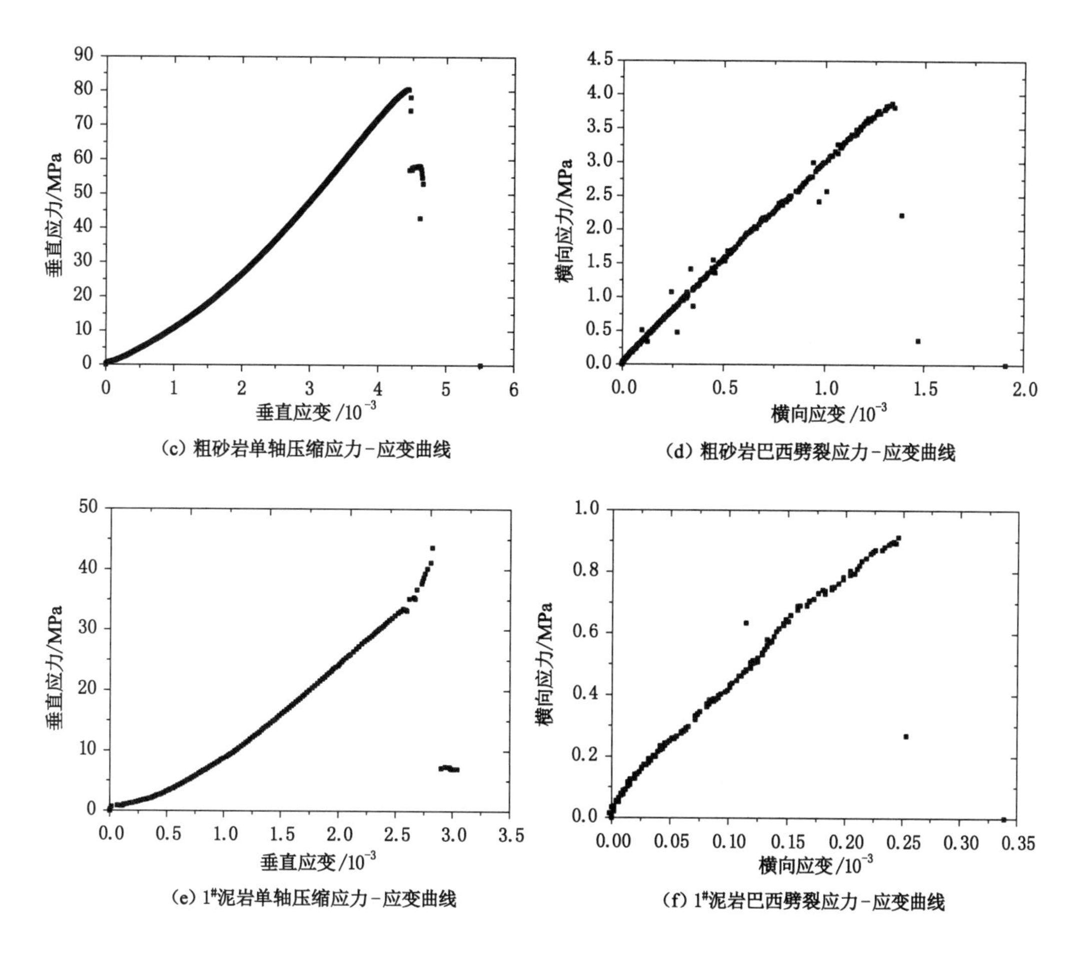

(c) 粗砂岩单轴压缩应力-应变曲线　(d) 粗砂岩巴西劈裂应力-应变曲线

(e) 1#泥岩单轴压缩应力-应变曲线　(f) 1#泥岩巴西劈裂应力-应变曲线

图 3-3(续)

表 3-1　石灰岩、粗砂岩、泥岩岩石物理力学参数

<table>
<tr><th rowspan="2">岩性</th><th colspan="2">密度/(kg · m⁻³)</th><th colspan="2">弹性模量/GPa</th><th colspan="2">泊松比</th><th colspan="2">单轴抗压强度/MPa</th><th colspan="2">抗拉强度/MPa</th></tr>
<tr><th>测试值</th><th>平均值</th><th>测试值</th><th>平均值</th><th>测试值</th><th>平均值</th><th>测试值</th><th>平均值</th><th>测试值</th><th>平均值</th></tr>
<tr><td rowspan="5">石灰岩</td><td rowspan="2">2 676.1</td><td rowspan="5">2 678.13</td><td rowspan="2">58.7</td><td rowspan="5">60.63</td><td rowspan="2">0.3</td><td rowspan="5">0.30</td><td rowspan="2">127.6</td><td rowspan="5">137.63</td><td>3.5</td><td rowspan="5">3.50</td></tr>
<tr><td>3.6</td></tr>
<tr><td>2 673.2</td><td>65.3</td><td>0.3</td><td>131.6</td><td>3.3</td></tr>
<tr><td rowspan="2">2 685.1</td><td rowspan="2">57.9</td><td rowspan="2">0.3</td><td rowspan="2">153.7</td><td>3.1</td></tr>
<tr><td>4.0</td></tr>
<tr><td rowspan="5">粗砂岩</td><td rowspan="2">2 420.3</td><td rowspan="5">2 414.80</td><td rowspan="2">22.4</td><td rowspan="5">20.63</td><td rowspan="2">0.3</td><td rowspan="5">0.33</td><td rowspan="2">90.3</td><td rowspan="5">80.23</td><td>3.9</td><td rowspan="5">3.34</td></tr>
<tr><td>3.4</td></tr>
<tr><td>2 406.3</td><td>18.0</td><td>0.3</td><td>70.0</td><td>3.5</td></tr>
<tr><td rowspan="2">2 417.8</td><td rowspan="2">21.5</td><td rowspan="2">0.4</td><td rowspan="2">80.4</td><td>3.2</td></tr>
<tr><td>2.7</td></tr>
</table>

表 3-1(续)

<table>
<tr><th rowspan="2">岩性</th><th colspan="2">密度/(kg・m⁻³)</th><th colspan="2">弹性模量/GPa</th><th colspan="2">泊松比</th><th colspan="2">单轴抗压强度/MPa</th><th colspan="2">抗拉强度/MPa</th></tr>
<tr><th>测试值</th><th>平均值</th><th>测试值</th><th>平均值</th><th>测试值</th><th>平均值</th><th>测试值</th><th>平均值</th><th>测试值</th><th>平均值</th></tr>
<tr><td rowspan="3">1# 泥岩</td><td>2 782.6</td><td rowspan="3">2 639.90</td><td>24.9</td><td rowspan="3">16.93</td><td>0.9</td><td rowspan="3">1.00</td><td>34.6</td><td rowspan="3">27.20</td><td>0.9</td><td rowspan="3">1.00</td></tr>
<tr><td>2 581.7</td><td>12.2</td><td>1.2</td><td>22.9</td><td>1.2</td></tr>
<tr><td>2 555.4</td><td>13.7</td><td>0.9</td><td>24.1</td><td>0.9</td></tr>
<tr><td rowspan="5">2# 泥岩</td><td rowspan="2">2 527.3</td><td rowspan="5">2 509.77</td><td rowspan="2">24.0</td><td rowspan="5">20.17</td><td rowspan="2">0.2</td><td rowspan="5">0.27</td><td rowspan="2">64.9</td><td rowspan="5">55.73</td><td>1.1</td><td rowspan="5">2.74</td></tr>
<tr><td>3.7</td></tr>
<tr><td>2 493.2</td><td>17.3</td><td>0.2</td><td>63.2</td><td>0.3</td></tr>
<tr><td rowspan="2">2 508.8</td><td rowspan="2">19.2</td><td rowspan="2">0.4</td><td rowspan="2">39.1</td><td>4.5</td></tr>
<tr><td>4.1</td></tr>
</table>

3.2 底板沉积岩实钻试验

3.2.1 试验材料及过程

正式岩石实钻试验以岩石力学试验中所涉及的底板三种沉积岩作为钻进试验样本，包括石灰岩、粗砂岩、泥岩。钻进试验所用岩样的尺寸为 150 mm×180 mm×100 mm(图 3-4)。

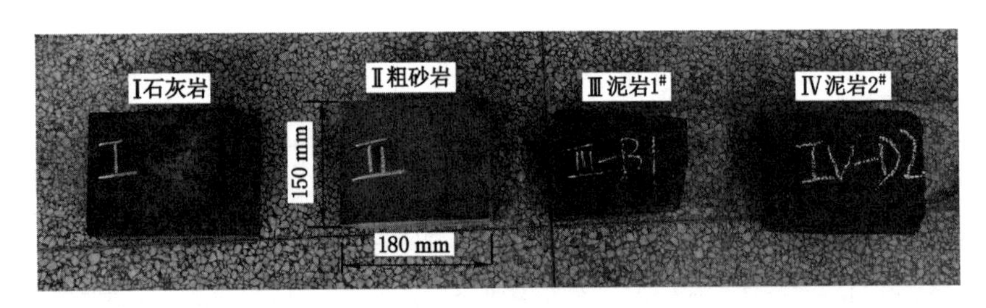

图 3-4 钻进试验所用岩样

钻进试验所用钻机为 CX-15035 重型液压自动钻孔机，其配备的伺服电机可实现钻速与转速的无级调节，技术参数如表 3-2 所列。试验所用钻头为 $\phi 32$ 矿用两翼式直片型钻头，在钻进过程中始终保持钻头刀翼至岩石表面 20 mm，通过钻机自带的钻机深度传感器可精准控制钻孔深度，水槽由 10 mm 厚优质不锈钢板加工而成。主要部分包括水槽主体、试样紧固装置、定位块和排水口。排水口下部焊接有短空心铁管，空心铁管与排水管相连。钻进生成的液渣混合液经排水管排至过滤筛网，过滤筛网网孔尺寸为 0.07 mm。底板岩石钻进试验过程如图 3-5 所示。

表3-2　CX-15035重型液压自动钻孔机技术参数

技术参数	数值	技术参数	数值
最大钻孔直径/mm	35	主轴转速/(r·min⁻¹)	0～3 000
主轴直径/mm	90	主机上、下移动距离/mm	0～320
主轴中心至立柱距离/mm	250	使用油压/N	230～280
主轴行程/mm	150	底座尺寸/mm	590×420
底座端至底座距离/mm	140～420	钻机质量/kg	400

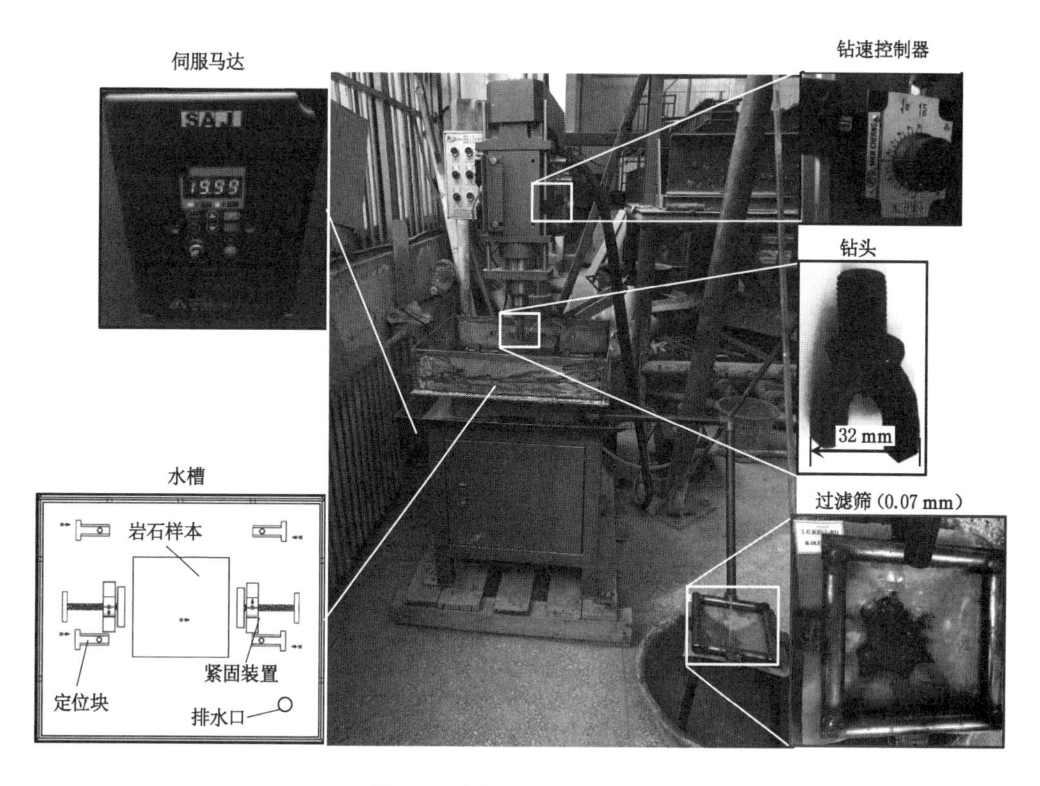

图3-5　底板岩石钻进试验过程

基于第2章研究结论，本试验旨在分析不同岩石类型、不同钻机动力参数及不同钻头形状时钻渣尺寸特征。试验方案如表3-3至表3-5所列。

表3-3　不同转速时钻进方案

岩石	转速/(r·s⁻¹)				钻速(mm/s)/进油量(L/min)	钻进深度/mm
	18.33	20.00	21.67	23.33		
Ⅰ石灰岩	Ⅰ-R1	Ⅰ-R2	Ⅰ-R3	Ⅰ-R4	0.7/0.8	20
Ⅱ粗砂岩	Ⅱ-R1	Ⅱ-R2	Ⅱ-R3	Ⅱ-R4		
Ⅲ泥岩B1#	Ⅲ-R1	Ⅲ-R2	Ⅲ-R3	Ⅲ-R4		
Ⅳ泥岩D2#	Ⅳ-R1	Ⅳ-R2	Ⅳ-R3	Ⅳ-R4		

表 3-4　不同钻进速度时钻进方案

岩石	钻速/(mm/s)/进油量(L/min)				转速/(r·s^{-1})	钻进深度/mm
	0.3/0.6	0.7/0.8	1.3/1.0	2.0/1.2		
Ⅰ石灰岩	Ⅰ-D1	Ⅰ-D2	Ⅰ-D3	Ⅰ-D4	23.33	20
Ⅱ粗砂岩	Ⅱ-D1	Ⅱ-D2	Ⅱ-D3	Ⅱ-D4		
Ⅲ泥岩 B1#	Ⅲ-D1	Ⅲ-D2	Ⅲ-D3	Ⅲ-D4		
Ⅳ泥岩 D2#	Ⅳ-D1	Ⅳ-D2	Ⅳ-D3	Ⅳ-D4		

表 3-5　不同钻头形状时钻进方案

钻头型号	刀片间隔/mm	刀片宽度/mm	刀片倾角/(°)	转速/(r·s^{-1})	钻速(mm/s)/进油量(L/min)	钻进深度/mm
ϕ32 型钻头	5.28	13.5	17	23.33	0.7/0.8	20
ϕ28 Ⅰ型钻头	4.02	13.5	17			
ϕ28 Ⅱ型钻头	2.90	13.5	17			
ϕ28 Ⅲ型钻头	2.35	13.5	17			

在钻进过程中，由于 2# 泥岩强度较低，导致钻孔形成后泥岩发生崩坏，因而未能成功获取 2# 泥岩钻渣。需要说明的是，后文中提及的泥岩均为 1# 泥岩。试验中收集的部分钻渣烘干后如图 3-6 所示。

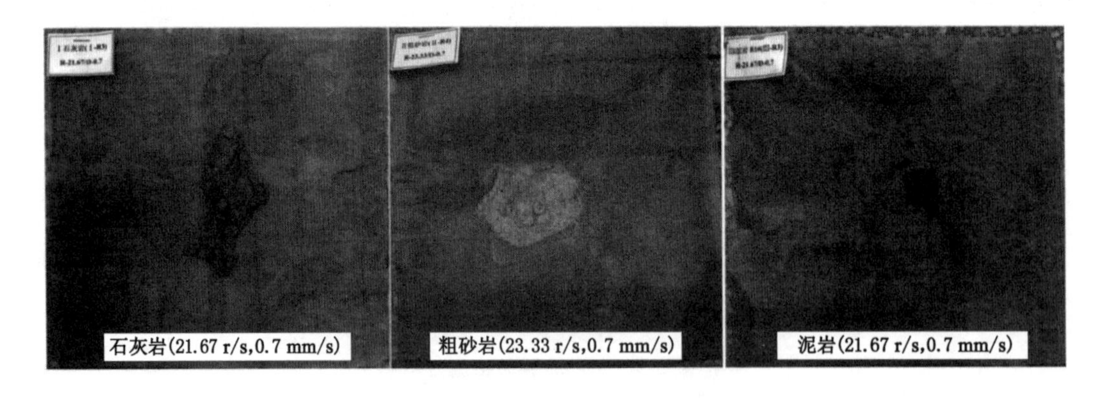

图 3-6　钻进试验收集的部分钻渣

利用网格孔径为 2.5 mm、1.5 mm、1.0 mm 及 0.5 mm 的标准筛网将试验中收集的钻渣按照粒径分为 4 组：>2.5 mm、1.5～2.5 mm(含)、1.0～1.5 mm(含)以及 0.5～1.0 mm(含)，如图 3-7 所示。因为粒径小于 0.5 mm 钻渣对排渣过程影响甚小，所以在试验过程中未对其进行分析。

筛分获得的共计 24 个钻孔钻渣如图 3-8 所示。

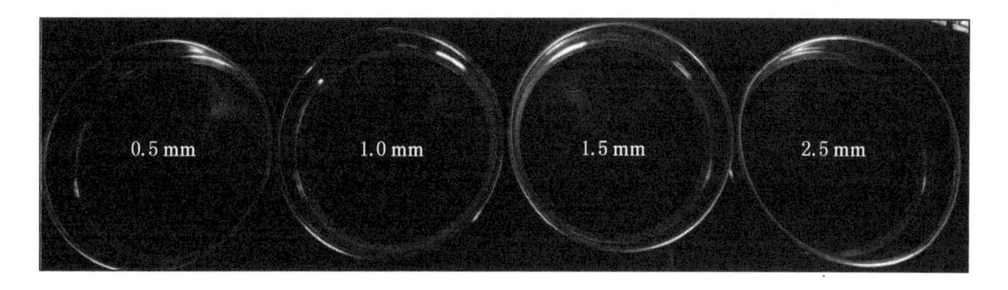

图 3-7　4 种尺寸标准筛网

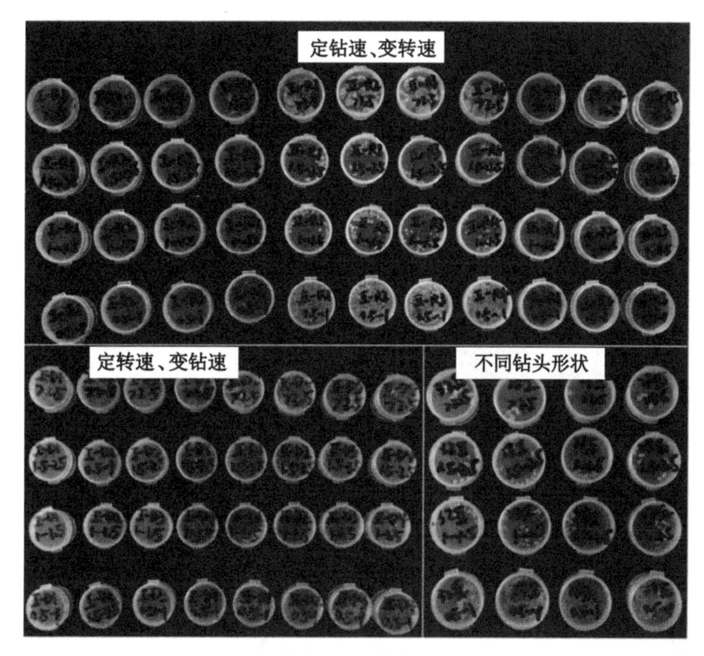

(a) 筛分后的钻渣分组

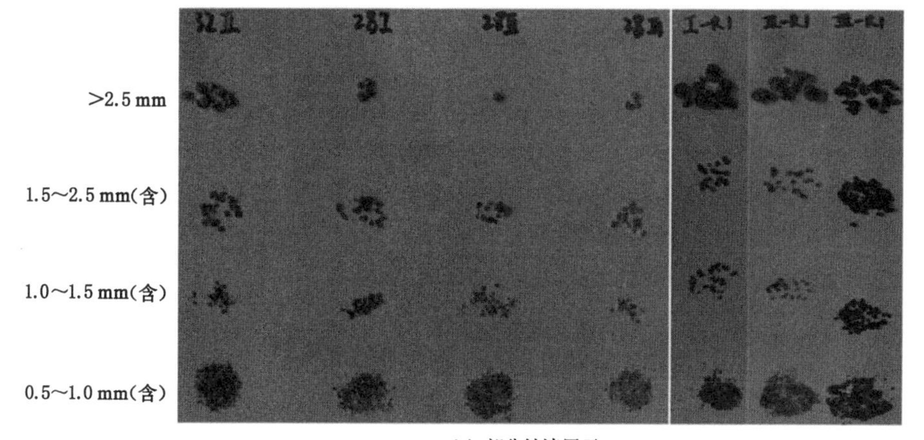

(b) 部分钻渣展示

图 3-8　钻渣筛分

然而，钻渣筛分只能初步按照一定尺寸范围对钻渣进行分组，并不能够精确地获取每个钻渣的尺寸特征。因此，为了获取更为准确的钻渣尺寸，利用 MATLAB 图形识别功能[159]，通过编写相关程序，可将钻渣高清图像中均匀分布的各个钻渣颗粒进行识别，获取各粒径分组钻渣的尺寸特征。

首先，将各粒径分组钻渣均匀分布于一张 50 mm×50 mm 的硬纸片上(石灰岩及泥岩为白色纸片，粗砂岩为黑色纸片)，利用配备有自动变焦镜头(EF-S 1∶3.5-5.6 IS STM)的 Canon EOS 700D 型单反相机对各粒径组进行拍照，得到了各粒径分组钻渣的高清照片。以石灰岩为例，钻进所产钻渣分成 4 个粒径组，每个分组钻渣均匀分布于一张白色纸片上，并拍摄照片，各粒径分组对应一张照片(若分组内钻渣数量较多，可分成若干张)。石灰岩共得到了 5 张高分辨率照片，其中部分照片如图 3-9 所示。

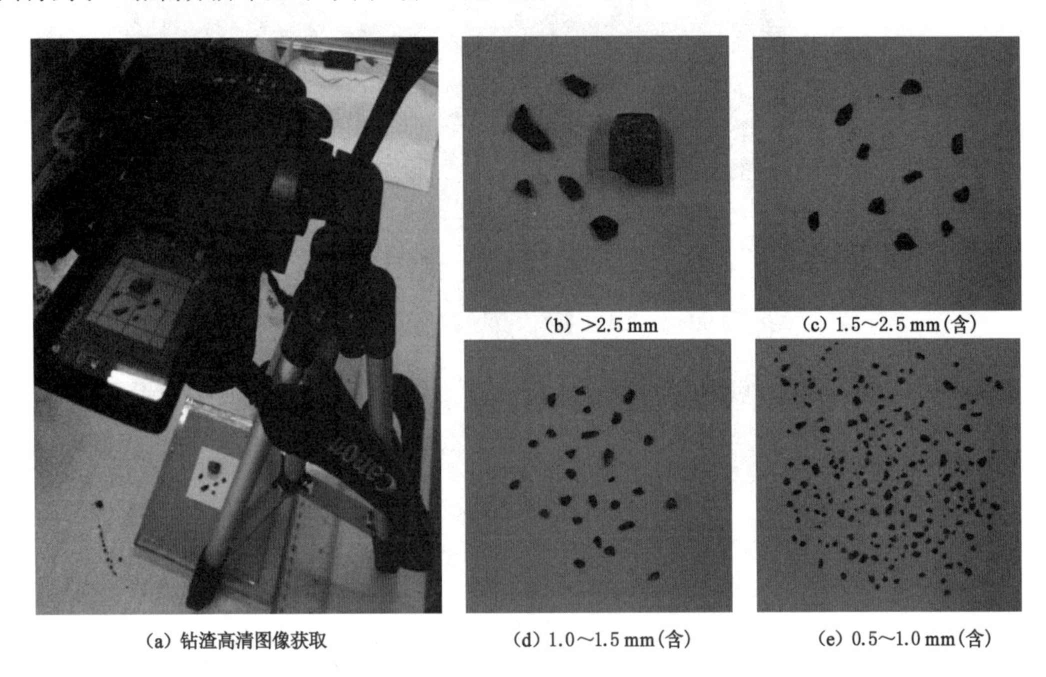

(a) 钻渣高清图像获取　(b) >2.5 mm　(c) 1.5～2.5 mm(含)　(d) 1.0～1.5 mm(含)　(e) 0.5～1.0 mm(含)

图 3-9　石灰岩各粒径分组钻渣高分辨率照片
(钻速 0.3 mm/s，转速 23.33 r/s)

其次，将拍摄的图像利用 MATLAB 图形识别中最小外接矩形功能(MBR)进行处理。图 3-9 中的图像经 MATLAB 处理后如图 3-10 所示。

最后，利用 MATLAB 图形识别功能对各钻渣投影所占像素数量进行统计，并结合各图像分别率及实际尺寸，可换算得到照片中各钻渣投影面积、水平尺寸、竖直尺寸，同时计算得到了各钻渣同等圆面积(等效圆)的等效直径。

3.2.2　试验结果汇总

由于泥岩较软弱，在钻进过程中易发生破坏，因而未能获取变钻速定转速时泥岩钻渣，但并不影响我们对钻进速度与钻渣尺寸之间关系的研究。对经初步筛分的钻渣进行称重，各试验方案不同粒径钻渣分组质量统计如表 3-6 至表 3-8 所列。

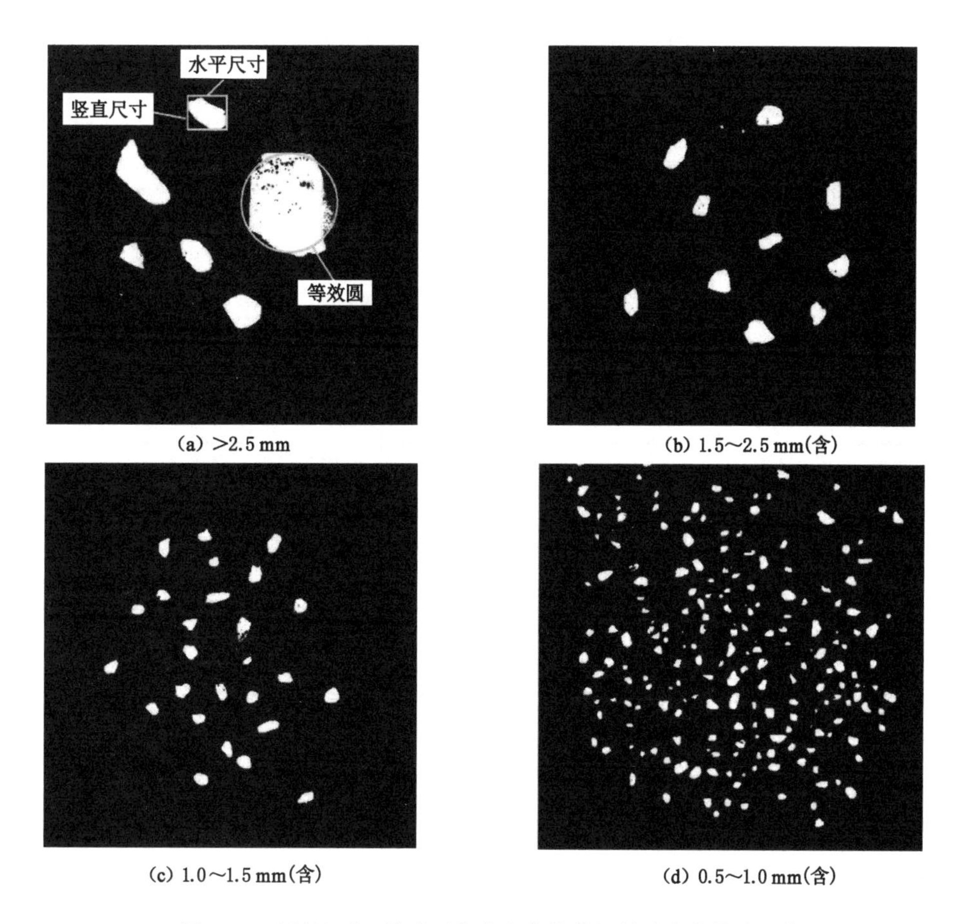

(a) >2.5 mm　　(b) 1.5～2.5 mm(含)

(c) 1.0～1.5 mm(含)　　(d) 0.5～1.0 mm(含)

图3-10　MATLAB处理石灰岩各粒径分组钻渣高分辨率图像
(钻速0.3 mm/s,转速23.33 r/s)

表3-6　变转速、定钻速情况下各粒径分组钻渣质量统计

编号	转速/$(r \cdot s^{-1})$	产渣量/g	各粒径分组质量/g				
			>2.5 mm	1.5～2.5 mm(含)	1.0～1.5 mm(含)	0.5～1.0 mm(含)	≤0.5 mm
Ⅰ-R1	18.33	17.3	3.2	0.1	0.1	0.2	13.5
Ⅰ-R2	20.00	12.4	2.5	0.1	0.1	0.1	9.5
Ⅰ-R3	21.67	11.7	2.7	0.1	0.1	0.1	8.5
Ⅰ-R4	23.33	16.1	2.8	0.2	0.1	0.2	12.5
Ⅱ-R1	18.33	15.7	2	0.1	0.1	0.4	12.9
Ⅱ-R2	20.00	14.6	1.6	0.2	0.1	0.5	12
Ⅱ-R3	21.67	14.9	1.8	0.1	0.1	0.5	12.3
Ⅱ-R4	23.33	14.9	2.4	0.1	0.1	0.3	11.9
Ⅲ-R1	18.33	2.6	1.6	0.5	0.2	0.3	—
Ⅲ-R2	20.00	3.1	0.3	0.9	0.4	0.8	—
Ⅲ-R3	21.67	2	0.8	0.5	0.2	0.4	—

表 3-7 变钻速,定转速情况下各粒径分组钻渣质量统计

编号	钻速/(mm·s^{-1})	产渣量/g	各粒径分组质量/g				
			>2.5 mm	1.5～2.5 mm(含)	1.0～1.5 mm(含)	0.5～1.0 mm(含)	≤0.5 mm
Ⅰ-D1	0.3	7.5	2.2	0.1	0.1	0.1	4.9
Ⅰ-D2	0.7	16.1	2.8	0.2	0.1	0.2	12.5
Ⅰ-D3	1.3	14.7	4.0	0.4	0.1	0.2	9.5
Ⅰ-D4	2.0	15.2	3.6	0.4	0.1	0.6	10.0
Ⅱ-D1	0.3	11.3	1.8	0.1	0.1	0.2	8.9
Ⅱ-D2	0.7	14.9	2.4	0.1	0.1	0.3	11.9
Ⅱ-D3	1.3	15.3	1.7	0.1	0.1	0.3	13.1
Ⅱ-D4	2.0	14.4	1.6	0.1	0.1	0.6	12.0

表 3-8 不同钻头形状时各粒径分组钻渣质量统计

编号	产渣量/g	各粒径分组质量/g				
		>2.5 mm	1.5～2.5 mm(含)	1.0～1.5 mm(含)	0.5～1.0 mm(含)	≤0.5 mm
ϕ32	15.1	0.4	0.2	0.1	0.4	13.9
ϕ28Ⅰ	14.1	0.1	0.2	0.1	0.2	13.3
ϕ28Ⅱ	15.4	0.1	0.1	0.1	0.3	14.7
ϕ28Ⅲ	14.3	0.1	0.1	0.1	0.3	13.7

利用MATLAB图形识别功能获取的不同方案下石灰岩、粗砂岩、泥岩钻渣(粒径大于1.0 mm)的数量、平均等效面积、平均等效直径、平均水平尺寸及平均竖直尺寸等信息,如表3-9至表3-11所列。

表 3-9 不同转速时钻渣尺寸信息

编号	转速/(r·s^{-1})	产渣数量/个	平均等效面积/mm^2	平均等效直径/mm	平均水平尺寸/mm	平均竖直尺寸/mm
Ⅰ-R1	18.33	68	11.76	3.17	3.44	3.42
Ⅰ-R2	20.00	53	9.19	2.77	3.08	2.93
Ⅰ-R3	21.67	42	10.01	2.95	3.43	3.19
Ⅰ-R4	23.33	129	8.83	2.77	2.99	3.00
Ⅱ-R1	18.33	47	9.25	2.83	3.10	3.19
Ⅱ-R2	20.00	70	6.05	2.49	2.85	2.77
Ⅱ-R3	21.67	66	8.01	2.69	3.01	2.86
Ⅱ-R4	23.33	37	8.91	2.63	2.91	2.95
Ⅲ-R1	18.33	176	7.37	2.77	3.08	3.09
Ⅲ-R2	20.00	268	5.06	2.41	2.73	2.70
Ⅲ-R3	21.67	173	5.93	2.55	2.98	2.88

表 3-10 不同钻速时钻渣尺寸信息

编号	钻速 /(mm·s^{-1})	产渣数量/个	平均等效面积/mm^2	平均等效直径/mm	平均水平尺寸/mm	平均竖直尺寸/mm
Ⅰ-D1	0.3	42	7.95	2.61	2.85	2.87
Ⅰ-D2	0.7	129	8.83	2.77	2.99	3.00
Ⅰ-D3	1.3	152	10.39	3.10	3.53	3.30
Ⅰ-D4	2.0	190	8.72	2.90	3.32	3.10
Ⅱ-D1	0.3	41	10.86	3.01	3.54	3.17
Ⅱ-D2	0.7	37	8.91	2.63	2.91	2.95
Ⅱ-D3	1.3	43	9.23	2.75	3.05	3.07
Ⅱ-D4	2.0	64	8.31	2.69	2.97	2.83

表 3-11 不同形状钻头钻渣尺寸信息

编号	产渣数量/个	平均等效面积/mm^2	平均等效直径/mm	平均水平尺寸/mm	平均竖直尺寸/mm
ϕ32	49	4.97	2.31	2.55	2.51
ϕ28Ⅰ	41	4.17	2.25	2.49	2.41
ϕ28Ⅱ	33	4.34	2.20	2.42	2.35
ϕ28Ⅲ	46	2.72	1.81	1.95	2.01

3.2.3 钻渣尺寸分布规律分析

颗粒粒径分布规律大多以频率分布曲线表示，但当 x 轴中各粒径组尺寸相差较大时，以线性横坐标表示的频率分布曲线就会变的非常尖锐，对规律分析存在一定影响。因此，本书频率分布曲线中钻渣粒径横坐标改用常用对数的对数坐标形式表示，可较大程度提高曲线的辨识度。Rayleigh 分布[160]、对数正态分布[96]、Weibull 分布[110]以及广义极值分布[114]等较多适用于脆性材料(如玻璃、岩石等)受瞬时动载破裂产生碎屑颗粒的粒径分布规律研究，其累积频率分布函数如式(3-1)至式(3-4)所列。

Rayleigh 分布：

$$F(x;a)=\frac{x}{a^2}\exp\left(\frac{-x^2}{2a^2}\right),x\geqslant 0 \tag{3-1}$$

式中 a——尺度参数。

对数正态分布：

$$F_X(x;m,n)=\Phi\left(\frac{\ln x-m}{n}\right) \tag{3-2}$$

式中 Φ——标准正态分布的累计分布函数；

m,n——正态分布中的均值及标准差。

Weibull 分布：

$$F(x;k,\lambda)=1-\exp\left[-\left(\frac{x}{\lambda}\right)^k\right],x\geqslant 0 \tag{3-3}$$

式中 k,λ——分布函数的形状参数及尺度参数。

广义极值分布：

$$F(x;\xi,\sigma,\mu)=\exp\left\{-\left[1+\xi\left(\frac{x-\mu}{\sigma}\right)\right]^{-1/\xi}\right\} \tag{3-4}$$

式中 ξ——分布函数的形状参数；

σ——分布函数的尺度参数；

上式中各参数满足 $1+\xi(x-\mu)\sigma>0$，其中 μ 为分布函数的位置参数。

然而，岩石钻进过程不是瞬时载荷作用下的破坏过程，而是岩石在持续载荷作用下发生的连续性破坏过程。那么，此类情况产生的钻渣是否也服从上述分布规律。为此，利用极大似然估计方法对粗砂岩等效直径、水平尺寸、竖直尺寸的累积频率分布曲线与各分布函数进行拟合试验结果，只有单一参数的 Rayleigh 分布函数拟合效果明显低于其他分布函数[图 3-11(a)]。此外，同样为双参数分布函数，图 3-11(b)中的对数正态分布函数的拟合效果明显优于图 3-11(c)中的 Weibull 分布函数。从拟合曲线形态来看，以对数正态分布函数拟合及广义极值分布函数[图 3-11(d)]拟合的效果均较好，均能够反映绝大部分钻渣粒径的分布趋势。

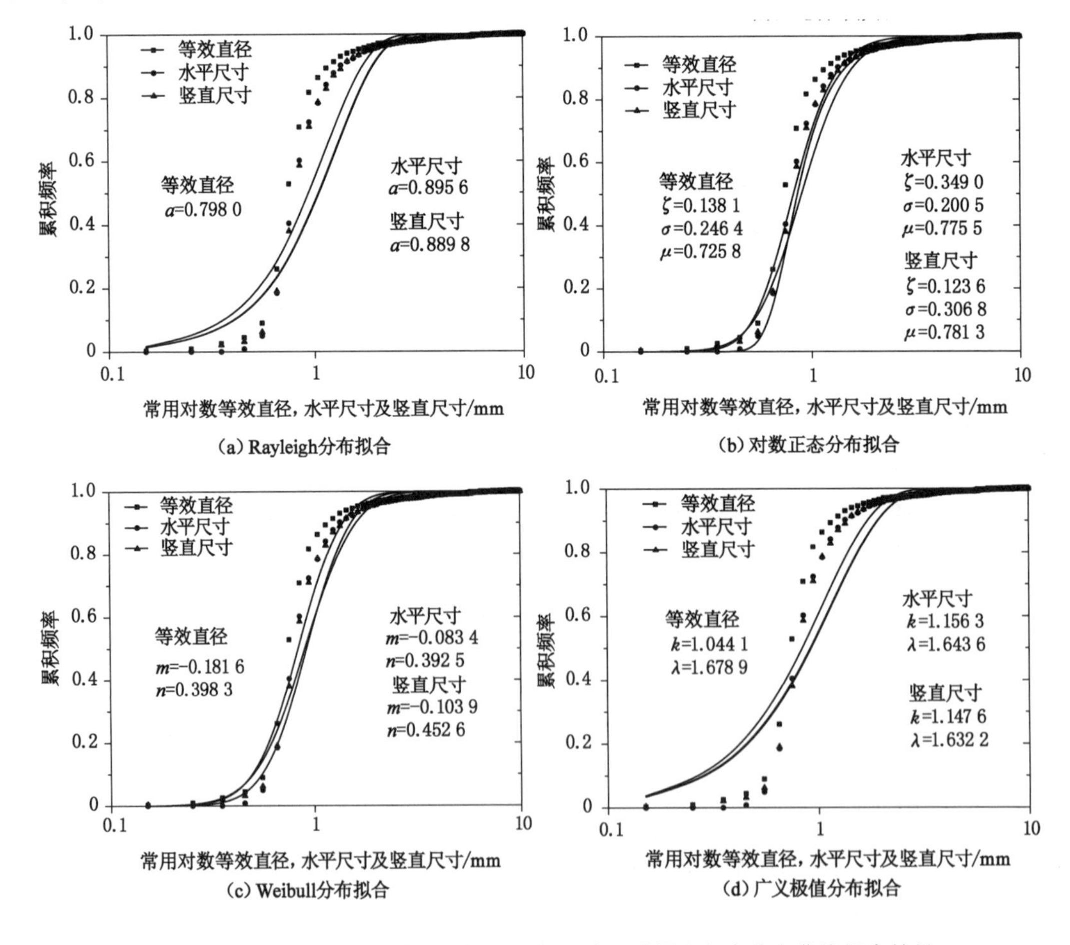

图 3-11　粗砂岩钻渣等效直径、水平尺寸、竖直尺寸累积频率分布曲线拟合结果

为了得到最优拟合效果，对各拟合试验中得出的对数似然函数值进行了统计，如图 3-12 所示。

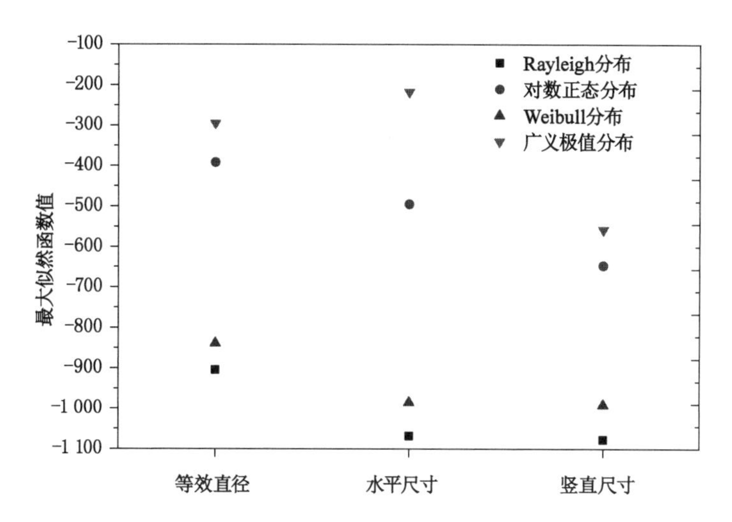

图 3-12　等效直径、水平尺寸、竖直尺寸累积频率分布曲线拟合所得的对数似然函数值

由图 3-12 可知，单一参数的 Rayleigh 分布函数拟合时的对数似然函数值最小，等效直径、水平尺寸及竖直尺寸分别为－905.467、－1 068.345、－1 077.554，说明其拟合效果最差。而 Weibull 分布函数拟合时的对数似然函数值与 Rayleigh 分布函数较为接近，其拟合效果同样不佳。相比之下，对数正态分布函数及广义极值分布函数拟合时的对数似然函数值均较大，说明这两种函数的拟合效果较好。特别是广义极值分布函数，其对数似然函数值分别为－296.263、－217.557、－557.323，说明广义极值分布函数对钻进过程中钻渣累积频率分布曲线拟合度最好。下面对所有试验结果的分析均采用此函数进行拟合。

如果该函数对应的概率密度分布函数

$$f(x;\xi,\sigma,\mu)=\frac{1}{\sigma}\left[1+\xi\left(\frac{x-\mu}{\sigma}\right)^{-1/\xi-1}\right]\exp\left\{-\left[1+\xi\left(\frac{x-\mu}{\sigma}\right)\right]^{-1/\xi}\right\}\tag{3-5}$$

那么该函数的期望值可表示钻渣颗粒的平均尺寸。因此，钻渣平均尺寸可表示为：

$$M(x)=\int_{-\infty}^{+\infty}xf(x;\xi,\sigma,\mu)\mathrm{d}x=\mu+\sigma(g_1-1)/\xi\tag{3-6}$$

式中，$g_1=\Gamma(1-\xi)$；$\xi<1$ 且 $\xi\neq0$。

在以往较多研究中，形状参数 μ 用来表示颗粒的平均尺寸。然而由式(3-6)可知，由于表示钻渣平均尺寸的数学期望 $M(x)$ 与形状参数 μ 并不相等，因而以期望值表示钻渣的平均尺寸要较形状参数 μ 更合适。

3.2.4　不同岩性岩石钻渣尺寸特征分析

不同类型岩石各粒径分组质量分数如图 3-13 所示(钻进速度 0.7 mm/s)，在不考虑 0.5 mm 以下粒径钻渣时，一般粒径大于 2.5 mm 的钻渣质量分数最大。而且随着岩石的强度降低，粒径大于 2.5 mm 钻渣的质量分数逐渐减小。例如，转速为 18.33 r/s 时，粒径大于 2.5 mm 石灰岩钻渣的质量分数为 84.21%，而粗砂岩为 71.43%，泥岩为 61.54%。转速为 20 r/s 时，石灰岩、粗砂岩及泥岩粒径大于 2.5 mm 钻渣质量分数分别为 86.21%、61.54%、9.68%。转速为 21.67 r/s 时，石灰岩、粗砂岩及泥岩粒径大于 2.5 mm 钻渣质量分数分别为：84.38%、69.23%、40%。此外，随着较大粒径钻渣质量分数的减小，粒径为1.0～1.5 mm 的钻渣粒径比例逐步升高。例如，转速为 18.33 r/s 时，石灰岩钻渣粒径在1.5～2.5 mm 及 1.0～1.5 mm 的质量分数均为 2.63%，粗砂岩均为 3.57%，而泥岩则达到了 19.23%与 7.69%。转速为 20 r/s 时，石灰岩、粗砂岩、泥岩钻渣粒径为 1.5～2.5 mm 及1.0～1.5 mm 的质量分数分别为 3.45%与 3.45%、7.69%与 3.85%、29.03%与 12.90%。转速为 21.67 r/s 时，石灰岩、粗砂岩、泥岩钻渣粒径为 1.5～2.5 mm 及 1.0～1.5 mm 的质量分数分别为 3.13%与 3.13%、3.85%与 3.85%、25%与 10%。由此可知，随着岩石强度的降低，大粒径钻渣的产出量也逐渐下降，从而导致更多次级粒径钻渣的生成。

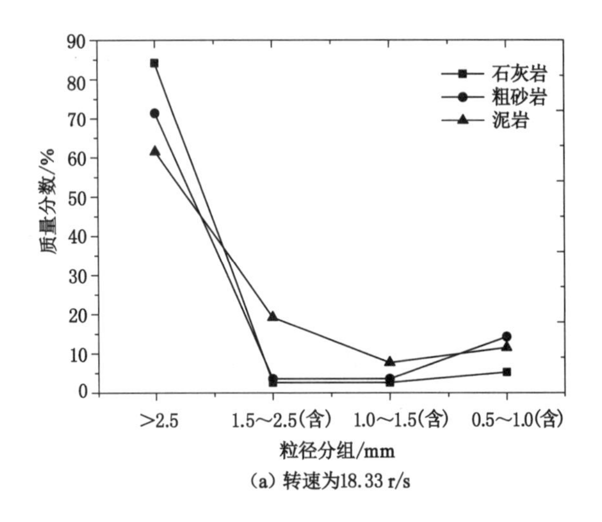

(a) 转速为18.33 r/s

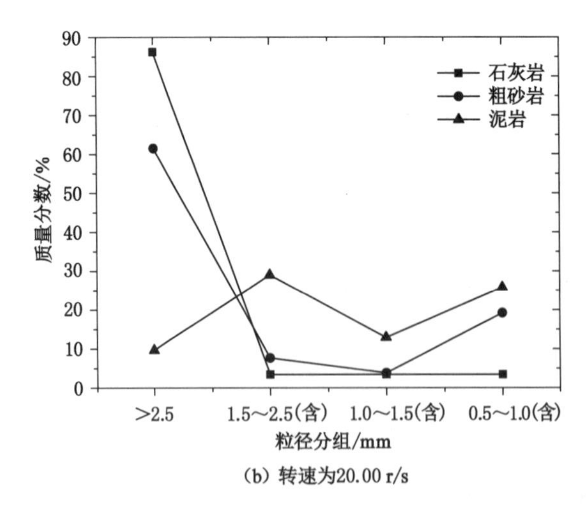

(b) 转速为20.00 r/s

图 3-13　不同岩石各粒径钻渣分组质量分数(＞0.5 mm)

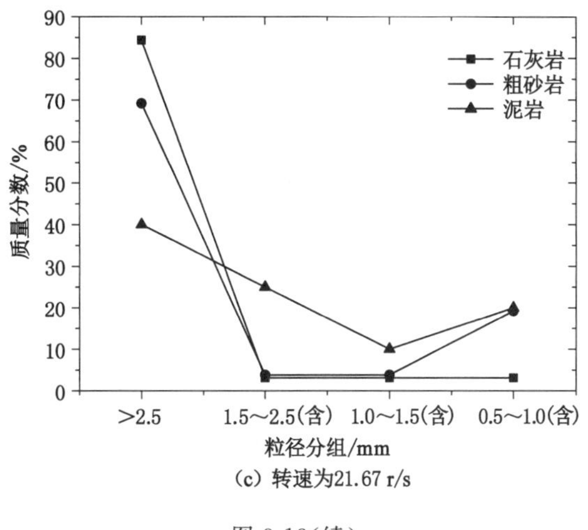

(c) 转速为21.67 r/s

图 3-13(续)

钻渣的质量统计只是在宏观上分析钻渣粒径分布规律，若要做到准确分析，则要从钻渣的具体尺寸入手。由于 0.5～1.0 mm 钻渣对排渣过程影响较小，在以后的分析中将其忽略。利用 MATLAB 图形识别并获取转速为 18.33～21.67 r/s 时石灰岩、粗砂岩、泥岩钻渣平均等效直径、平均水平尺寸、平均竖直尺寸等信息，如图 3-14 所示。

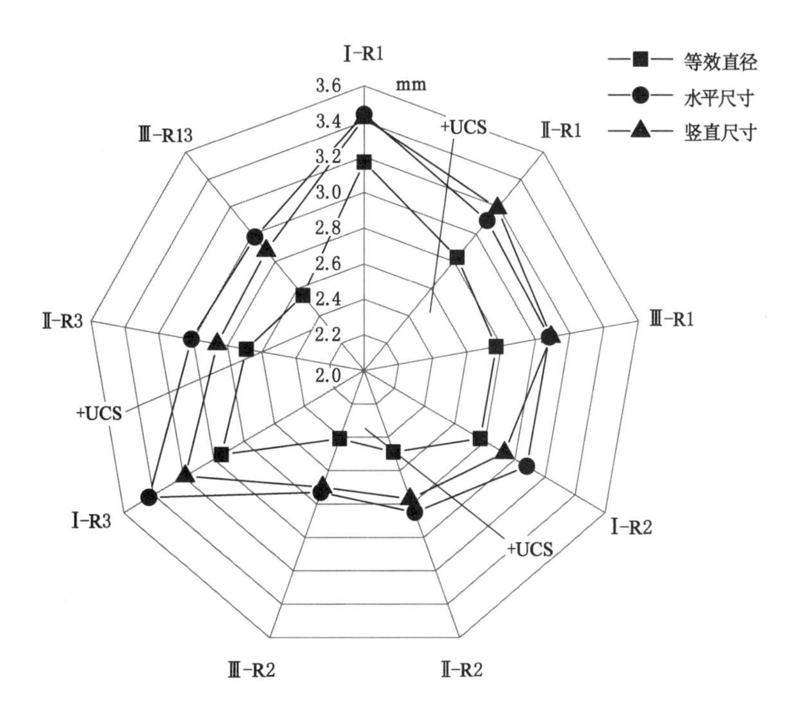

图 3-14　转速为 18.33～21.67 r/s 时
钻渣平均等效直径、平均水平尺寸和平均竖直尺寸

如图 3-14 所示，转速为 18.33 r/s 时，石灰岩、粗砂岩、泥岩钻渣平均等效直径分别为 3.17 mm、2.83 mm、2.77 mm，平均水平尺寸为 3.44 mm、3.10 mm、3.08 mm，平均竖直尺寸为 3.42 mm、3.19 mm、3.09 mm。由此可见，石灰岩钻渣的平均尺寸最大，而泥岩钻渣平均尺寸最小。从整体上看，不同转速条件下三类岩石的平均等效直径、平均水平尺寸、平均竖直尺寸按照由大到小顺序均为：石灰岩＞粗砂岩＞泥岩。而三者单轴抗压强度(UCS)分别为 137.63 MPa、80.24 MPa、27.18 MPa。由此可知，钻进过程中产生的大于1 mm 钻渣的平均尺寸随着岩石的单轴抗压强度的增大而增大。因此，在底板锚固孔钻进过程中，在钻进不同强度岩石时产生的钻渣平均尺寸也会有所变化，强度较高岩层产生的钻渣平均尺寸会增加，此时应注意调节排渣动力参数，防止卡钻。为了进一步明确岩石类型对钻渣等效直径、水平尺寸、竖直尺寸分布特征的影响，利用式(3-4)及式(3-5)对石灰岩、粗砂岩及泥岩大于 1 mm 粒径钻渣的频率曲线进行拟合，得到了转速为 18.33 r/s 时累积频率分布曲线及数量占比曲线，如图 3-15 所示。

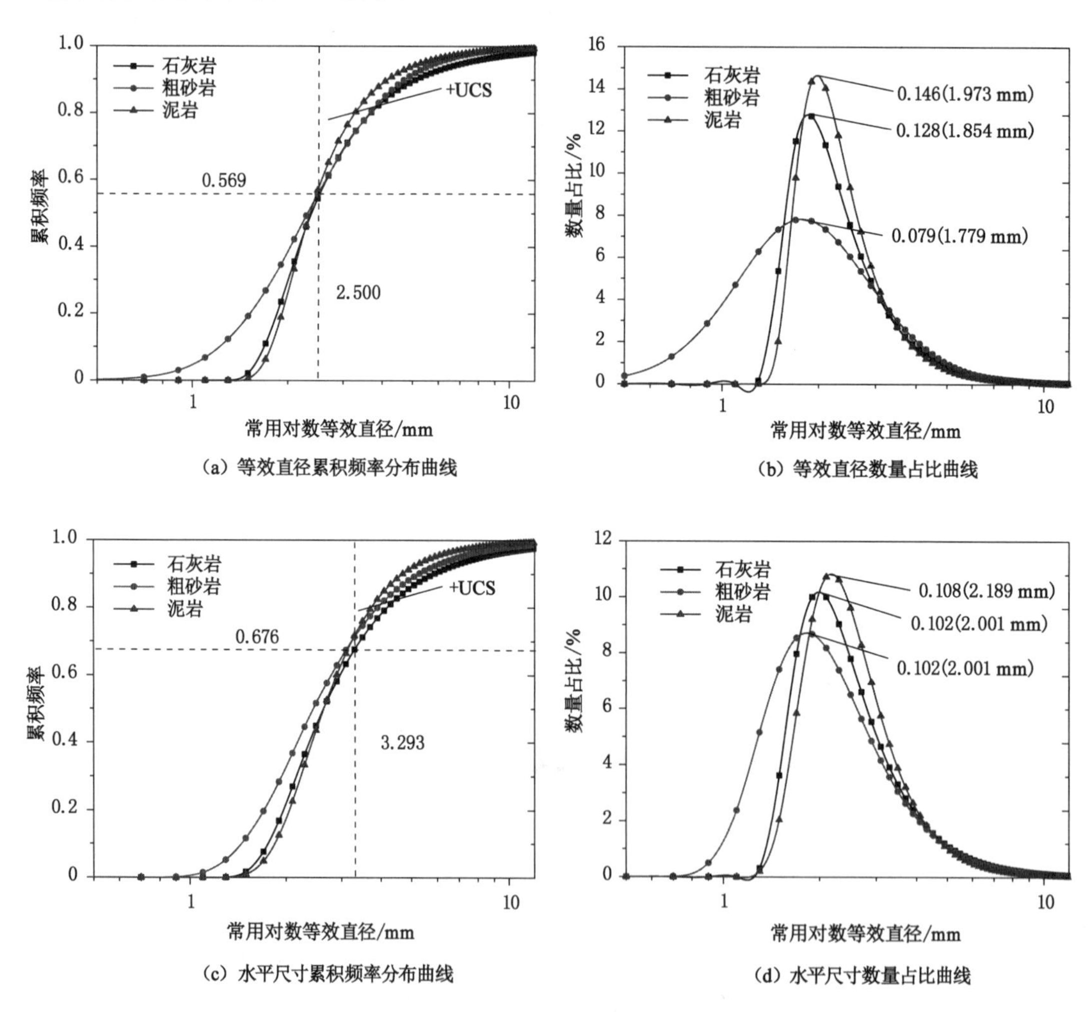

图 3-15 钻渣尺寸累积频率分布曲线及数量占比曲线

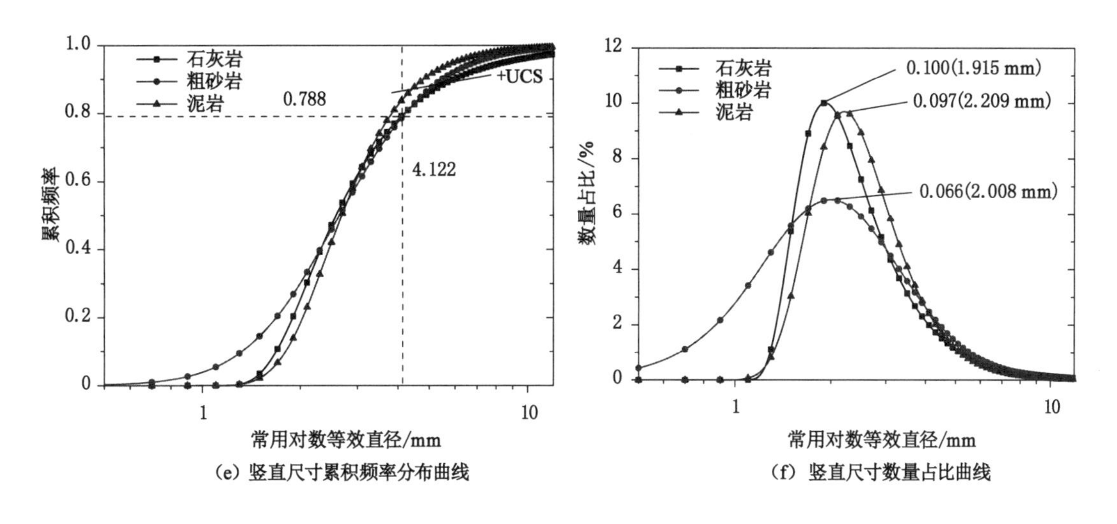

(e) 竖直尺寸累积频率分布曲线　　(f) 竖直尺寸数量占比曲线

图 3-15(续)

由图 3-15(a)可知，石灰岩、粗砂岩、泥岩三者累积频率分布曲线在(2.500,0.569)点出现交错，随后三条曲线出现了较明显变化趋势。因此，以 $x=2.5$ mm 为分界线将曲线一分为二，当 $x<2.5$ mm 时，粗砂岩累积频率分布曲线随钻渣等效直径的增加快速上升，而石灰岩及泥岩则增长缓慢，说明粗砂岩在等效直径小于 2.5 mm 的钻渣数量占比较大，而石灰岩及泥岩则相对较小。当 $x>2.5$ mm 时，随着等效直径的增大，泥岩的累积频率分布曲线快速达到统一，其次为粗砂岩，最后为泥岩，说明泥岩产生的等效直径大于 2.5 mm 的钻渣数量最少，粗砂岩次之，而石灰岩在等效直径约为 10 mm 位置才达到统一，其等效直径大于 2.5 mm 的钻渣数量占比最大。在该范围内，钻渣平均等效直径按照由大到小顺序为：石灰岩>粗砂岩>泥岩，即随岩石 UCS 的增大而增大。以相同分析方法，图 3-15(c)中石灰岩、粗砂岩、泥岩三者水平尺寸累积频率分布曲线在(3.293,0.676)点出现交错，以 $x=3.293$ mm 为分界线将曲线一分为二：当 $x<3.293$ mm 时，根据曲线趋势可知，粗砂岩水平尺寸小于 3.293 mm 钻渣数量占比较大，而石灰岩及泥岩则相对较小；当 $x>3.293$ mm 时，泥岩水平尺寸累积频率分布曲线首先达到统一，其次为粗砂岩，最后为石灰岩。因此，钻渣平均水平尺寸按照由大到小顺序为：石灰岩>粗砂岩>泥岩，即随岩石 UCS 的增大而增大。同理，图 3-15(e)中竖直尺寸累积频率分布曲线被 $x=4.122$ mm 一分为二，当 $x>4.122$ mm 时，钻渣平均竖直尺寸按照由大到小顺序为：石灰岩>粗砂岩>泥岩，即随岩石 UCS 的增大而增大。图 3-15(b)、图 3-15(d)和图 3-15(f)分别为三类岩石等效直径、水平尺寸、竖直尺寸数量占比曲线。从图中可以看出，三类岩石钻渣数量占比曲线特征尺寸集中于 1.779～2.209 mm，特征尺寸所对应的数量占比并未呈现明显规律，但三者的形状差别较大，粗砂岩数量占比曲线更为扁平。

综上所述，三类岩石在钻进过程中产生的较大尺寸钻渣的平均尺寸均随岩石 UCS 的增大而增大，结合图 3-14 钻渣平均尺寸，可推断大尺寸钻渣对平均尺寸的影响程度要高于小尺寸钻渣，且这种影响程度随着岩石 UCS 的增大而增大，由于大尺寸钻渣平均尺寸呈现出的规律性，造成整体钻渣平均尺寸随岩石 UCS 的增大而增大。此外，结合图 3-14 及图 3-15 可知，尺寸在 1～3 mm 范围内的钻渣数量占比较大，平均尺寸均一般在 3～4 mm，最大尺寸均接近或超过 10 mm。这些大尺寸钻渣由于超过排渣通道尺寸，因而堵塞排渣通道。尽管部分钻渣低于排渣通道尺寸，但是也会降低排渣效率。

3.2.5 钻机动力参数对钻渣平均尺寸影响分析验证

利用 MATLAB 图形识别并获取钻速为 0.3～2.0 mm/s 与转速为 18.33～23.33 r/s 时石灰岩、粗砂岩、泥岩钻渣平均等效直径、平均水平尺寸、平均竖直尺寸等信息，如图 3-16 所示。

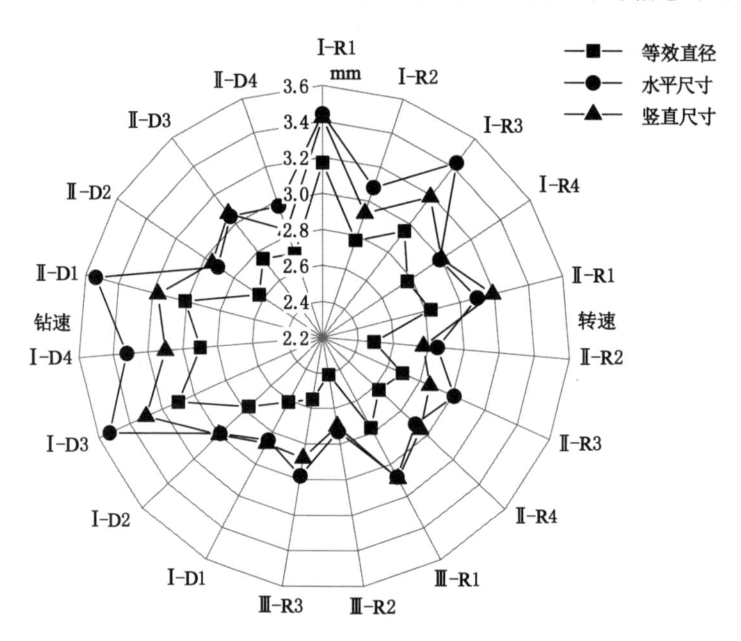

图 3-16 不同转速及不同钻速情况下三类岩石钻渣平均尺寸

由图 3-16 可知，三类岩石平均尺寸曲线波动较大。以粗砂岩为例，当转速由 18.33 r/s 增至 23.33 r/s 时，其平均等效直径分别为 2.83 mm、2.49 mm、2.69 mm、2.63 mm，平均水平尺寸分别为 3.10 mm、2.85 mm、3.01 mm、2.91 mm，平均竖直尺寸分别为 3.19 mm、2.77 mm、2.86 mm、2.95 mm，随着转速的增加，粗砂岩钻渣平均尺寸与转速两者之间并未出现明显的相关性，平均尺寸曲线起伏不定，石灰岩及泥岩钻渣平均尺寸曲线与粗砂岩类似，并无明显的规律性，钻机的转动速度对钻渣平均尺寸并无明显影响。仍以粗砂岩为例，当钻机钻进速度由 0.3 mm/s 增至 2.0 mm/s 时，其平均等效直径分别为 3.01 mm、2.63 mm、2.75 mm、2.69 mm，平均水平尺寸分别为 3.54 mm、2.91 mm、3.05 mm、2.97 mm，平均竖直尺寸分别为 3.17 mm、2.95 mm、2.86 mm、2.83 mm。随着钻进速度的增加，平均尺寸与钻进速度两者之间未出明显相的关性，石灰岩与粗砂岩类似，钻机的钻进速度对钻渣的平均尺寸并无明显的影响。因此，在底板锚固孔钻进过程中，改变钻机的动力参数对所产钻渣平均尺寸并不会产生明显的影响，该结论与理论计算结果一致。

为了进一步明确不同转速时各类岩石钻渣尺寸分布特征，可以将各类岩石钻渣在不同转速条件下的水平尺寸及竖直尺寸的累积频率分布曲线加以分析，如图 3-17 所示。

由图 3-17(a)和图 3-17(b)可以看出，石灰岩水平尺寸及竖直尺寸的累积频率分布曲线按照达到统一的先后顺序所对应的转速分别为 23.33 r/s、20.00 r/s、21.67 r/s、18.33 r/s，

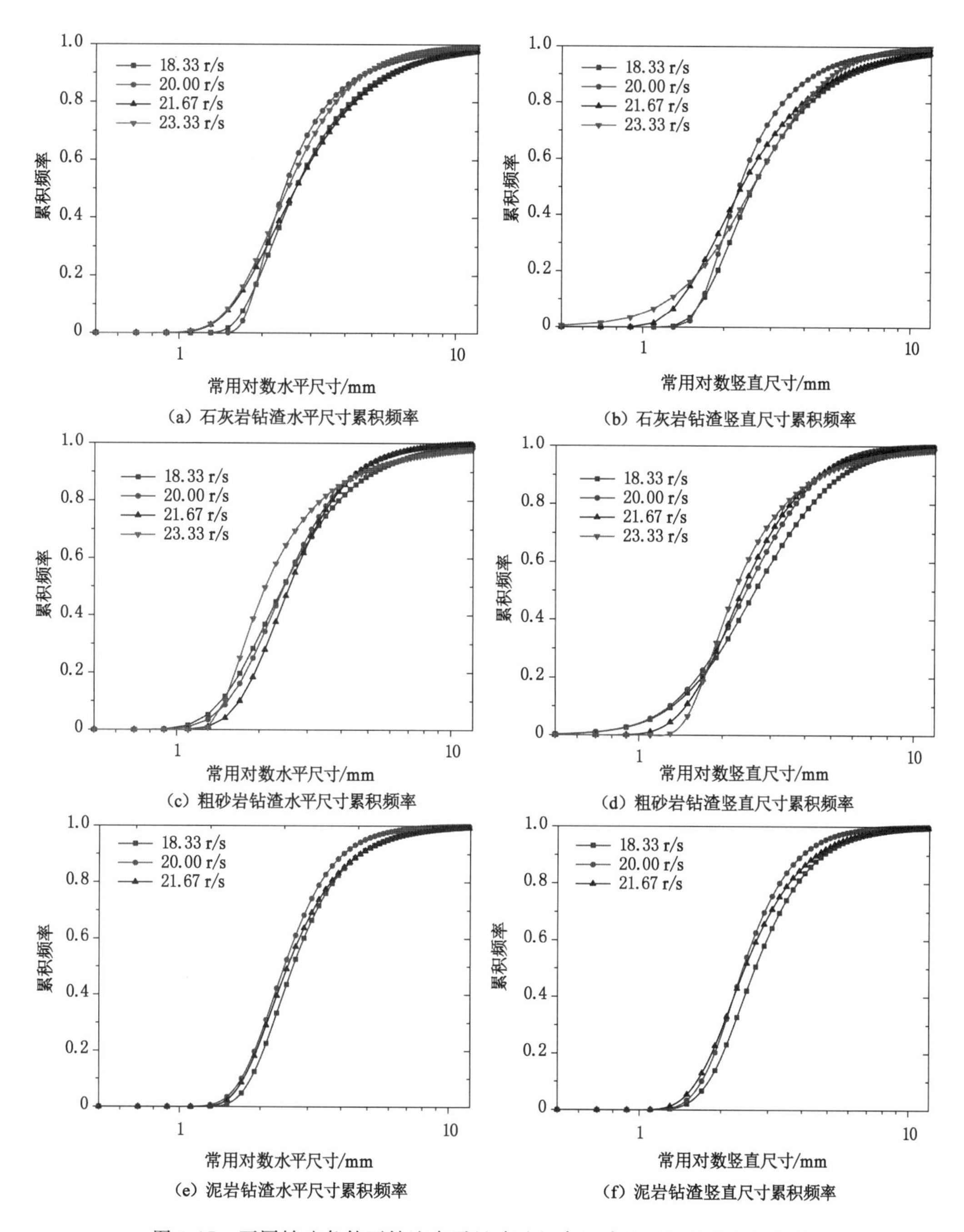

(a) 石灰岩钻渣水平尺寸累积频率

(b) 石灰岩钻渣竖直尺寸累积频率

(c) 粗砂岩钻渣水平尺寸累积频率

(d) 粗砂岩钻渣竖直尺寸累积频率

(e) 泥岩钻渣水平尺寸累积频率

(f) 泥岩钻渣竖直尺寸累积频率

图 3-17　不同转速条件下钻渣水平尺寸及竖直尺寸的累积频率分布曲线

说明石灰岩钻渣平均水平尺寸及平均竖直尺寸按照由大到小顺序所对应的转速分别为 18.33 r/s、21.67 r/s、20.00 r/s、23.33 r/s。由此可见，平均水平尺寸及平均竖直尺寸的增大与转速的增加并无特定的相关性。由图 3-17(c)和图 3-17(d)可知，粗砂岩水平尺寸及竖直尺寸的累积频率分布曲线按照达到统一的先后顺序所对应的转速分别为 20.00 r/s、23.33 r/s、21.67 r/s、18.33 r/s，则粗砂岩钻渣平均水平尺寸及平均竖直尺寸按照由大到小顺序对应的转速分别为 18.33 r/s、21.67 r/s、23.33 r/s、20.00 r/s。对于粗砂岩钻渣而言，转速的改变对钻渣的平均尺寸并不会产生明显规律性影响。同理，泥岩钻渣平均水平尺寸及平均竖直尺寸按照由大到小顺序对应的转速分别为 18.33 r/s、23.33 r/s、20.00 r/s，发现泥岩钻渣平均尺寸随钻渣的变化未发生规律性改变。因此，钻机转速对于钻渣的平均尺寸不会产生规律性影响。石灰岩及粗砂岩钻渣在不同钻进速度条件下的水平尺寸及竖直尺寸的累积频率分布曲线，如图 3-18 所示。

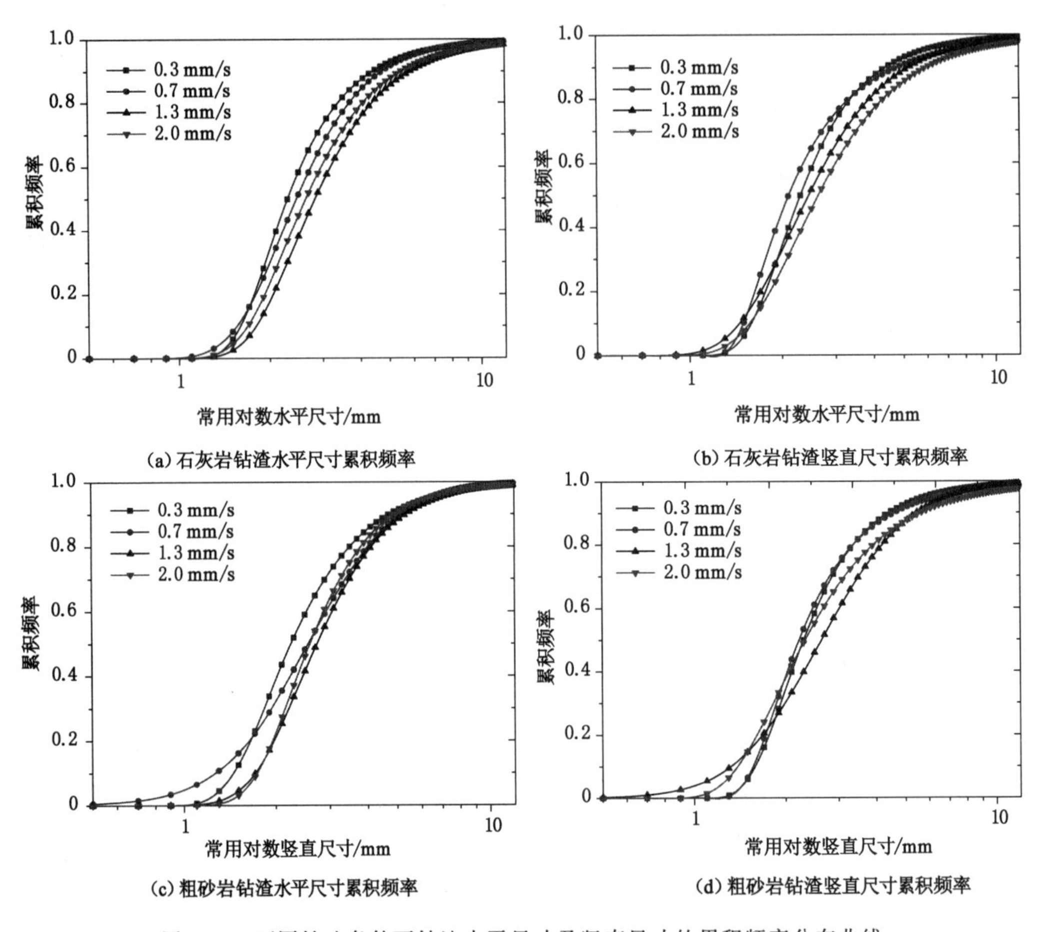

(a) 石灰岩钻渣水平尺寸累积频率

(b) 石灰岩钻渣竖直尺寸累积频率

(c) 粗砂岩钻渣水平尺寸累积频率

(d) 粗砂岩钻渣竖直尺寸累积频率

图 3-18　不同钻速条件下钻渣水平尺寸及竖直尺寸的累积频率分布曲线

由图 3-18(a)和图 3-18(b)可以看出，石灰岩水平尺寸累积频率按照达到统一的先后顺序对应的钻进速度分别为 0.3 mm/s、0.7 mm/s、2.0 mm/s、1.3 mm/s，说明石灰岩钻渣平均水平尺寸按照由大到小顺序对应的钻进速度分别为 1.3 mm/s、2.0 mm/s、0.7 mm/s、0.3 mm/s。石灰岩钻渣竖直尺寸累积频率按照达到统一的先后顺序分别为 0.3 mm/s、0.7 mm/s、1.3 mm/s、2.0 mm/s，说明石灰岩钻渣平均水平尺寸按照由大到小顺序分别为 2.0 mm/s、1.3 mm/s、0.7 mm/s、0.3 mm/s。同理，由图 3-18(c)和图 3-18(d)可以看出，粗砂岩平均水平尺寸按照由大到小顺序对应的钻进速度分别为 1.3 mm/s、0.7 mm/s、2.0 mm/s、0.3 mm/s，而平均竖直尺寸按照由大到小顺序对应的钻进速度分别为 2.0 mm/s、1.3 mm/s、0.7 mm/s、0.3 mm/s。因此，石灰岩及粗砂岩钻渣平均尺寸随转速的增加并没有表现出特定的规律性，当钻速增加时，钻渣的平均尺寸均有所增减。由此可知，钻机钻速对于钻渣的平均尺寸不会产生规律性影响，该结论与第 2 章的理论分析结果一致。

3.2.6　钻头刀片间距对钻渣尺寸影响分析

目前市场上常见的全片型及半片型 PDC 两翼式钻头刀片倾角及宽度基本保持相同，刀片宽度基本保持在 13.5 mm，倾角为 17°，但刀片间距不尽相同。通过观察钻进过程中刀片磨损情况及成孔状态并结合第 2 章钻渣生成机理分析可知，全片型及半片型两翼式钻头与岩石的接触部位主要体现在对孔底外围岩石的切削破碎(易产出粒径小于 1.5 mm 钻渣)，不同刀片间距会导致钻头刀片与岩石的接触范围(有效刀片宽度)不同，间距越大，有效刀片宽度越小，从而会对钻孔中心岩柱的破断产生影响(易产出粒径大于 1.5 mm 钻渣)，如图 3-19 所示。

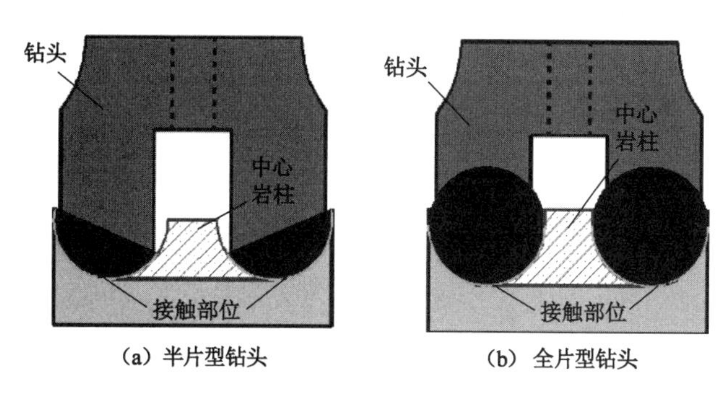

(a) 半片型钻头　　(b) 全片型钻头

图 3-19　全片型及半片型钻头与岩石接触部位示意图

当全片型及半片型钻头刀片倾角及宽度相同时，不同刀片间距钻头产生的粒径小于 1.5 mm 钻渣的平均尺寸应相差不大，而较大粒径钻渣的平均尺寸则有明显区别。为此，通过分析不同刀片间距全片及半片型钻头破岩产生的钻渣尺寸特征，可明确刀片间距对钻渣尺寸的影响。钻进所用岩石为粗砂岩，钻速为 0.7 mm/s，转速为 23.33 r/s，钻进深度为 20 mm。试验所用钻头及刀片间距及成孔情况如图 3-20 所示。

试验采用 ϕ32 以及 ϕ28 两种直径钻头，其中 ϕ32 为全片型钻头，ϕ28 钻头按照刀片间距不同，又分为 ϕ28Ⅰ、ϕ28Ⅱ、ϕ28Ⅲ型三类钻头。由图 3-20 可以看出，由于刀片间距不同，因而孔底中心岩柱的尺寸也有所区别，通过印模方法获取了孔底中心岩柱的形状，并对其进行了测量。结果显示，刀片间距最大的 ϕ32 钻头成孔后中心岩柱基本呈圆柱状，上端面直径为 7.35 mm，下端面直径为 7.78 mm。而刀片间距最小的 ϕ28Ⅲ型钻头形成的中心岩柱直径最小，上端面直径为 4.23 mm，下端面直径为 4.76 mm。孔底中心岩柱平均尺寸按照由大到小顺序为：ϕ32＞ϕ28Ⅰ＞ϕ28Ⅱ＞ϕ28Ⅲ，而孔底中心岩柱平均直径随着刀片间距的增大而增大。由此可知，钻进过程中较大的刀片间距将导致刀片有效宽度减小，且中心岩柱平均直径也较大，从而导致中心岩柱破断后形成的岩石碎片尺寸也较大，这些碎片经二次破碎后形成的钻渣粒径也相对较大。为了进一步明确不同刀片间距产生钻渣的尺寸特征，可将几种钻头生成钻渣(＞1.0 mm)的平均等效直径进行比对，如图 3-21 所示。

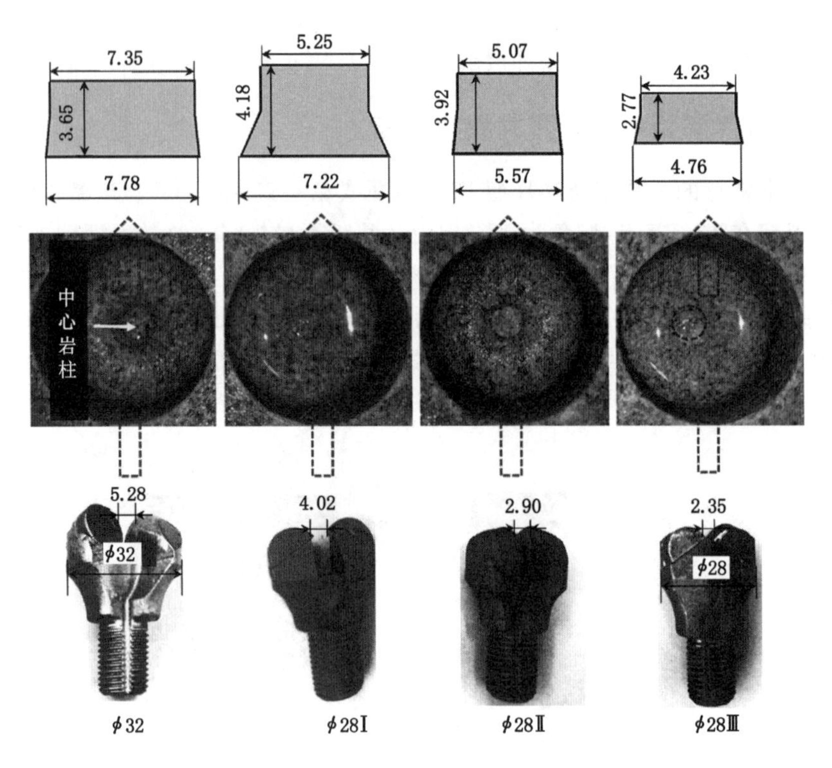

图 3-20　不同刀片间距钻头及孔底中心岩柱尺寸

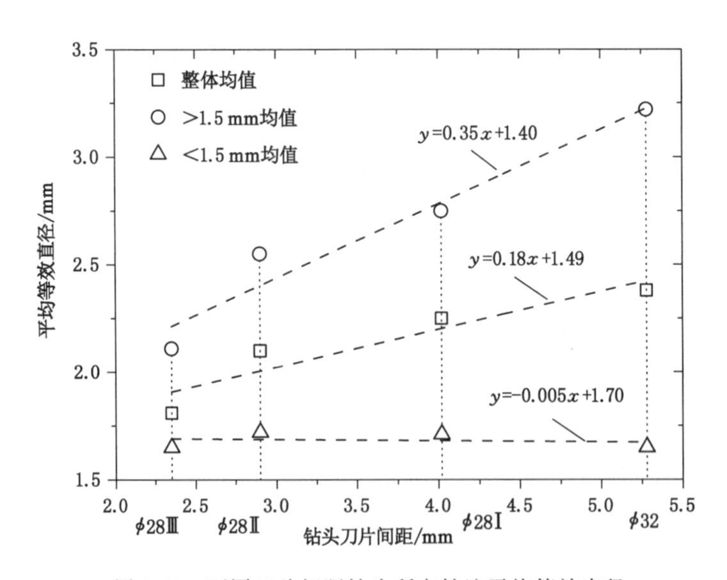

图 3-21　不同刀片间距钻头所产钻渣平均等效直径

如图 3-21 所示，φ28Ⅲ、φ28Ⅱ、φ28Ⅰ、φ32 钻头所产粒径大于 1.5 mm 钻渣的平均等效直径分别为 2.11 mm、2.55 mm、2.75 mm、3.22 mm，通过对其进行拟合发现：粒径大于 1.5 mm 钻渣的平均等效直径与钻头刀片间距呈线性递增关系。由此可知，粒径大于 1.5 mm 钻渣的平均等效直径随钻头刀片间距的增大而增大，即随刀片有效宽度的减小而增大。φ28Ⅲ、φ28Ⅱ、

ϕ28Ⅰ、ϕ32 钻头所产粒径小于 1.5 mm 钻渣的平均等效分别为1.64 mm、1.71 mm、1.72 mm、1.65 mm，通过拟合得到了平均等效直径与钻头刀片间距的关系式：$y=-0.005x+1.70$。由此可见，钻渣平均等效直径几乎不随刀片间距发生改变，4 类钻头产生的粒径小于 1.5 mm 钻渣的平均等效直径基本相同，最大差值为 0.07 mm，平均值为 1.68 mm。此外，这 4 类钻头所产钻渣整体均值与钻头刀片间距同样呈现出线性递增关系。以上数据证实了我们之前的猜想：当钻头刀片倾角及宽度相同时，不同刀片间距钻头产生的较小粒径钻渣（<1.5 mm）平均尺寸相差不大，较大粒径钻渣平均尺寸（>1.5 mm）随着钻头刀片间距增大（刀片有效宽度减小）而增大，同时也印证了第 2 章的分析结论。不同刀片间距时粗砂岩钻渣（>1 mm）等效直径累积频率分布曲线如图 3-22 所示。

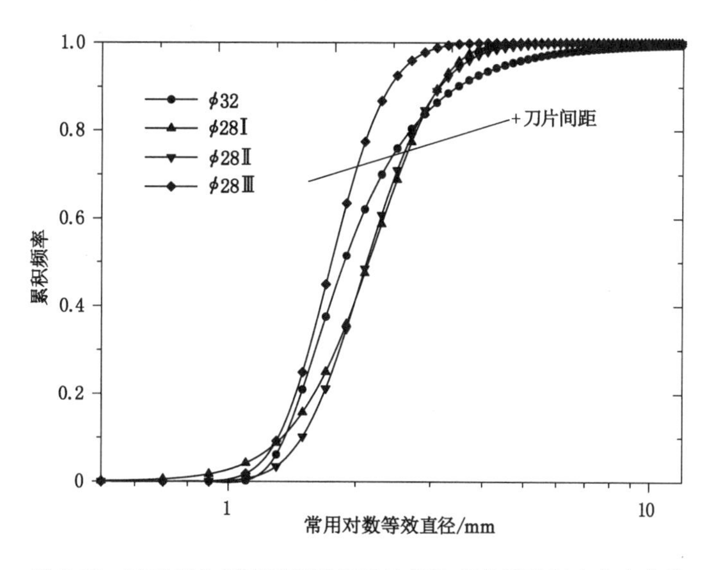

图 3-22　不同刀片间距时粗砂岩钻渣等效直径累积频率分布曲线

如图 3-22 所示，不同刀片间距时累积频率分布曲线达到统一先后顺序各不相同，到达统一时对应刀片间距的先后顺序为：2.35 mm（ϕ28Ⅲ）→2.90 mm（ϕ28Ⅱ）→4.02 mm（ϕ28Ⅰ）→5.28 mm（ϕ32）。由此可见，不同刀片间距条件下钻渣的平均等效直径按照由大到小的顺序为：ϕ32>ϕ28Ⅰ>ϕ28Ⅱ>ϕ28Ⅲ，其中 ϕ28Ⅲ钻头产生的钻渣平均尺寸最小，平均等效直径、水平尺寸、竖直尺寸分别为 1.81 mm、1.95 mm、2.01 mm。

综上所述，对于全片及半片型两翼式钻头而言，钻进过程中产生的粒径小于 1.5 mm 钻渣的平均尺寸基本相同，钻头刀片间距对其并无明显影响。而钻头刀片间距对于粒径较大钻渣的尺寸有着显著影响，随着钻头刀片间距的增大，刀片有效宽度减小，中心岩柱尺寸不断增大，这就造成了岩柱破断时产生的较大粒径钻渣的平均尺寸也随之增大，从而造成了钻渣整体平均尺寸的增加。此外，结合图 3-21 和图 3-22 可知，多数钻头产生钻渣的平均尺寸不小于2.5 mm，且尺寸在 3～10 mm 范围内的钻渣同样占据了较高比例，由于排渣通道狭小，很可能造成通道堵塞，降低排渣效率，若不采取一定措施降低钻渣尺寸，会对排渣过程造成极为不利的影响。

3.3 钻渣形貌特征分析

利用 FEI Quanta 250 FEG 型场发射扫描电子显微镜[图 3-23(a)]观测微观状态下不同岩性钻渣颗粒的形貌特征及破坏状态，以探究钻渣表面粗糙程度、裂隙发育特征与钻渣形态的内在联系；同时，利用能谱分析方法对钻渣的矿物元素进行了测定。图 3-23(b)所示为挑选的喷金处理后各岩石的钻渣颗粒(粒径大于 2.5 mm，钻速为 0.7 mm/s，转速为 20.0 r/s)。

(a) FEI Quanta 250 FEG型场发射扫描电子显微镜

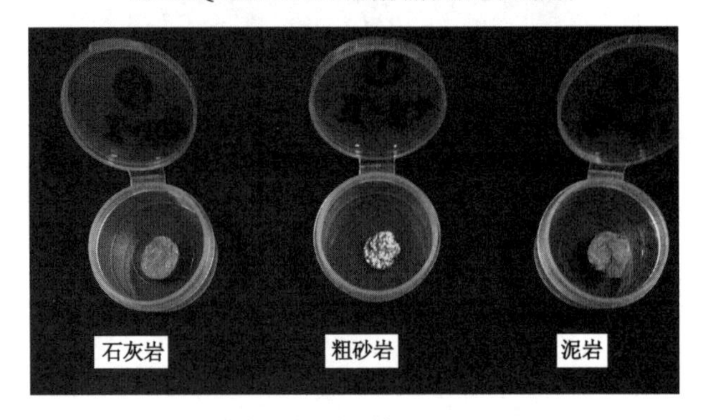

(b) 喷金后的钻渣试样（>2.5 mm）

图 3-23　钻渣扫描电镜试验

石灰岩是以方解石为主要成分的碳酸盐岩。由图 3-24(a)和图 3-24(b)可以看到，石灰岩钻渣表面镶嵌有簇状或颗粒状的方解石颗粒。从整体来看，渣体表面较粗糙，且分布有大量的鳞片状裂隙。然而，这些裂隙没有深入钻渣内部，而是平行于钻渣表面发育，且裂隙长度一般较大，基本均超过 500 μm，若受到切削力的进一步破坏，裂隙会进一步扩展，从而形成较大的片状钻渣。如图 3-24(c)所示，图中块体长度达到了 860 μm，宽度达到了 572 μm。由图 3-24(d)可以看出，在放大 1 600 倍的情况下，石灰岩钻渣表面存在若干层理结构，使裂隙更易沿层理发育，同样造成石灰岩片状钻渣结构的形成。

如图 3-25(a)和图 3-25(b)所示，粗砂岩钻渣表面并不像石灰岩钻渣表面那样平坦而致密，其外表分布较多裂隙及孔隙，并附着有大量呈层状结构的云母。丰富的裂隙发育加上粗砂岩结构疏松，黏聚力较小，极易使钻渣在切削力作用下形成较多球状的次级粒径钻渣。大块体尺寸较石灰岩要小很多，长度为 134 μm，宽度为 110 μm。此外，与石灰岩有明显区别：

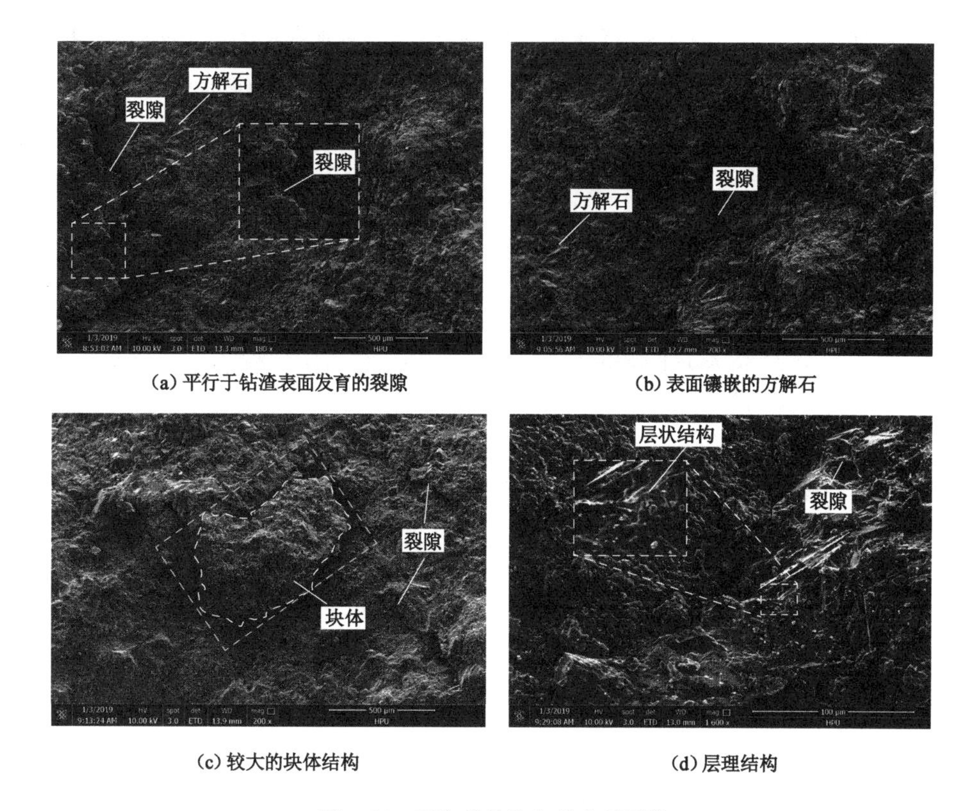

(a) 平行于钻渣表面发育的裂隙　　(b) 表面镶嵌的方解石

(c) 较大的块体结构　　(d) 层理结构

图 3-24　石灰岩钻渣扫描电镜图像

粗砂岩钻渣表面的裂隙基本是垂直于表面发育的，不仅深入钻渣内部[图 3-25(c)]，而且裂隙张开尺寸一般较大。图 3-25(d)所示为两裂隙交汇扩展，形成 Y 形裂隙，交汇后的裂隙深入钻渣内部，在交汇处裂隙最大张开尺寸为 94.5 μm，最小也达到了 36.8 μm，丰富的裂隙发育加上粗砂岩结构疏松，黏聚力较小，极易使钻渣在切削力作用下形成较多球状的次级粒径钻渣。

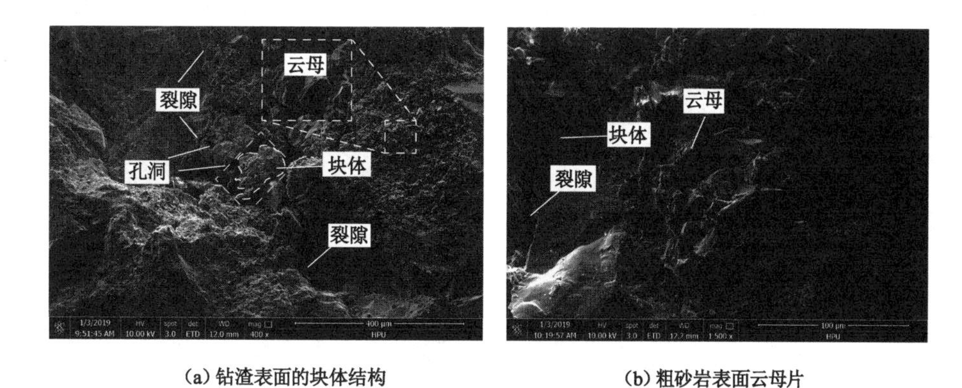

(a) 钻渣表面的块体结构　　(b) 粗砂岩表面云母片

图 3-25　粗砂岩钻渣微观图像

(c) 粗砂岩深入钻渣内部的裂隙

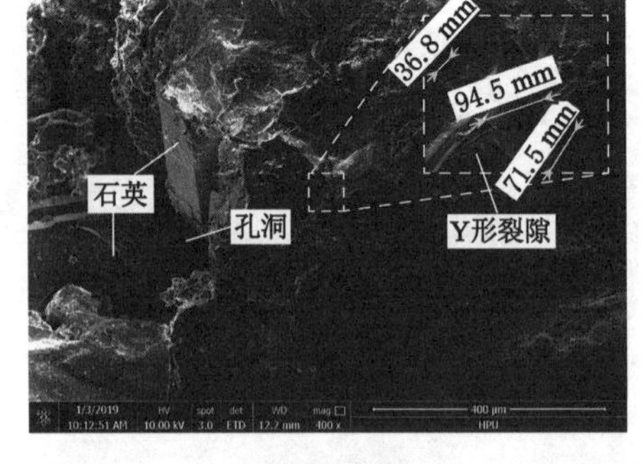

(d) Y形裂隙

图 3-25(续)

由图 3-26(a)和图 3-26(b)可知，与粗砂岩与石灰岩相比，泥岩表面较平滑且致密，在钻渣表面附着大量的高岭石，孔隙分布较少，裂隙发育程度与石灰岩相近，少部分裂隙平行于表面发育，大部分裂隙向钻渣内部发育[图 3-26(c)]，且裂隙张开尺寸较小，基本在 50 μm 以内。图 3-26(d)所示为在两种裂隙综合作用下钻渣表面生成的块体结构，其长度为 166 μm，宽度为 141 μm。在这两种裂隙的综合作用下，使得泥岩在受到切削力进一步作用时，产生的次级粒径钻渣并非石灰岩钻渣的片状结构和粗砂岩钻渣的球状结构，而是棱角较为分明的多面体结构。

(a) 平行钻渣表面的裂隙　(b) 钻渣表面附着的高岭石

(c) 深入钻渣表面的裂隙　(d) 钻渣表面的块体结构

图 3-26　泥岩钻渣表面微观图像

综上所述，扫描电镜试验结果表明，钻渣形状及裂隙发育程度与矿物组成有着直接联系。石灰岩表面裂隙多平行钻渣表面发育，这些裂隙在切削力作用下易进一步扩展形成较大的片状钻渣。粗砂岩钻渣表面的裂隙基本垂直于表面发育，且裂隙张开尺寸大，极易使钻渣在切削力作用下形成较多球状的次级粒径钻渣。泥岩表面裂隙兼有石灰岩及粗砂岩裂隙发育特点，使其易生成棱角较为分明的多面体钻渣。钻渣形状的不规则造成了尺寸的不规则，如水平尺寸远大于竖直尺寸，这些钻渣在狭小的排渣通道中极易发生堵塞，不利于钻渣排出。因此，减小钻渣整体尺寸是提高排渣效率的有效方法。

3.4　底板常见沉积岩钻渣尺寸特征数值模拟研究

下面通过建立底板锚固孔钻进数值模型验证实验室钻进试验得出的钻渣尺寸分布规律及不同岩性岩石钻渣尺寸特征。与以往钻进动力数值模型不同的是，本次模拟分析对象为钻进过程中产生的钻渣，利用常规的有限元软件无法实现钻渣的产生过程。因此，此次数值模拟选择的软件为PFC3D(particle flow code 3 dimensions)颗粒流离散元数值模拟软件。

3.4.1　颗粒体细观参数标定

PFC3D软件是由ITASCA公司开发的一款基于分子动力学思想提出的颗粒流分析程序。与连续介质力学方法不同的是，PFC3D软件试图从微观结构角度研究介质的力学特性和行为，该软件在描述岩石介质特性方面占有较大优势。岩石颗粒体模型的宏观力学性质并不能根据岩石试样的力学性能测试结果直接赋值，必须通过定义颗粒半径、接触特性等参数反复尝试，直到岩石颗粒体模型的宏观性质与试验测量的宏观性质相匹配。PFC模型颗粒与颗粒之间通过黏结键连接，可分为接触黏结和平行黏结两种类型。当施加于颗粒体上的作用力超过其黏结强度时，黏结发生断裂，视为材料失效[161]。本书基于PFC平行黏结模型，建立了钻进模型，如图3-27所示。

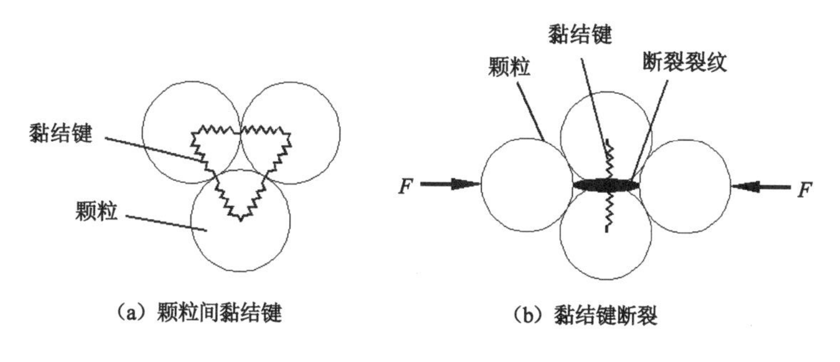

图3-27　PFC3D颗粒间平行黏结键示意图

对于任何数值模型而言，材料属性参数对于模拟结果的准确性至关重要，而PFC2D/3D软件中颗粒模型的力学性能是通过若干细观参数进行表征的。因此，在建模时并不能直接将岩石的宏观力学参数赋予岩石颗粒模型，而是利用岩石宏观力学参数与细观参数之间的数学关系，计算出颗粒模型对应岩石的细观参数，这一过程就是颗粒体细观参数的标定过程。对于平行黏结模型而言，主要的细观参数有两种。

(1) 接触刚度

颗粒间的接触刚度对于岩石颗粒模型的弹性模量有着重要影响。颗粒接触刚度对岩石颗粒体模型的弹性模量影响较大，且法向接触刚度与切向接触刚度之比直接影响着应力-应变曲线，其中法向接触刚度占主导地位。随着接触刚度的增加，颗粒体内部的变形规律由颗粒之间的法向压缩重叠逐渐转变为颗粒之间的切向滑移。压缩重叠使颗粒体模型体积减小，宏观上表现为剪缩现象；切向滑移使颗粒体模型体积膨胀，宏观上表现为剪胀现象[161]。

(2) 平行黏结强度

黏结强度直接影响着颗粒模型的刚度及峰值强度，其中平行黏结法向强度起到了主要影响，颗粒模型的峰值强度随着黏结强度的增加而增加。

颗粒体接触刚度包括平行黏结模量与线性接触模量两参数，两参数的值一般相同，且两者与岩石的弹性模量呈线性关系。在进行标定时，利用岩石单轴压缩力学模型，通过输入多组平行黏结模量与线性接触模量参数可得到多组对应的弹性模量计算值，通过拟合得到弹性模量与接触刚度的线性关系式，将岩石力学测试中得到的真实弹性模量代入关系式，即可得到平行黏结模量与线性接触模量，如图 3-28 所示。

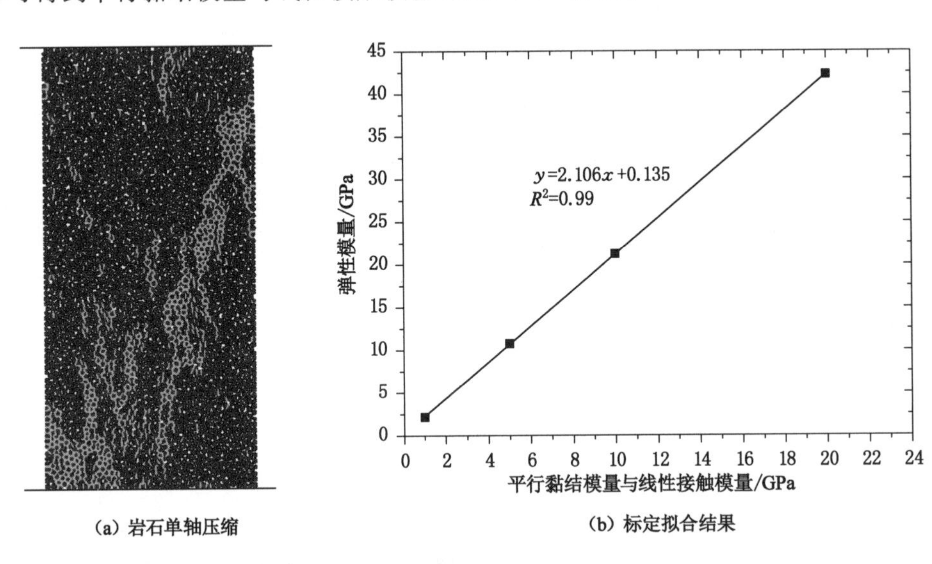

图 3-28　平行黏结模量与线性接触模量标定结果

黏结强度包括法向黏结强度与切向黏结强度两参数，根据岩石颗粒体的破坏模式，两参数的比值也有所不同。由于本书侧重岩石的剪切破坏，因而将法向黏结强度与切向黏结强度比例设定为 1∶2。黏结强度与峰值强度呈线性关系，与接触刚度标定方法相同，通过拟合就可得到峰值强度与黏结强度的线性关系式，将岩石力学测试中得到的真实峰值强度代入关系式，即可得出法向黏结强度与切向黏结强度，如图 3-29 所示。

将钻进试验所用底板岩石力学性能测试中得到的石灰岩、粗砂岩、泥岩的弹性模量、峰值强度代入关系式 $y=2.106x+0.135$ 与 $y=3.4x+1.68$，得到对应岩石颗粒体的平行黏结模量、线性接触模量、法向黏结强度、切向黏结强度等细观参数见表 3-12。

(a) 岩石单轴压缩

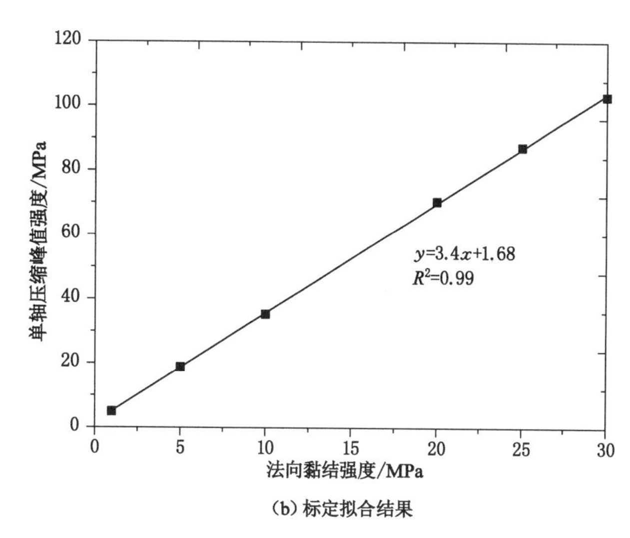

(b) 标定拟合结果

图 3-29 法向黏结强度标定结果

表 3-12　PFC3D 岩石颗粒体细观参数

参数	取值			参数	取值		
	石灰岩	粗砂岩	泥岩		石灰岩	粗砂岩	泥岩
颗粒最小半径/mm	0.3	0.3	0.3	线性接触模量/GPa	28.70	9.70	8.00
颗粒粒径比	1.5	1.5	1.5	切向黏结强度/MPa	80.00	46.20	15.00
颗粒密度/(g·cm^{-3})	2.68	2.41	2.64	法向黏结强度/MPa	40.00	23.10	7.50
平行黏结模量/GPa	28.70	9.70	8.00	颗粒刚度比	2.1	2.1	2.1

为了验证标定所得的细观参数的准确性，可将各细观参数赋予岩石单轴压缩计算模型，得到各类岩石的应力-应变曲线，并将模拟所得的弹性模量及峰值强度与测试值进行比对，如图 3-30 所示。

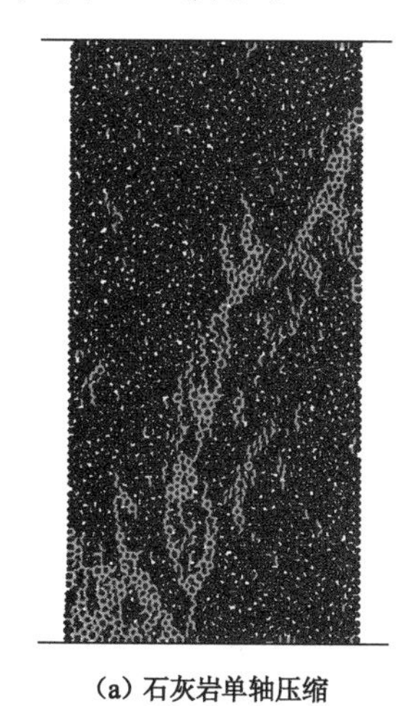
(a) 石灰岩单轴压缩

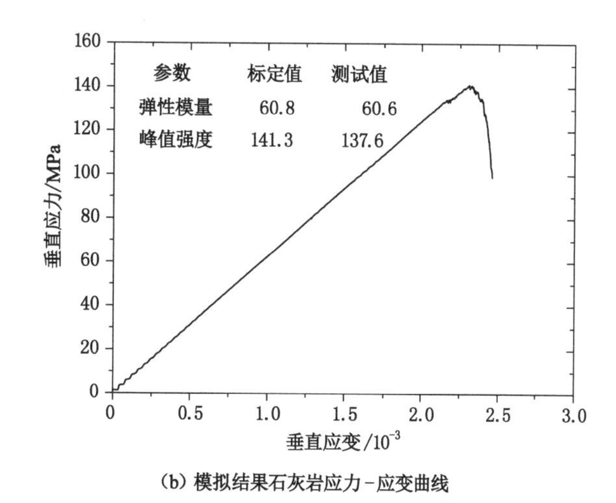

(b) 模拟结果石灰岩应力-应变曲线

图 3-30　模拟所得弹性模量及峰值强度与试验测试值比对结果

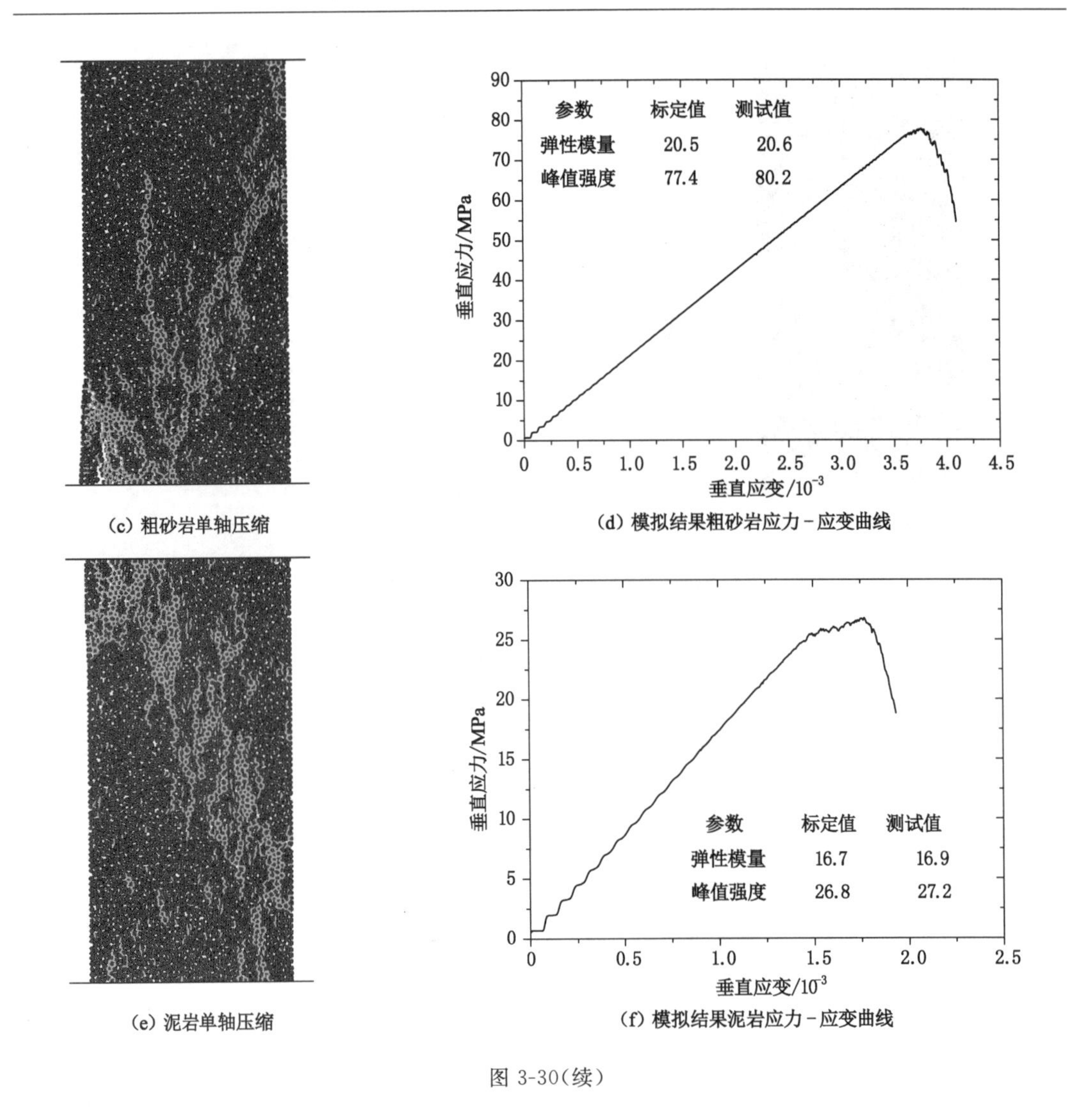

(c) 粗砂岩单轴压缩

(d) 模拟结果粗砂岩应力－应变曲线

(e) 泥岩单轴压缩

(f) 模拟结果泥岩应力－应变曲线

图 3-30(续)

如图 3-30 所示,通过将标定后石灰岩、粗砂岩、泥岩单轴压缩所得的弹性模量及峰值强度与力学强度测试结果进行比对,可以看出两者的弹性模量及峰值强度基本一致,说明本次标定结果具有较高的准确性,能够将三类岩石的宏观力学参数较好地赋予岩石颗粒体模型。

3.4.2 模型构建

模拟中所用钻头为矿用 ϕ32 两翼式钻头,首先通过三维建模软件绘制钻头三维模型,然后其导入至 AutoCAD 绘图软件对三维模型进行三角网格的划分,最后将保存为.stl 格式的文件通过 PFC3D 自带的 Geometry 命令导入。由于模型尺寸过大或颗粒数目过多时会极大影响计算效率,因而在不影响运算结果的前提下对钻头做了一定简化,只保留了钻头向上 20 mm 范围内的钻头结构。在整个运算过程中,钻头始终与岩面保持垂直,初始位置距岩石表面距离为 0,且钻头轴线与岩石轴线重合,钻进过程钻头设定为墙体,始终无变形。钻进所用的岩石模型为 ϕ60×15 mm 圆柱颗粒模型,颗粒数目为 329 219 颗。颗粒最大直径为 0.6 mm,最小直径为 0.45 mm。对岩石颗粒模型赋予标定所得的黏结参数及接触参数,可生成代表不同岩石的颗粒体模型。在钻进开始前,首先将生成岩石颗粒体模型时用于约束颗粒的顶部墙体删除,然后将靠近底部墙体的颗粒固定。为了保证岩石颗粒体在准静态平衡状态下参与截割,模拟采用较小的钻进速度及转速,钻速为 0.1 mm/s,转速为 5 r/s,钻进深度设置为 10 mm。通过记录钻进过程中黏结键发生断裂的颗粒体的数量及体积信息,可得到钻进生成颗粒体的等效直径。由于 PFC3D 软件不能记录生成的单个球体颗粒(直径为 0.6～0.9 mm)信息,因此模拟过程只记录了包含两个及两个以上颗粒体的钻渣信息,但这并不影响对钻渣尺寸特征的分析,如图 3-31 所示。

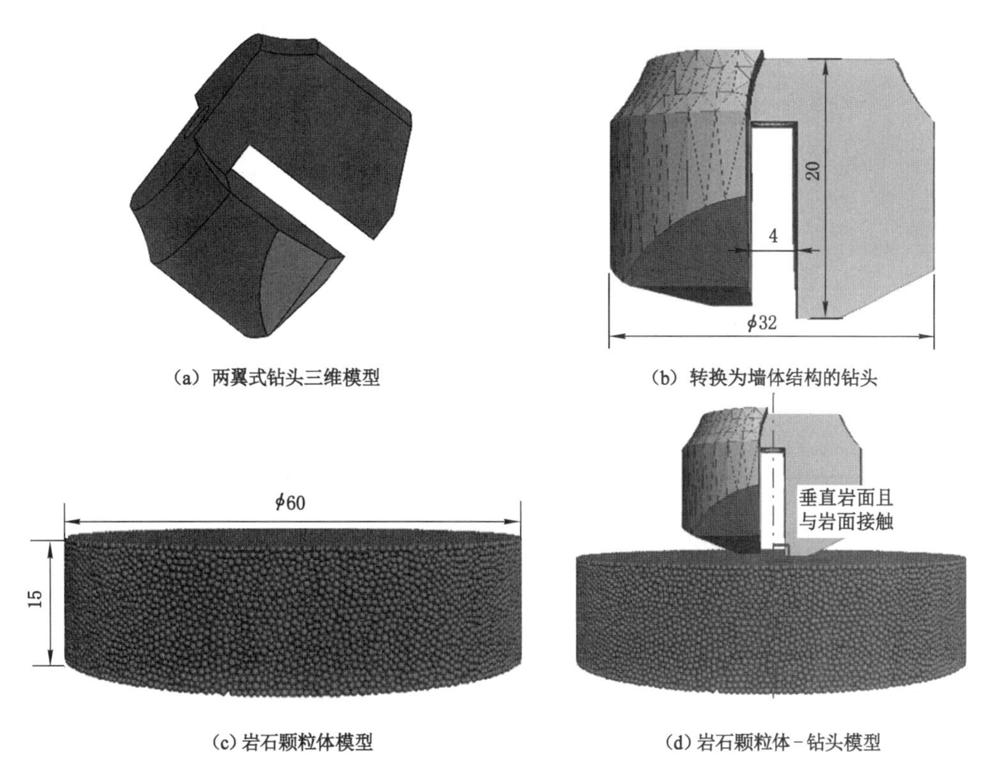

(a) 两翼式钻头三维模型　(b) 转换为墙体结构的钻头

(c) 岩石颗粒体模型　(d) 岩石颗粒体－钻头模型

图 3-31　底板岩石钻进 PFC3D 数值模型(单位:mm)

3.4.3　钻渣尺寸分布规律分析

通过获取钻进过程中岩石中心截面图像,得到不同时刻钻渣及孔底中心岩柱的生成状态,如图 3-32 所示。

在图 3-32(a)中,钻进至 50 s 时,钻头刀片与岩石表面开始接触,钻渣初始形成,此时钻渣多表现为单个颗粒,尺寸较小;钻进至 150 s 时[图 3-32(b)],随着刀片继续深入,孔底中心岩柱开始逐渐形成,此时钻渣仍以单个颗粒为主;随着钻头刀片不断深入,钻进至 700 s 时[图 3-32(c)],孔底中心岩柱高度不断增加,已经完全成形;刀片继续深入,钻进至 1 400 s 时[图 3-32(d)],孔底中心岩柱在钻头中心通水孔所在平面挤压力的作用下发生破断,原有岩柱颗粒发生断裂,生成了由两个以上颗粒组成的较大尺寸钻渣。受限于模型颗粒尺寸,模型虽不能完全真实还原整个钻进过程,但依然反映出钻渣生成的几个关键阶段,同时也证明了 2.2 节中的分析结论。泥岩钻进 7 mm 时,形成的钻渣及钻进区域破坏情况如图 3-33 所示。

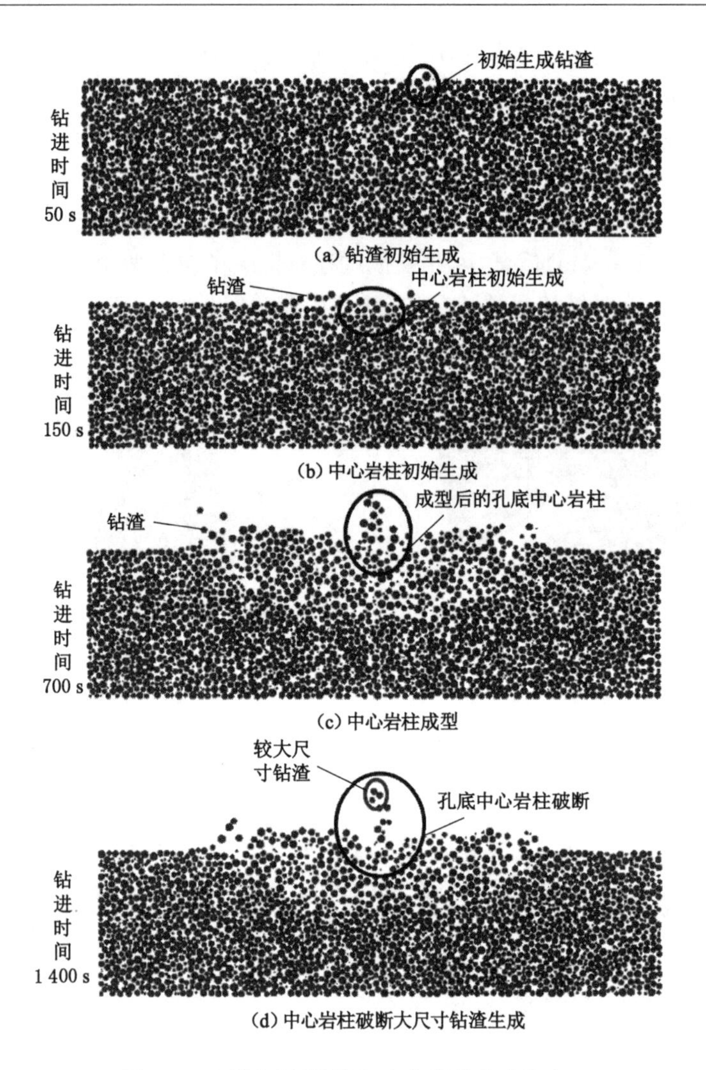

图 3-32　不同时刻钻渣与中心岩柱生成状态

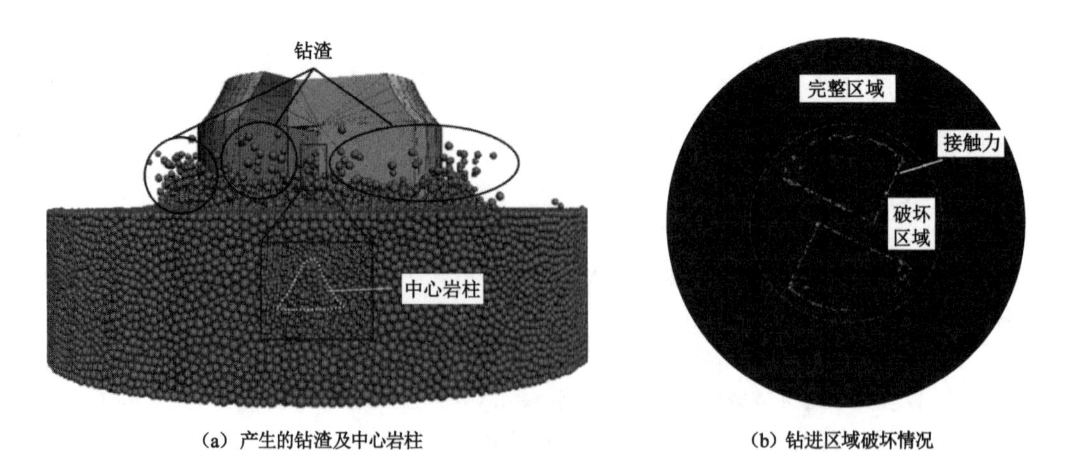

图 3-33　泥岩钻渣产生及钻进区域破坏情况

由图 3-33 可知，随着钻头的侵入，泥岩表面颗粒不断受到钻头刀片挤压。只要钻头刀片对颗粒的作用力超过颗粒间黏结键的强度，黏结键就会发生断裂，颗粒间黏结键断裂数目的不断增加导致岩石表面出现微观裂纹，微观裂纹不断扩展发育，最终形成块状岩石钻渣。钻头不断向下侵入，钻渣数量逐渐增加，由于模型未考虑钻渣排出过程，因而少部分钻渣被钻头排挤至钻孔外围，大部分钻渣在孔底聚集。如图 3-33(a)所示，在两刀片中间部位形成了中心柱状正是由于刀片间存在的间隙造成的，也很好地与图 3-32(c)以及实验室钻进试验结果相吻合。如图 3-33(b)所示，在钻进区域内颗粒间的黏结键均已破断，而外围区域颗粒则较完好，同时钻头两刀片在切削过程中持续受到了已切落颗粒与黏结颗粒的接触力作用。对钻进过程中记录的钻渣信息进行分析处理，得到钻渣等效直径的累积频率分布曲线，同时利用 Rayleigh 分布、对数正态分布、Weibull 分布以及广义极值分布函数对曲线进行拟合，如图 3-34 所示。

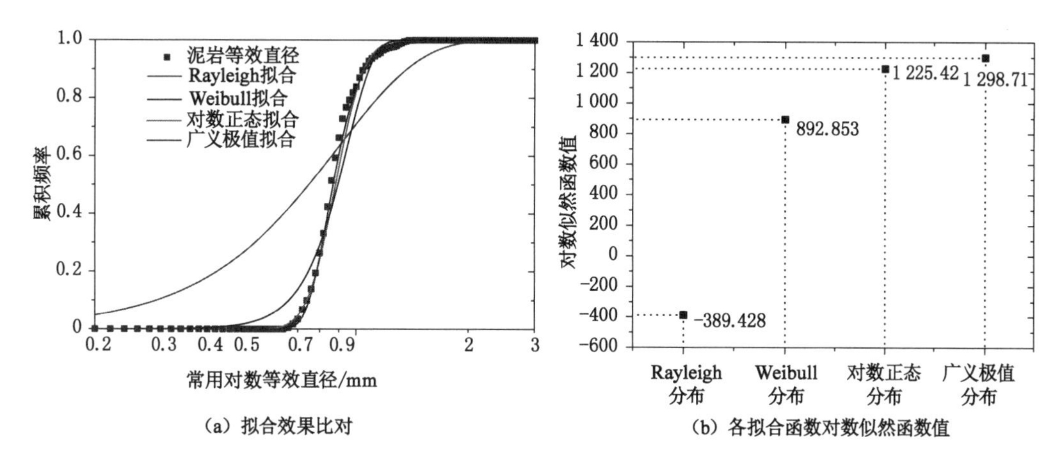

(a) 拟合效果比对　　(b) 各拟合函数对数似然函数值

图 3-34　泥岩钻渣等效直径累积频率分布曲线拟合结果

如图 3-34(a)所示，只有单一参数的 Rayleigh 分布函数拟合效果明显与泥岩钻渣等效直径的频率分布曲线趋势不相符，其拟合效果最差。此外，同样为双参数分布函数，对数正态分布函数的拟合效果明显优于 Weibull 分布函数。从拟合曲线形态来看，以对数正态分布函数拟合及广义极值分布函数拟合的效果均较好，均能够反映出绝大部分钻渣粒径的分布趋势。为了进一步明确最佳拟合效果，对各分布函数拟合时的对数似然函数值进行了统计。如图 3-34(b)所示，单一参数的 Rayleigh 分布函数拟合时的对数似然函数值最小，为 −389.428；而 Weibull 分布函数拟合时，对数似然函数值较高于 Rayleigh 分布函数，为 892.853。相比之下，对数正态分布函数及广义极值分布函数拟合时的对数似然函数值均较大，说明这两种函数的拟合效果较好。特别是广义极值分布函数，其对数似然函数值最大，为 1 298.71，表明其对钻渣等效直径累积频率分布曲线拟合度最好，同时也证明了钻渣尺寸服从广义极值分布，该结论与岩石实钻试验结论一致。

3.4.4　不同类型岩石钻渣尺寸特征分析

不同种类岩石钻进产生的钻渣按照尺寸大小分为 3 组，不同分组钻渣颗粒数目及平均尺寸如表 3-13 所列。

表 3-13　不同岩性岩石产生钻渣信息

岩性	总产渣量	平均尺寸/mm	尺寸分组	分组产渣量	平均尺寸/mm
石灰岩	969	1.05	＞1.5 mm	24	1.90
			1.0～1.5 mm(含)	516	1.12
			≤1.0 mm	429	0.93
粗砂岩	257	0.97	＞1.5 mm	1	1.81
			1.0～1.5 mm(含)	82	1.12
			≤1.0 mm	174	0.89
泥岩	1 762	0.89	＞1.5 mm	0	—
			1.0～1.5 mm(含)	304	1.11
			≤1.0 mm	1 459	0.84

如表 3-13 所列，在钻进相同深度情况下，3 类岩石产渣数量相差较大，泥岩产渣数量最多(1 762 颗)，粗砂岩最少(257 颗)。石灰岩、粗砂岩、泥岩钻渣的平均尺寸分别为 1.05 mm、0.97 mm、0.89 mm。由此可见，岩石强度越高，钻渣的平均尺寸越大。此外，3 类岩石尺寸大于 1.5 mm 钻渣中，石灰岩产生的钻渣数量最多(24 颗)，平均尺寸为 1.90 mm，而粗砂岩大于 1.5 mm 钻渣只有 1 颗，泥岩钻渣中不存在大于 1.5 mm 的钻渣。由以上数据分析可知，强度较高的岩石易产出尺寸较大的钻渣，而低强度岩石产生的大尺寸钻渣数量则相对较少。3 类岩石 1.0～1.5 mm 尺寸范围内的钻渣平均尺寸则相差不大，大于 1.5 mm 钻渣平均尺寸按照由大到小顺序为：石灰岩＞粗砂岩＞泥岩。将 3 类岩石钻渣等效直径累积频率分布曲线以广义极值分布函数进行拟合，如图 3-35 所示。

由图 3-35(a)可知，3 种岩石钻渣尺寸的累积频率分布曲线规律性非常明显，3 条曲线达到统一先后顺序依次为：泥岩＞粗砂岩＞石灰岩，则钻渣的平均尺寸按照由大到小的顺序为：石灰岩＞粗砂岩＞泥岩，这也与表 3-13 中的数据一致，即钻渣的平均尺寸随着岩石单轴抗压强度的增大而增大。在图 3-35(b)中，由 3 类岩石的数量占比曲线可以看出，特征尺寸分别为 0.832 mm、0.906 mm、0.961 mm，石灰岩特征尺寸最大，泥岩特征尺寸最小，且石灰岩特征尺寸对应的数量占比最大，泥岩的数量占比最小，导致其钻渣平均尺寸也较小。

综上所述，PFC3D 数值模拟结果表明，底板锚固孔钻进过程中产生钻渣的尺寸服从广义极值分布函数，且钻渣平均尺寸随着岩石单轴抗压强度的增大而增大，该结论与岩石实钻试验结论一致。

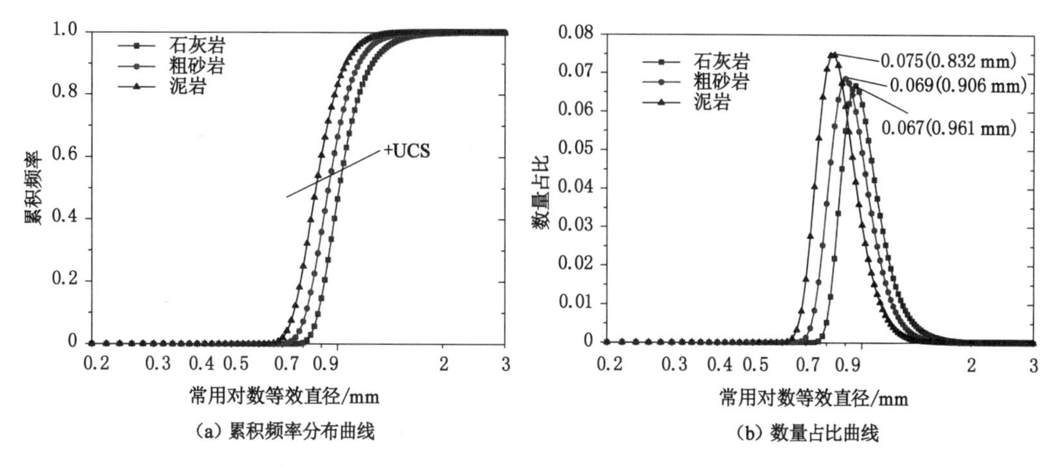

图 3-35　钻渣尺寸累积频率分布曲线及数量占比曲线

3.5　本章结论

本章通过正式岩石实钻试验及数值模拟方法分析了煤矿巷道底板常见岩石在钻进过程中产生钻渣的尺寸分布规律，并通过扫描电镜试验分析了钻渣的形貌特征。具体结论如下：

(1) 底板锚固孔钻进过程中，PDC 两翼式钻头产生的钻渣尺寸服从广义极值分布函数，钻渣的平均尺寸随着岩石单轴抗压强度的增大而增大，岩石强度越高，钻进产生的大尺寸钻渣比例越大，其平均尺寸也越大，这与理论分析结果一致。

(2) 当钻头形状参数固定不变时，改变钻机的动力参数（钻速及转速）对钻渣平均尺寸的影响不明显。对于两翼式钻头而言，钻进过程中产生的粒径小于 1.5 mm 钻渣的平均尺寸基本相同，钻头刀片间距对其并无明显影响，但对于粒径较大钻渣的尺寸有着显著的影响。随着钻头刀片间距的增大，有效刀片宽度不断减小，使中心岩柱尺寸不断增大，导致岩柱破断时产生的粒径大于 1.5 mm 钻渣的平均尺寸也随之增大，从而造成了钻渣平均尺寸的增大。

(3) 3 类岩石产生尺寸在 1～3 mm 钻渣的数量占比较大，且现有 PDC 两翼式钻头产生的钻渣平均尺寸较大，最大钻渣尺寸可达 10 mm 左右。由于排渣通道狭小，若不采取一定措施减小钻渣尺寸，此类钻渣的存在会对排渣过程造成极为不利的影响。

(4) 钻渣形状及裂隙发育程度与矿物组成有直接联系，石灰岩易形成较大的片状钻渣，粗砂岩易在切削力作用下形成较多球状的次级粒径钻渣，泥岩易生成棱角较为分明的多面体钻渣。钻渣形状的不规则造成了尺寸的不规则，极易造成排渣通道堵塞。

(5) 底板锚固孔钻进过程中，当钻进至较坚硬岩层时，钻渣平均尺寸特别是大尺寸钻渣的平均尺寸会相应增大，此时应及时调整排渣动力参数，防止卡钻及堵钻。

本章节研究结论可为优化钻头切削部位结构、数值模拟钻渣颗粒尺寸设定以及钻杆结构设计提供理论依据。

第4章　煤矿巷道底板锚固孔钻渣运移规律研究

本章将利用流体力学相关理论，建立巷道底板锚固孔钻进正循环排渣与泵吸反循环排渣两种流体力学模型，通过理论分析选择合理的排渣方式。同时，根据第3章钻渣尺寸信息，采用流体力学数值模拟软件，分析合理的排渣方式下的钻渣运移规律，为高效排渣钻具优化设计提供理论支撑。

4.1　钻渣运移规律理论分析

4.1.1　正循环排渣钻渣上返速度计算

正循环排渣是指将钻进液通过钻杆中心孔注入钻孔底部，在一定压力作用下，钻进液将产生的岩屑沿孔壁及钻杆外壁的环形通道压送至孔口，从而实现钻渣的排出，建立了二维条件下正循环排渣流体力学模型(不考虑钻具旋转)，如图4-1所示。

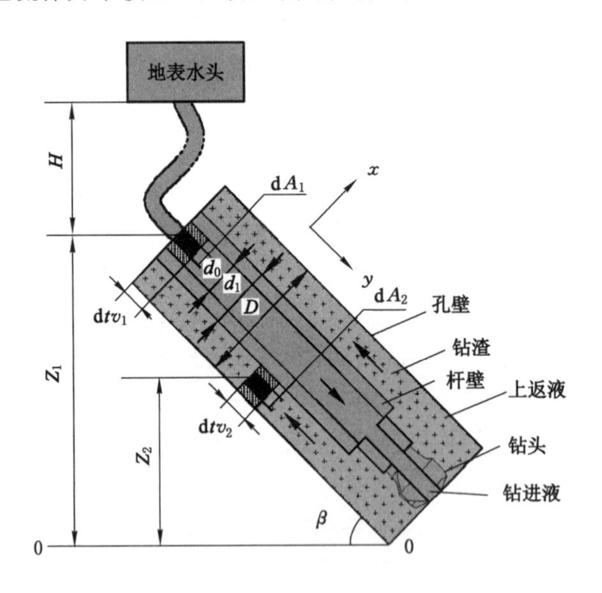

图4-1　底板锚固孔钻进正循环排渣流体力学模型

在图4-1中，以钻孔底部作为0—0基准面，地表水头至巷道底板的垂直距离为H，孔口处钻进液平均流速为v_1，于钻杆中心孔入水口处选取长度为dtv_1的过流断面，并任意选取一截面为dA_1的元流，该过流断面至0—0基准面的垂直距离为Z_1。同样，在钻孔壁与钻杆壁组成的通路中选取长度为 $\mathrm{d}tv_2$ 的过流断面(此处上返液平均流速为 v_2),在过流断面中任意选取截面为 $\mathrm{d}A_2$ 的元流,该过流断面至 0—0 基准面的垂直距离为 Z_2。钻杆中心孔直径为 d_0,截面积为 A_1,外径为 d_1,钻孔直径为 D,钻杆外壁与孔壁组成的环形通路的截面积为 A_2。

建立地表水头至钻进液入口处伯努利方程:

$$\frac{p}{\rho g}+(Z_1+H)+\frac{\alpha v_0^2}{2g}=\frac{p_1}{\rho g}+Z_1+\frac{\alpha_1 v_1^2}{2g}+a\frac{\alpha_1 v_1^2}{2g} \tag{4-1}$$

式中　p,p_1——地表水头与钻进液入口处绝对压强,可认为 $p=p_1$;

ρ——钻进液密度;

g——重力加速度;

α,α_1——动能修正系数,在实际应用中可近似认为 $\alpha=\alpha_1=1$;

$a\dfrac{\alpha_1 v_1^2}{2g}$——地表水头至钻进液入水口处的水头损失,其中 a 为比例系数,$a>0$;

v——地表水头处的流速,$v=0$ m/s。

对式(4-1)进行求解,可得 $v_1=\sqrt{\dfrac{2(\rho gH+p-p_1)}{(a+1)\rho}}$。对于钻进液入口至环形通路处过流断面应用能量守恒方程,可得:

$$\Delta W=\Delta K+\Delta h_{\mathrm{L}}+\Delta H+\Delta K_{\mathrm{f}} \tag{4-2}$$

式中　ΔW——入口处过流断面压力所做功;

ΔK——动能变化量;

Δh_{L}——能量损失;

ΔH——势能变化量;

ΔK_{f}——钻渣动能及势能增量。

钻进液入口处压力做功 ΔW 为:

$$\begin{aligned}\Delta W&=\int_{A_1}p_1 v_1\,\mathrm{d}A_1\,\mathrm{d}t-\int_{A_2}p_2 v_2\,\mathrm{d}A_2\,\mathrm{d}t\\&=\int_{A_1}p_1\,\mathrm{d}Q\mathrm{d}t-\int_{A_1}p_2\,\mathrm{d}Q\mathrm{d}t\end{aligned} \tag{4-3}$$

动能变化量 ΔK 为:

$$\Delta K=\frac{v_2^2}{2g}\int_{A_2}\gamma\mathrm{d}Q\mathrm{d}t-\frac{v_1^2}{2g}\int_{A_1}\gamma\mathrm{d}Q\mathrm{d}t \tag{4-4}$$

能量损失 Δh_{L} 为:

$$\Delta h_{\mathrm{L}}=\int_Q h_L\gamma\mathrm{d}Q\mathrm{d}t \tag{4-5}$$

势能变化量 ΔH 为:

$$\Delta H=Z_2\int_{A_2}\gamma\mathrm{d}Q\mathrm{d}t-Z_1\int_{A_1}\gamma\mathrm{d}Q\mathrm{d}t \tag{4-6}$$

式中　Q——钻进液流量;

γ——钻进液容重,$\gamma=\rho g$。

假设钻渣的体积分数为 s,则 $\mathrm{d}Q$ 中含有钻渣的体积为 $s\mathrm{d}Q$。同样,假设钻渣钻进液中均匀分布,则钻渣获得的动能 ΔK_{f} 为:

$$\Delta K_{\mathrm{f}}=\frac{v_{\mathrm{f}}^{2}}{2g}\int_{Q}\gamma_{\mathrm{f}}s\mathrm{d}Q\mathrm{d}t+Z_{2}\int_{Q}\gamma_{\mathrm{f}}s\mathrm{d}Q\mathrm{d}t \tag{4-7}$$

式中 v_{f}——钻渣上返速度；

γ_{f}——钻渣容重，$\gamma_{\mathrm{f}}=\rho_{\mathrm{f}}g$，其中 ρ_{f} 为钻渣密度。

将式(4-3)至式(4-7)代入式(4-2)，可得：

$$\begin{aligned}&p_{1}\int_{A_{1}}\mathrm{d}Q+\gamma Z_{1}\int_{A_{1}}\mathrm{d}Q+\frac{\alpha_{1}v_{1}^{2}}{2g}\gamma\int_{A_{1}}\mathrm{d}Q\\&\quad=p_{2}\int_{A_{2}}\mathrm{d}Q+\gamma Z_{2}\int_{A_{2}}\mathrm{d}Q+\frac{\alpha_{2}v_{2}^{2}}{2g}\gamma\int_{A_{2}}\mathrm{d}Q+\gamma\int_{Q}h_{\mathrm{L}}\mathrm{d}Q+\frac{v_{\mathrm{f}}^{2}}{2g}\gamma_{\mathrm{f}}s\int_{Q}\mathrm{d}Q+\gamma_{\mathrm{f}}sZ_{2}\int_{Q}\mathrm{d}Q\end{aligned} \tag{4-8}$$

对式(4-8)两侧取积分，可得：

$$p_{1}Q+\gamma QZ_{1}+\frac{\alpha_{1}v_{1}^{2}}{2g}\gamma Q=p_{2}Q+\gamma QZ_{2}+\frac{\alpha_{2}v_{2}^{2}}{2g}\gamma Q+h_{\mathrm{L}}\gamma Q+\frac{v_{\mathrm{f}}^{2}}{2g}\gamma_{\mathrm{f}}sQ+\gamma_{\mathrm{f}}sQZ_{2} \tag{4-9}$$

对式(4-9)进一步化简，可得：

$$\frac{p_{1}}{\gamma}+Z_{1}+\frac{\alpha_{1}v_{1}^{2}}{2g}=\frac{p_{2}}{\gamma}+Z_{2}+\frac{\alpha_{2}v_{2}^{2}}{2g}+h_{\mathrm{L}}+\frac{v_{\mathrm{f}}^{2}\gamma_{\mathrm{f}}}{2g\gamma}s+\frac{\gamma_{\mathrm{f}}}{\gamma}sZ_{2} \tag{4-10}$$

式(4-10)为正循环排渣能量守恒方程。

钻进液自入水孔至钻渣排出时的能量损失 h_{L} 由两部分组成：

$$h_{\mathrm{L}}=h_{\mathrm{f}}+h_{\mathrm{m}} \tag{4-11}$$

式中 h_{f}——沿程能量损失；

h_{m}——局部能量损失。

h_{f} 与 h_{m} 可分别表示为：

$$\begin{cases}h_{\mathrm{f}}=\lambda\dfrac{Lv^{2}}{2gd}\\[2ex]h_{\mathrm{m}}=\xi\dfrac{v^{2}}{2g}\end{cases} \tag{4-12}$$

式中 λ——沿程阻力系数；

ξ——局部阻力系数；

L——管路长度；

d——管路直径；

v——管路断面平均流速。

h_{f} 由钻进液于中心孔内的沿程损失及上返液于环形通路中的沿程损失组成，而 h_{m} 主要由钻杆与钻头连接处的局部损失以及钻头出水口处的局部损失组成。两者可表示为：

$$\begin{cases}\sum h_{\mathrm{f}}=h_{\mathrm{f1}}+h_{\mathrm{f2}}\\[1ex]\sum h_{\mathrm{m}}=h_{\mathrm{m1}}+h_{\mathrm{m2}}+h_{\mathrm{m3}}\end{cases} \tag{4-13}$$

式中 h_{f1}——钻进液于中心孔内的沿程损失；

h_{f2}——上返液于环形通路内的沿程损失；

h_{m1}，h_{m2}——钻杆与钻头连接处局部孔径突然扩大然后缩小造成的局部损失；

h_{m3}——钻头出水口处的孔径突然扩大造成的局部损失。

为了进一步明确沿程损失在总能量中所占的比例，通过对各参数进行赋值，从而求解沿程损失量。设钻进液入口速度 $v_1=4$ m/s，钻杆中心孔直径 $d_0=0.006$ m，钻杆外径 $d_1=0.021$ m，锚固孔直径 $D=0.030$ m，环形通路当量直径 $D_0=0.011$ m，钻头连接件内径 $r_1=0.014$ m，钻头中心孔直径 $r_2=0.006$ m，锚固孔倾角 $\beta=90°$，孔深 $L=8$ m。钻进液运动黏度 $\nu=1.01\times10^{-6}$ m/s，钻进液密度 $\rho=1\ 000$ kg/m³，钻进液入口处绝对压强 $p_1=2$ MPa。

在流量不变的情况下，根据连续性方程可得：

$$v_1A_1=v_2A_2\Rightarrow v_2=\frac{v_1A_1}{A_2}\tag{4-14}$$

则 $v_2=1.04$ m/s。假定供水系统工作稳定，即流量固定且钻进液无损失时，钻进液与上返液流动时的雷诺数可按下式计算：

$$Re=\frac{vd}{\nu}\tag{4-15}$$

钻进液于钻杆中心孔中流动时，$Re_1=20\ 792>2\ 000$；上返液于环形通路中流动时，$Re_2=11\ 327>2\ 000$。由此可见，因为钻进液与上返液整个排渣过程中的流动状态为均紊流，且由于 $Re<10^5$，所以流体均处于紊流光滑区内，紊流状态下沿程阻力系数 λ 可表示为：

$$\lambda=\frac{0.316\ 4}{Re^{0.25}}\tag{4-16}$$

由式(4-16)计算可得 $\lambda_1=0.026$，$\lambda_2=0.031$，沿程阻力造成的水头损失 $h_{f1}=21.67$ m，$h_{f2}=1.27$ m，则 $\sum h_f=22.94$ m。

钻杆与钻头连接处局部孔径突然扩大局部阻力系数 ξ_1 然后缩小时局部阻力系数 ξ_2 以及钻头出水口处的孔径突然扩大时的局部阻力系数 ξ_3 可表示为：

$$\begin{cases}\xi_1=\left(1-\dfrac{d_0^2}{r_1^2}\right)^2\\ \xi_2=0.5\left(1-\dfrac{r_2^2}{r_1^2}\right)^2\\ \xi_3=\left(1-\dfrac{r_2^2}{D_0^2}\right)^2\end{cases}\tag{4-17}$$

计算得到 $\xi_1=0.667$，$\xi_2=0.333$，$\xi_3=0.493$，那么 $h_{m1}=0.42$ m，$h_{m2}=0.21$ m，$h_{m3}=0.31$ m，则 $\sum h_m=0.94$ m。

综上所述，在整个排渣过程中的水头损失为 $h_L=\sum h_f+\sum h_m=23.88$ m，对应压强为 0.23 MPa，即由水头损失造成的压强降约占钻进液入口压强的 10%。当钻进液压力及平均流速一定时，整个排渣过程能量损失随着钻孔深度的增加而增加。由于底板锚固孔深度一般不超 8 m，因而能量损失所占总能量的比例也较小，不会超过 10%。为了简化计算，在以后的计算过程中将其忽略。

对式(4-10)进行求解，则任意位置钻渣的上返速度为：

$$v_f=-\sqrt{\frac{2g(p_1-p_2)}{\gamma_f s}+\frac{2g\rho(Z_1-Z_2)}{\rho_f s}+\frac{v_1^2(A_2^2-A_1^2)\rho}{A_2^2\rho_f s}-2gZ_2}\tag{4-18}$$

那么，钻渣移动至孔口时(可认为 $p_2=p_0$)上返速度为：

$$v_f=-\sqrt{\frac{2(p_1-p_0)}{\rho_f s}+\frac{v_1^2\rho}{\rho_f s}\left(1-\frac{A_1^2}{A_2^2}\right)-2gL\sin\beta}\tag{4-19}$$

由式(4-19)可知，在正循环排渣条件下，当钻进液压力 p_1、进液速度 v_1 以及钻进液密度 ρ 为定值时，钻渣上返速度与钻渣的生成情况(包括钻渣密度 ρ_f 及体积分数 s)、进液通道与排渣通道截面积 A_1 与 A_2、钻孔深度 L 及倾角 β 密切相关。钻渣密度较高、尺寸较大或数量较多时都会导致上返速度的降低。此外，随着钻孔深度及倾角的增加，钻渣上返速度同样会降低。

4.1.2 泵吸反循环排渣钻渣上返速度计算

反循环排渣方法常见于地质勘探及油气钻井领域。根据上返液形成方式不同，反循环排渣又可分为压送法反循环及泵吸反循环两种主要类型[153]。压送法反循环是指利用正压力将钻进液沿双壁钻杆环形通路送至钻孔底部，然后将携带有岩屑的上返液沿钻杆中心孔压出至孔口。因为上返液出口高于孔口，所以上返液容易由钻杆外壁与孔壁之间的环形通路排出，从而达不到反循环的目的。因此，压送法反循环需在钻头上方一定位置设置封堵器，保证上返液由出口流出，但由于成孔效果及封堵器极易磨损、封堵效果很难保证，因而压送法反循环并不适用于底板锚固孔钻进。泵吸反循环钻进排渣是指利用离心泵或抽吸泵提供负压使钻杆内上返液排出的一种排渣方式。这种排渣方法避免了因封孔效果不佳导致反循环排渣难以进行的缺点。而泵的最大负压为 1 atm(101 325 Pa)，约为 10 m 水柱高度，由此可见，该种排渣方法在底板锚固孔钻进过程理论上均可将孔底液渣混合流抽出，从而达到反循环排渣的目的。二维条件下泵吸反循环排渣流体力学模型如图 4-2 所示(不考虑钻具旋转)。

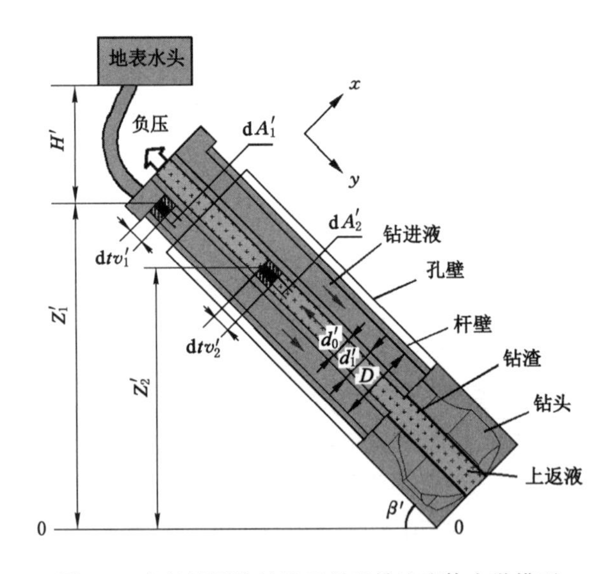

图 4-2　底板锚固孔钻进反循环排渣流体力学模型

在图 4-2 中，以钻孔底部作为 0—0 基准面，地表水头至巷道底板的垂直距离为 H'，孔口处钻进液平均流速为 v_1'，于双壁钻杆环形通路钻进液入口处选取长度为 $\mathrm{d}tv_1'$的过流断面，并任意选取一截面为 $\mathrm{d}A_1'$的元流，该过流断面至 0—0 基准面的垂直距离为 Z_1'。同样，在双壁钻杆中心孔处选取长度为 $\mathrm{d}tv_2'$的过流断面(此处上返液平均流速为 v_2')，在过流断面中任意选取截面为 $\mathrm{d}A_2'$的元流，该过流断面至 0—0 基准面的垂直距离为 Z_2'。双壁钻杆环形通路

内径为 D'，中心孔直径为 d_0'，双壁钻杆内壁直径为 d_1'。

根据伯努利方程，可得泵吸反循排渣条件下能量守恒方程：

$$\frac{p_1'}{\gamma}+\frac{p_2'}{\gamma}+Z_1+\frac{\alpha_1' v_1'^2}{2g}=Z_2+\frac{\alpha_2' v_2'^2}{2g}+h_L'+\frac{v_f'^2\gamma_f}{2g\gamma}s+\frac{\gamma_f}{\gamma}sZ_2' \tag{4-20}$$

式中 p_1'——钻进液入口处绝对压强；

p_2'——上返液行至垂高为 Z_2'时绝对负压；

α_1',α_2'——动能修正系数，在实际应用中可近似认为 $\alpha_1'=\alpha_2'=1$；

h_L'——反循环排渣过程速度能量损失；

v_f'——反循环排渣钻渣上返速度。

虽然钻进液流动路径与正循环有所区别，但是其能量损失都是由沿程损失、接头处局部损失造成的。在钻孔深度相同情况下，能量损失 h_L'同样占据总能量较小比例。为简化计算，忽略其对钻渣上返速度的影响。由式(4-20)可得：

$$v_f'=-\sqrt{\frac{2g(p_1'+p_2')}{\gamma_f s}+\frac{2g\rho(Z_1'-Z_2')}{\rho_f s}+\frac{v_1'^2(A_2'^2-A_1'^2)\rho}{A_2'^2\rho_f s}-2gZ_2'} \tag{4-21}$$

当钻渣移动至出口时，钻渣上返速度为：

$$v_f'=-\sqrt{\frac{2(p_1'+p_2')}{\rho_f s}+\frac{v_1'^2\rho}{\rho_f s}\left(1-\frac{A_1'^2}{A_2'^2}\right)-2gL\sin\beta} \tag{4-22}$$

由式(4-22)可知，在泵吸反循环排渣条件下，当钻进液压力 p_1'、进液速度 $v_1'^2$、钻进液密度 ρ 以及泵吸负压 p_2'为定值时，钻渣上返速度与钻渣的生成情况(包括钻渣密度 ρ_f 及体积分数 s)、进液通道与排渣通道截面积 A_1 与 A_2、钻孔深度 L 倾角 β 密切相关。钻渣密度较高、尺寸较大或数量较多都会因体积分数的增大而导致上返速度降低。此外，随着钻孔深度及倾角的增大，钻渣上返速度同样会降低。

4.1.3 底板锚固孔钻进排渣方式确定

综上所述，根据式(4-19)及式(4-22)可知，无论是正循环排渣，还是泵吸反循环排渣，钻渣的上返速度均主要由三类因素决定。

(1) 排渣动力参数及钻进液理化特性

钻进液动力(包括压力、流速、泵吸负压)是决定钻渣上返速度的直接因素。在底板锚固孔钻进过程中，可通过增加辅助设备提高进液压力提高排渣效率。此外，通过改善钻进液的理化特性提高其密度、增加 ρ/ρ_f，进而提高钻渣上返速度。

(2) 底板锚固孔钻进过程中钻渣产出情况及成孔参数

钻渣密度较高、尺寸较大或数量较多以及钻孔深度及倾角的增加都会造成体积分数的增加从而导致其上返速度降低。由前文可知，底板岩性是成孔过程中高密度、大尺寸钻渣生成的根本原因，降低钻渣平均尺寸，可以减小上返液中局部存在的高钻渣体积分数，从而提高钻渣上返速度。

(3) 进液通道及排渣通道截面尺寸

进液通道及排渣通道截面尺寸是决定钻渣上返速度的主要因素。式(4-12)中，沿程能量损失 h_f 可进一步表示为：

$$h_f=\frac{0.316\,4\nu^{0.25}Lv^{1.75}}{2gd^{1.25}} \tag{4-23}$$

由式(4-23)可知，沿程能量损失 h_f 与通道直径 d 成反比，通道直径越小，沿程能量损失越大。式(4-19)及式(4-22)表明，在不计沿程损失及局部损失时降低 A_1/A_2 可以提高钻渣上返速度，但应在一定范围内进行，否则会大大增加沿程阻力。因此，在进行进液通道及排渣通道尺寸设计时，应结合数值模拟方法选择合理的尺寸参数组合，不可一味减小进液通道尺寸或增大排渣通道尺寸。

为了比较两种排渣方式下钻渣上返速度，在钻孔深度及倾角均相同时，对 v_f^2 与 $v_f'^2$ 作差，可得：

$$\Delta v_f^2 = \frac{2(p_1 - p_0)}{\rho_f s} - \frac{2(p_1' + p_2')}{\rho_f s} + \frac{v_1^2 \rho}{\rho_f s}\left(1 - \frac{A_1^2}{A_2^2}\right) - \frac{v_1'^2 \rho}{\rho_f s}\left(1 - \frac{A_1'^2}{A_2'^2}\right) \tag{4-24}$$

为了简便计算，令 $p_2' = p_0$，即提供最大泵吸压力为 1 atm，$v_1' = v_1$，$p_1 = p_1' + \Delta p$（Δp 为辅助泵送压力）。那么，式(4-24)可进一步变换为：

$$\Delta v_f^2 = \frac{2\Delta p - 4p_0}{\rho_f s} - \frac{v_1^2 \rho}{\rho_f s}\left(\frac{A_1^2}{A_2^2} - \frac{A_1'^2}{A_2'^2}\right) \tag{4-25}$$

式(4-25)表明，在正循环排渣井下静压水配合辅助泵送条件下，现有技术条件可完全满足提供较大 Δp（1 MPa 以上），即 $2\Delta p - 4p_0 \gg 0$。此外，若要达到良好排渣效果，两种排渣方式下进液通道与排渣通道截面尺寸之比应均满足 $0 < \frac{A_1}{A_2} < 1$ 且 $0 < \frac{A_1'}{A_2'} < 1$，那么 $0 < \frac{A_1^2}{A_2^2} - \frac{A_1'^2}{A_2'^2} < 1$。结合现场实际情况可知，如果 $2\Delta p - 4p_0 \gg v_1^2 \rho\left(\frac{A_1^2}{A_2^2} - \frac{A_1'^2}{A_2'^2}\right)$，则 $\Delta v_f^2 > 0 \Rightarrow v_f^2 > v_f'^2$。由此可知，在辅助泵送条件下，正循环排渣时钻渣上返速度要高于泵吸反循环排渣。

由式(4-25)可知，沿程能量损失 h_f 与通道直径 d 成反比，通道直径越小，沿程能量损失越大。由于泵吸反循环排渣需使用双壁钻杆，为了减少能量损失，双壁钻杆环形通路当量直径不应较小；同时，为了保证 $0 < \frac{A_1'}{A_2'} < 1$，排渣通道直径也应大于环形通路当量直径。此外，为了满足钻进破岩要求，钻杆还需有较高强度，且内层与外层杆壁也应具有一定厚度。这样，双壁钻杆外径势必大于正循环排渣条件下钻杆外径，从而难以形成小孔径锚固孔（直径≤32 mm），也就无法满足“三径匹配”要求。以文献[153]为例，其研发的泵吸反循环排渣双壁钻杆需配合使用 ϕ42 三翼钻头进行成孔。

综上所述，在锚固孔深度及倾角一定时，配合泵送条件下的正循环排渣较泵吸反循环钻渣上返速度更高，具有更高的排渣效率。此外，正循环排渣能够更好地保证小孔径锚固孔（直径≤32 mm）施工，使底板锚杆（索）支护满足“三径匹配”要求，从而可以更好地保证锚固质量。因此，确定底板锚固孔排渣方式为正循环排渣。

正循环排渣条件下，进液与排渣通道截面尺寸应满足 $0 < \frac{A_1}{A_2} < 1$。进一步变换，可得到钻杆中心孔直径、钻杆壁厚与锚固孔直径的关系式：

$$0 < \frac{d_0}{D - (d_0 + 2\sigma_0)} < 1 \Rightarrow d_0 + \sigma_0 < \frac{D}{2} \tag{4-26}$$

式中　σ_0——钻杆壁厚。

由式(4-26)可知，为了最大程度提高排渣效率，钻杆中心通水孔直径与钻杆壁厚之和应不超过锚固孔直径的 1/2，式(4-26)为钻杆尺寸设计提供了重要理论依据。

4.2　底板锚固孔正循环钻渣运移规律数值模拟研究

4.2.1　FLUENT 数值模型构建

ANSYS FLUENT 是目前国际上比较流行的流体力学分析软件，涵盖了各种物理建模功能，可对工业应用中的流动、湍流、热交换和各类反应进行建模。其应用范围涵盖飞机机翼上的气流、熔炉燃烧、鼓泡塔、石油平台、血液流量、半导体制造、无尘室设计以及污水处理等。FLUENT 内含多个计算模型，主要包括欧拉多相流模型、湍流模型、离散相模型、组分输运与化学反应模型等。本书主要采用欧拉多相流模型分析液渣混合流的运移规律。FLUENT 加入 ANSYS 后，依靠 ANAYS ICEM 软件，前处理能力得到了极大程度提高，对于复杂模型的构建及网格划分效率也提升很多。此外，CFD-Post 软件也使 FLUENT 软件后处理能力有了极大的提升。

为了明晰底板锚固孔钻进过程中不同粒径钻渣自生成至排出孔外的详细过程，了解钻杆及钻头在高速旋转过程中自身结构、转动速度以及钻孔倾角等因素对排渣效果的影响，利用 FLUENT 欧拉多相流模型进行底板锚固孔正循环排渣过程的数值模拟分析。同时，为了简化计算模型，在不影响研究目标条件下，对本次模拟研究做以下假设：

① 数值模型中所用钻头及钻杆为一整体，忽略两者间螺纹连接。

② 钻杆及钻头只保持轴向的匀速旋转运动，无其他方向平动及转动。

③ 利用孔底生成颗粒体模拟钻渣的生成过程，此过程中钻渣生成速率一定且粒径相同。

④ 钻进液密度及黏度为定值，忽略钻渣生成对钻进液密度及黏度的影响。

FLUENT 数值模型(B19 六棱钻杆，长 1 000 mm，钻孔倾角 $\beta=90°$)如图 4-3 所示。

模型具体信息如下：

(1) 模型尺寸

首先利用三维绘图软件绘制 3D 钻杆及钻头模型[图 4-3(a)]，然后导入 ANSYS-ICEM 前处理软件进行网格划分，最后通过 ANSYS-FLUENT 流体分析插件进行分析计算。本模型 z 向长度为 1 090 mm，钻杆为普通矿用 B19 六棱钻杆(外接圆直径 21 mm，对边长度 19 mm)，长为 1 000 mm，中心孔进液通道直径为 6 mm，钻头为矿用两翼式钻头，直径为 32 mm。模拟时将钻杆及钻头均设置为 Wall 单元，且在钻杆及钻头外部添加 Wall 单元作为锚固孔的孔壁及孔底，由于钻头直径为 32 mm，考虑底板岩层软弱时，锚固孔孔径将有所增加，遂将孔径增大至 34 mm，钻孔底部设置长度为 20 mm 的产渣区域[图 4-3(b)]。

(2) 网格划分

运用适于复杂几何模型的 Robust 网格划分方法对模型进行非结构体网格的划分，主要网格类型为 Tetra_4 及 Tri_3 型网格[图 4-3(c)]。在全局网格设置中，将模型最大及最小网格尺寸设置为 4 mm 及 0.5 mm。在局部网格设置中，钻进液与上返液最大尺寸为 2 mm，进出口处最大网格尺寸为 0.5 mm，锚固孔壁最大网格尺寸为 4 mm，钻头最大网格尺寸设置为 1 mm，并且对模型的细小部分的网格进行细化。模型网格总量为 1 331 504 个，其中钻进液与上返液网格数量为 644 640 个，钻杆及钻头网格数量为 85 187，模型节点总量为 213 369 个。

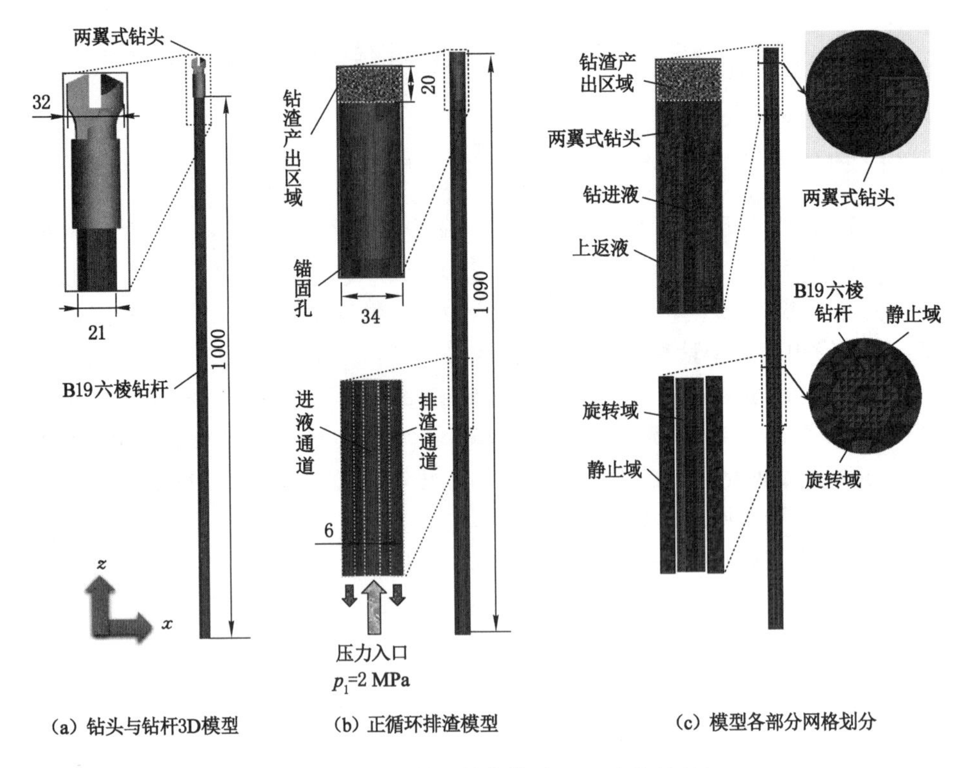

图 4-3　正循环排渣数值模型(B19 六棱钻杆)

(3) 边界条件及求解方法

将钻杆尾部中心孔作为钻进液入口,边界条件设置为压力入口边界,压力 p_1 设置为 2 MPa;同时,将钻杆与孔壁之间的环形通路设置为压力出口边界(标准大气压),即上返液携带钻渣于此处排出。钻进液及上返液设置为流体域,钻杆、钻头、锚固孔孔壁及孔底均设置为 Wall,采用多重参考系模型(multiple reference frame mode,MRF)稳态锚固剂搅拌流场进行求解。如图 4-3(c)所示,将计算模型划分为两部分:静止区域和旋转区域。在转动坐标系下计算,旋转区域转速为 500 r/min;在惯性坐标系下,定义锚杆转速与旋转区域一致。计算模型选用欧拉 8 多相流模型,钻进液材料的密度为 1 000 kg/m^3,动力黏度为 0.001 kg/(m·s)。以 z 向为锚固孔轴向方向,设置重力加速度为 9.81 kg/s^2,运算步长均设置为 5 000 步。孔底20 mm 范围内钻渣颗粒以 20 g/s 的速度产生,颗粒属性设置为泥岩,密度为 2 509 kg/m^3,根据正式岩石实钻试验中泥岩钻渣尺寸分布特征;同时,考虑到模型运算速度,添加数量占比最大的 1 mm、2 mm、3 mm 三种粒径钻渣(标号分别为 1$^\#$ 钻渣、2$^\#$ 钻渣、3$^\#$ 钻渣),体积分数均设为 0.2。

4.2.2　锚固孔内钻渣运移特征分析

钻头破岩产生的钻渣与中心孔流出的钻进液混合,在水压作用下继续向上运动,由于两翼式钻头始终处于快速旋转状态,为确定其旋转是否对钻渣运移产生影响,我们分析了钻头附近钻渣速度矢量,如图 4-4 所示。钻杆中心孔处喷出的钻进液以较大速度对产生钻渣进行冲击,使钻渣瞬间产生较大下向速度,由于孔底约束,在钻进液的持续冲刷下再次上返，距中心孔较远的部分钻渣随钻进液不断上升，途径钻头、连接件、钻杆三者与孔壁形成的环形通路，最后排出孔外，位于中心孔附近的钻渣在初次上升过程中与钻进液流束相遇，在钻进液的冲击下会再次向下运动，形成螺旋往复运动。由于钻头两翼与孔壁的间隙仅 1 mm，钻渣并未在两翼处排出，而是由两翼侧表面的较大空间向上运动。即使钻头以较高速度旋转，但初始时经钻进液携带的钻渣具有较大的轴向速度。由云图可以看出，钻渣经过钻头刀翼后基本沿轴向向上运动，钻头旋转施加于钻渣的切向速度基本不明显。由此可见，钻头的旋转对于钻孔底部钻渣的排出影响并不明显。值得注意的是，由于目前两翼式钻头中心出水孔距钻孔底部存在 10～15 mm 的垂直间距，容易造成该范围内处于上升过程中的钻渣受流束冲击向下运动，不易排出，随着钻进持续进行，中心孔附近钻渣不断聚集，可能造成中心孔堵塞，导致排渣不畅。

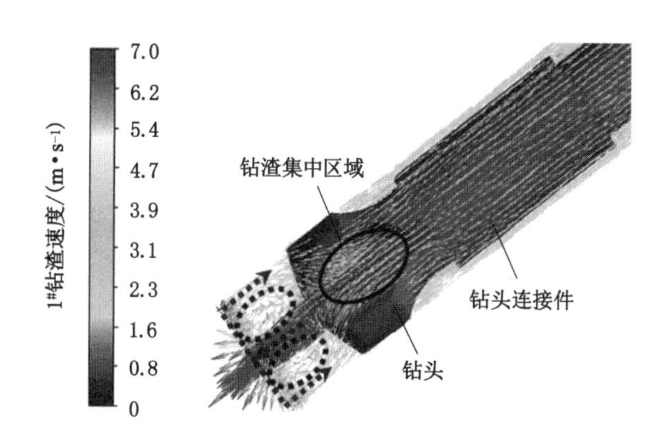

图 4-4　钻头周边钻渣速度矢量图

排渣过程中钻渣对钻头及连接件轴向剪力作用如图 4-5 所示。

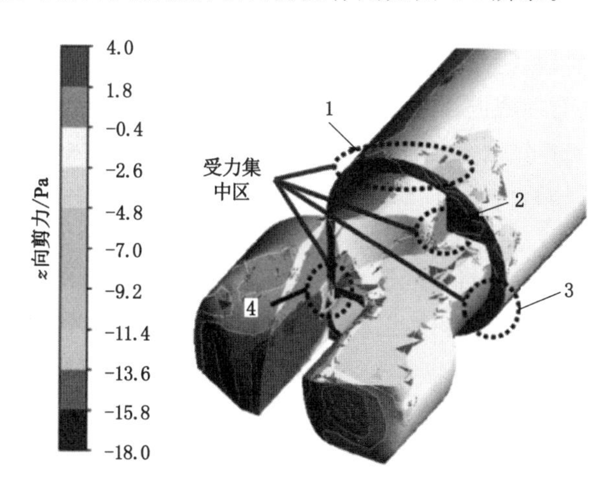

图 4-5　钻渣对钻头轴向剪力云图(图中“—”号表示剪力的方向)

如图 4-5 所示，在排渣过程中，钻头会受到钻渣的冲击作用，由于两翼式钻头结构的特殊性，所以不同部位受到的冲击也有所区别。图 4-5 中标明区域为钻头表面几处典型的受力集中区域。可以看出，钻渣对钻头的冲击主要集中于钻头与连接件的交界部位，如区域

1、3，这是由于交接部位连接件断面直径大于钻头尾部断面直径，形成了明显隔档，阻碍了钻渣移动，因而此处容易造成钻渣集聚，受冲击作用也较明显。此外，钻头尾部两刀翼连接部位与连接件交界位置形成了窝状结构，如区域2，由刀翼侧表面上向运动的钻渣会在此处形成明显聚集。同时，中心孔处也受到了明显的钻渣冲击作用，如区域4，这是由于钻渣在进行螺旋往复运动过程中对孔口的冲击造成的。虽然钻渣对钻头的冲击作用十分微弱，但是对钻头强度几乎不会产生任何影响。对于钻渣而言，单颗粒钻渣获得的能量是十分微弱的，以上区域的阻挡会导致钻渣及上返液的能量损失，对排渣效率造成不利影响。

综上所述，在正循环排渣过程中，由于钻头结构的特殊性，钻头周边钻渣运移过程较为复杂，靠近钻孔中部区域的钻渣会发生上下螺旋式往复运动，周边区域钻渣则直接向上运动，而且钻头的高速旋转对钻渣运移不会产生明显影响。此外，现有两翼式钻头结构均存在一定钻渣集中区域，这些区域会对钻渣造成一定能量损失，影响排渣效果。1# 钻渣于排渣通道内轴向速度云图如图 4-6 所示。

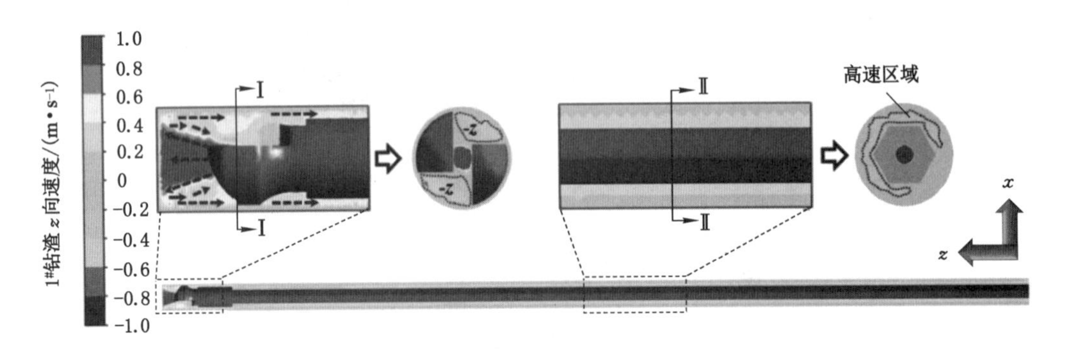

图 4-6　1# 钻渣于排渣通道内 z 向速度云图(图中“－”号表示速度的方向，下同)

如图 4-6 所示，由钻头附近的速度云图可知，中心孔处钻渣受到钻进液的强烈冲击作用，产生较大 z 正向速度，在触碰到孔底后向上运动，出现 z 负向速度，再次受到钻进液冲刷，重新向孔底运动，从而形成上下螺旋式往复运动。钻渣经过钻头进入杆体周边的排渣通道后，位于同一流线上各钻渣上返速度虽有所波动，但相差不大；然而，位于同一过流断面上的钻渣的上返速度却有所不同，在环形通路中部达到最大值，随后向外逐渐降低。为进一步明确钻渣上返速度变化规律，通过在环形通路以及过流断面布置轴向及径向测线，获取 1# 钻渣沿杆体轴向方向及过流断面内的 z 向上返速度，如图 4-7 所示。

由图 4-7 可知，位于杆体轴向测线上各点上返速度曲线整体变化较为平缓，只在钻头位置钻渣上返速度出现了强烈波动，也正是由于此处距钻进液出口较近，受钻进液强烈冲刷影响，钻渣速度变化起伏不定，此处钻渣的运动状态较为复杂。该结果在一定程度上与图 4-6 及图 4-4 中钻头周边钻渣呈上下螺旋式往复运动一致。在钻杆与钻头交界处，由于环形通路横截面积突然增加，导致此处钻进液上返速度突然降低。钻渣经式过钻头后，速度逐渐趋于平稳，波动范围逐渐固定，1# 钻渣上返速度基本为 －0.195 m/s① 浮动。因此，钻渣经过钻头后，上返过程中 z 向速度基本保持不变，近似处于匀速上升状态。此外，根据

① 数值前的“－”号仅为了区别 z 向速度的方向，下同。

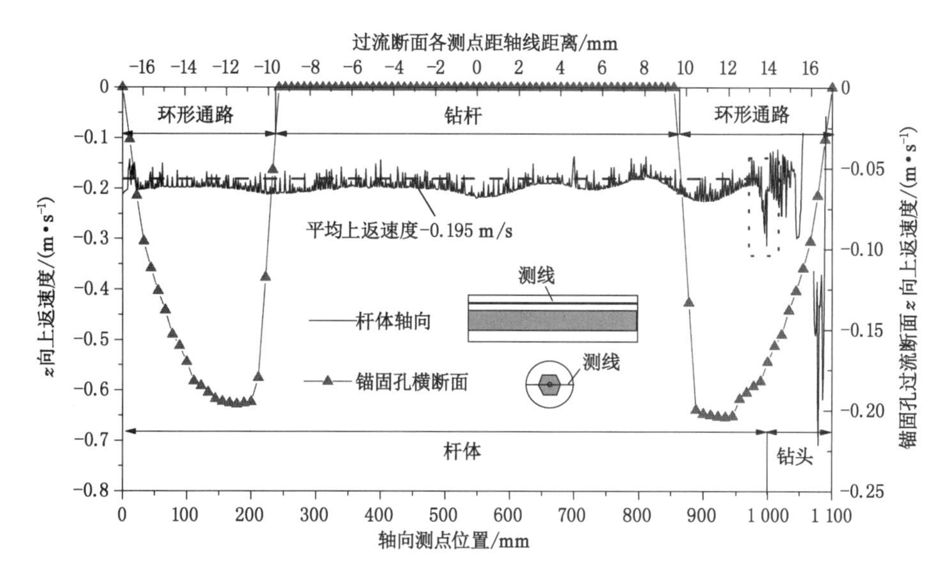

图 4-7　1# 钻渣沿杆体轴向测线及过流断面上返速度

位于锚固孔过流断面各测点 z 向上返速度曲线可知，位于环形通路内的钻渣 z 上返速度呈现出近似抛物线变化，在环形通路的中部区域达到峰值，并由中部区域向孔壁及杆壁侧逐渐降低，在杆壁及孔壁处速度降低为 0，与图 4-6 中结果相吻合。根据流体力学相关理论，由于靠近杆壁及孔壁钻进液的黏滞程度较高，流动过程中各流线间阻力也较大，而位于中部区域钻进液黏滞程度较低，所受阻力也越小，因而孔壁及杆壁处钻渣的上返速度近似为 0，向中部逐渐增加，中部钻渣上返速度最大值达到了－0.196 m/s 以及－0.204 m/s；同时，由于孔壁及杆壁处钻渣上返速度为 0，因而很容易导致钻渣附着。

为了分析环形通路内钻渣与上返液（水）两者的运动状态，可获取同一条测线内上返水流与钻渣的 z 向速度，如图 4-8 所示。

由图 4-8 可知，环形通路内测得水流的上返速度呈现出强烈的脉动现象，这正是紊流流态的显著特征，也与 4.1.1 节中的理论计算结果一致。总体来讲，水流上返速度曲线围绕其平均上返速度－0.35 m/s 浮动，基本保持稳定。值得注意的是，钻渣上返速度曲线与水流上返速度曲线的变化趋势表现出极高的相似性。由图 4-8 还可知，钻渣与上返水流在钻孔底部运动时速度达到了最大值，且速度相近，随着上返液不断向上运动，钻渣与水流速度开始下降并逐渐趋于稳定，此时两者速度差基本在 0.15 m/s 浮动。根据绕流阻力相关理论，可确定钻渣于整个排渣过程中的运动状态：

① 初始减速运动。孔底新生钻渣在钻进液的冲刷下，与上返水流以较高瞬时速度向上运动，此时上返水流与钻渣速度相近，由于环形通路内钻杆附近水流速度低于钻头处上返水流及钻渣，因而钻渣会受其上方水流的绕流阻力 F_1 及重力 G 作用，两者合力大于下方水流对钻渣的绕流阻力 F 及浮力 F_f 之和，钻渣进行减速运动。

② 类匀速运动。随着钻渣速度不断降低，钻渣与上方水流相对速度减少，与下方水流相对速度增加，下方水流对钻渣绕流阻力 F 逐渐增大，F 与 F_f 之和逐渐增至与 G 与 F_1 之和相等，使钻渣处于受力平衡状态，随着上返水流速度逐渐趋于稳定，钻渣的受力一直处于

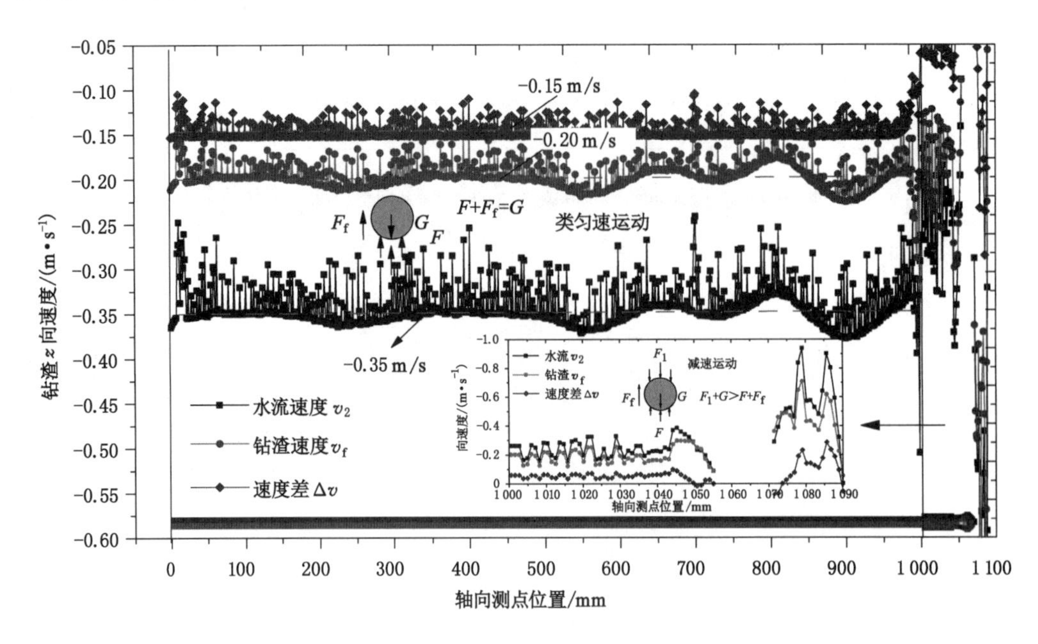

图 4-8　过流断面内上返水流及钻渣 z 向速度

近似平衡状态，以一定速度进行类匀速上升运动，直至排出孔口。1# 钻渣于排渣通道内体积分数分布云图如图 4-9 所示。

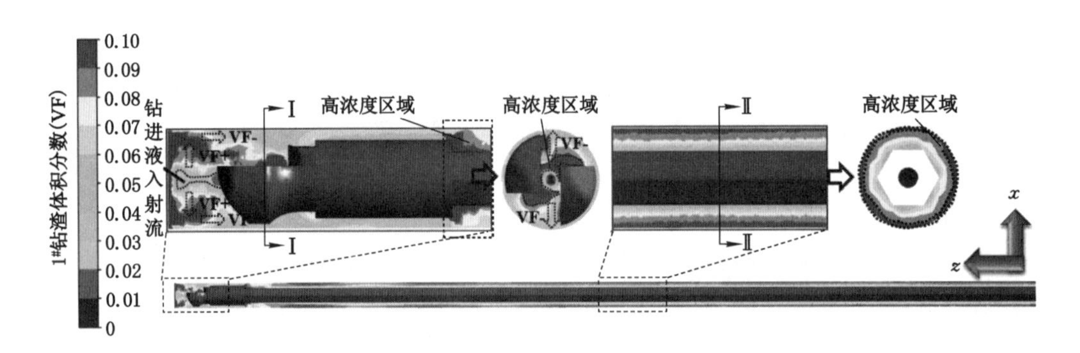

图 4-9　1# 钻渣于排渣通道内体积分数分布云图

由图 4-9 可知，钻进液由中心孔流出时，入射流以较高速度冲刷产生的钻渣，使钻渣向钻孔周边移动，此过程中由中心孔至钻孔周边钻渣体积分数逐渐增加，靠近外侧钻渣在钻进液作用下不断上升，此过程中钻渣体积分数逐渐降低，靠近中心孔的钻渣则进行上下螺旋往复运动。由Ⅰ—Ⅰ剖面可知，钻渣在上升过程中会在刀翼侧与锚固孔形成的空间内出现明显聚集，此处体积分数明显高于其他部位。在钻头与钻杆的交接部位钻渣体积分数再次增加，经过钻头进入钻杆与锚固孔形成的环形通路后，体积分数沿钻杆轴向方向变化逐渐趋于稳定，位于同一环形截面钻渣体积分数基本保持不变。然而，由Ⅱ—Ⅱ剖面展示的体积分数云图可知，同一过流断面内处于不同环形通路直径位置的钻渣体积分数出现明显差别，在钻孔壁附近钻渣体积分数较高，说明一部分钻渣可能已附着于孔壁之上。以同样方法，得到了杆体轴向 1# 钻渣沿杆体轴向及过流断面内的体积分数，如图 4-10 所示。

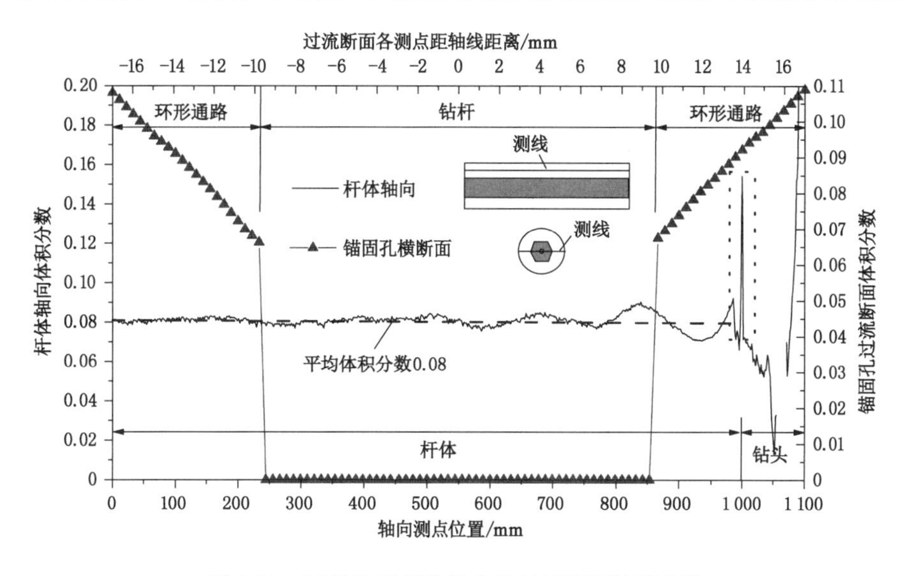

图 4-10　1# 钻渣沿杆体轴向及过流断面体积分数

由图 4-10 可知，除钻头位置钻渣体积分数出现了强烈波动，分布于钻杆轴向测线上各点体积分数曲线整体变化较为平缓，这是由于钻头周边钻渣距钻进液出口较近，在钻渣产生初期具有较高体积分数，在钻进液的作用下，不断向上运动，钻渣体积分数不断降低，在钻杆与钻头交接部位(1 000 mm 位置)，钻渣的体积分数再次增加，这是由于此处环形通路横截面积突然增加，导致上返的液渣混合流流速突然降低，而自孔底上返的钻渣不断以较高速度涌入，从而造成了钻渣集聚。而继续向上运动的钻渣由于环形通路横截面固定，位于同一环形通路截面内液渣混合流的上返速度基本保持不变，钻渣的体积分数也逐渐趋于定值。由图 4-10 还可以看出，体积分数虽然有所波动，但波动幅值较小，钻渣体积分数基本围绕平均体积分数 0.08 上下起伏。因此，钻渣经过钻头后，上返过程中处于同一环形通路截面内的钻渣的体积分数基本不变，沿杆体轴向近似均匀分布。此外，根据位于锚固孔过流断面各测点钻渣体积分数可知，各测点钻渣体积分数随中心轴线距离呈现近似线性变化，距中心轴线越远，越靠近孔壁，钻渣体积分数越大；相反，钻杆壁附近钻渣体积分数最小。由前述可知，孔壁及杆壁处钻渣上返速度最小，但由于钻杆始终处于高速旋转状态，虽然不能提供钻渣以轴向上返速度，但是旋转的钻杆可以将附着于杆壁的钻渣清理，从而造成杆壁上钻渣体积分数最低。1# 钻渣等效速度 3D 流线如图 4-11 所示。

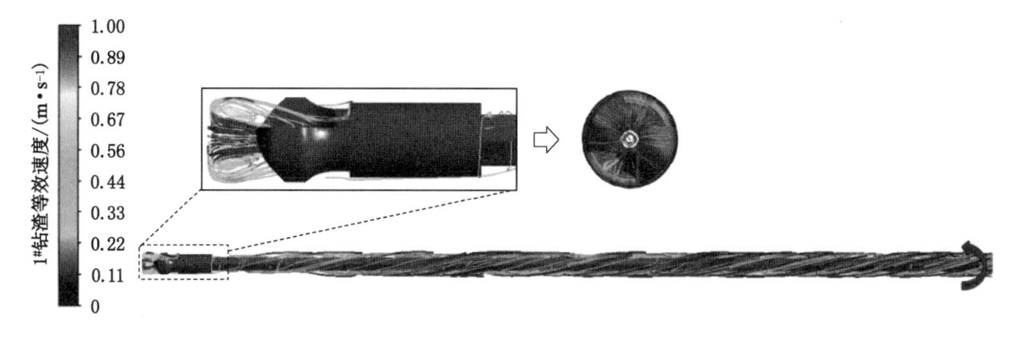

图 4-11　1# 钻渣等效速度 3D 流线

由图 4-11 可知，虽然钻头周边钻渣受钻头旋转影响较小，但随着钻渣逐渐上升，z 向上返速度降低，受 B19 六棱钻杆旋转影响程度逐渐增加，位于同一环形通路截面钻渣开始进行近似等距螺旋运动，运动轨迹呈螺旋线，螺距不仅取决于 z 向上返速度，而且与钻渣 x、y 向速度相关，x、y 向速度则得益于钻渣旋转，因此杆体形状对钻渣的运动轨迹具有一定影响。在图 4-11 中，钻渣运动轨迹显示出多个密集螺距，增加了钻渣的上返路程，导致排渣效率降低。

4.2.3 综合分析

综上所述，底板锚固孔（与水平方向呈 90°）正循环排渣过程中，钻渣的运移具有以下主要特征：

（1）钻头周边钻渣的运移过程较为复杂，靠近钻孔中部区域的钻渣会发生上下的螺旋往复运动，周边区域钻渣则直接向上运动，而且钻头的高速旋转对钻渣运移不会产生明显影响。此外，现有两翼式钻头结构均存在一定钻渣集中区域，这些区域的存在会对钻渣造成一定能量损失，影响排渣效果。

（2）由于钻头与钻杆交界部位环形通路横断面积突然增大，导致钻渣上返速度突降，体积分数出现陡增，该部位也是正循环排渣过程中钻孔堵塞多发部位。

（3）钻渣生成后，在绕流阻力、浮力及自重作用下先进行减速运动，进入钻杆与孔壁的环形通路后又呈现出类匀速向上的运动状态。

（4）位于同一过流断面内钻渣上返速度随距钻杆中心轴线的距离呈现近似抛物线分布特点，于环形通路中部达到最大值，孔壁及杆壁位置速度为 0；体积分数随距中心轴线的距离近似呈线性递减规律，孔壁处钻渣体积分数最大，极易出现钻渣附着。

（5）钻渣在上返过程中近似做等距螺旋运动，钻杆形状对钻渣的运动轨迹具有一定影响，钻渣上返螺旋线越密集，排渣效率越低。

4.3 底板锚固孔正循环排渣效果影响因素分析

4.3.1 钻杆截面形状对排渣效果影响分析

为了明确不同截面形状钻杆对钻渣运移规律的影响，分析了六棱钻杆、四棱钻杆、三棱钻杆及圆形钻杆对钻渣运移规律的影响，锚固孔直径 $D=34$ mm，为了保证环形通路当量直径 D_0 相同（对于正多边形钻杆，可近似认为 $D_0=D-d_e$，d_e 为正多边形杆体外接圆直径），将六棱、四棱、三棱钻杆的外接圆直径均设为 21 mm，如图 4-12 所示。

各钻杆均连接同一两翼式钻头，钻头直径为 32 mm，4 种钻杆长度均为 1 000 mm，中心孔直径均为 6 mm，模型整体长度均为 1 090 mm，边界条件均与前述六棱钻杆相同。不同类型钻杆时 1# 钻渣 z 向上返速度云图如图 4-13 所示。在图(4-1)中，4 种钻杆在排渣过程中，1# 钻渣 z 向上返速度在钻孔内的分布情况基本相同，分布规律与前述基本一致。钻渣经过钻头进入杆体与锚固孔壁之间的环形通路后，位于同一环形通路截面的钻渣基本具有相同 z 向上返速度，同一过流断面内速度分布呈现出由环形通路中部向杆壁及孔壁逐渐下降的趋势。由图 4-12 可知，4 种钻杆在排渣过程中，钻渣 z 向速度出现了较明显差别，六棱钻杆速度明显小于其他 3 种钻杆，四棱钻杆以及圆形钻杆速度也明显大于三棱钻杆。为进一步

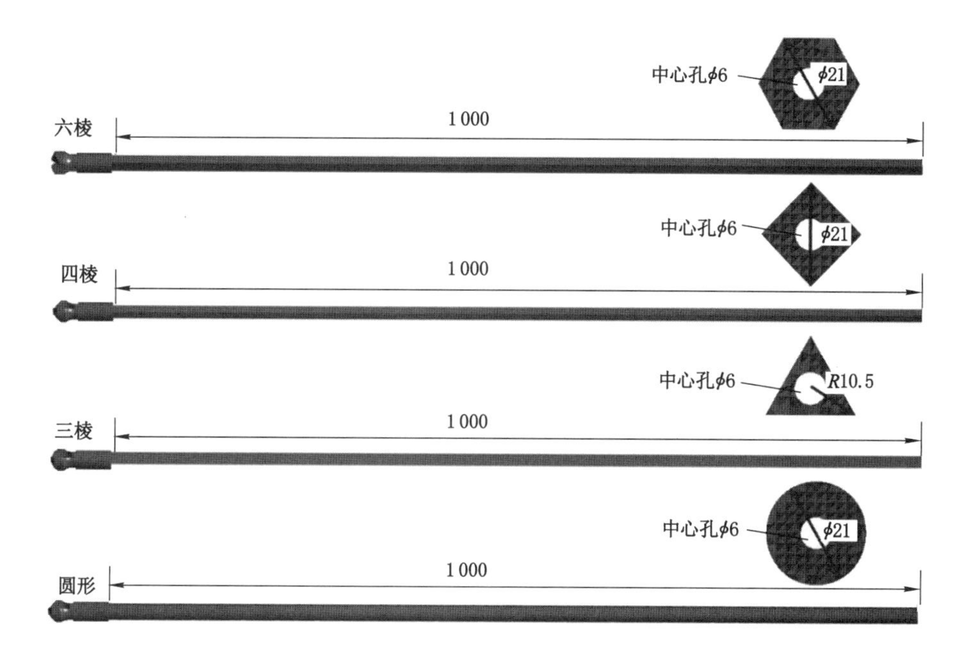

图 4-12　不同类型钻杆参数(单位:mm)

对比各钻杆排渣时钻渣 z 向上返速度,通过在环形通路以及过流断面中部布置轴向及径向测线,得到了 1# 钻渣沿杆体轴向及过流断面内的 z 向上返速度,由于 4 种钻杆均采用同一钻头,钻头周边钻渣速度变化情况相差不大,为了突出杆体形状对钻渣速度的影响,只对钻渣经过钻头后进入杆体与孔壁组成的环形通路中的运移状态进行分析。

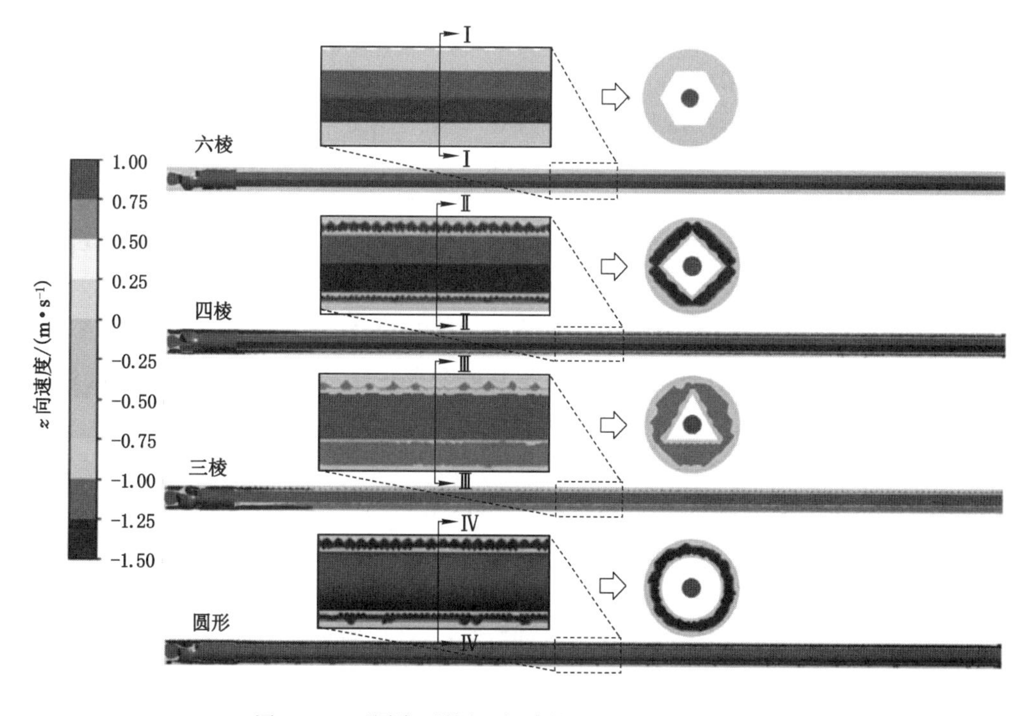

图 4-13　不同类型钻杆时 1# 钻渣 z 向上返速度云图

如图 4-14 所示，各类型钻杆在排渣过程中钻渣 z 向上返速度曲线形式基本相同，各曲线均在杆体与钻头交界位置速度出现突降，这正是由于环形通路截面积突然增大造成的，随后速度曲线变化趋于稳定，开始围绕均值速度上下波动。可以看出，不同类型钻杆在排渣过程中，1# 钻渣 z 向上返速度有所不同，六棱钻杆钻渣速度最小，四棱钻杆钻渣速度最大，4 类钻杆在排渣过程中钻渣的均值速度按照由大到小顺序为：四棱钻杆、圆形钻杆、三棱钻杆、六棱钻杆，均值速度分别为－1.330 m/s、－1.238 m/s、－1.118 m/s、－0.195 m/s。

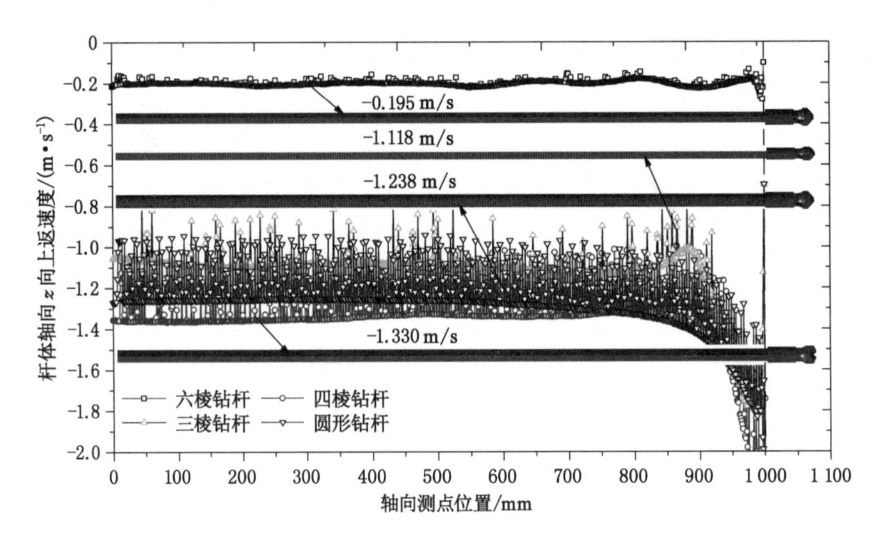

图 4-14　1# 钻渣沿各类型钻杆轴向 z 向上返速度曲线

1# 钻渣在各类型钻杆与孔壁组成的环形通路截面内的的 z 向上返速度如图 4-15 所示。1# 钻渣在各类型钻杆与孔壁组成的环形通路横断面内的 z 向上返速度曲线形式基本相同，均呈现出类抛物线的变化趋势，在过流断面中部区域一定范围内，钻渣 z 向上返速度达到最大值，随后向两侧逐渐降低，在孔壁及杆壁处钻渣速度变为 0。各类型钻杆环形通路中部区域处钻渣 z 向上返速度有着较明显区别，按照由大到小顺序依次为：四棱钻杆、圆形钻杆、三棱钻杆、六棱钻杆。图 4-13 中测线位于环形通路中部 12.25 mm 处，可以看出，此速度大小顺序也与图 4-13 一致。各类型钻杆环形通路截面平均 z 向上返速度按照由大到小顺序依次为：三棱钻杆＞四棱钻杆＞圆形钻杆＞六棱钻杆，均值速度分别为－0.558 m/s、－0.374 m/s、－0.331 m/s、－0.059 m/s。三棱钻杆速度最大，其原因与测线所在位置有关：三棱钻杆形状的特殊性，测线覆盖区域有效数据明显多于其他 3 类钻杆，从而导致其平均速度最大，但总体上三棱钻杆在排渣过程中钻渣 z 向速度依然较低。

各类型钻杆在排渣过程中沿杆体轴向及环形通路 1# 钻渣体积分数云图如图 4-16 所示。

为了便于对比分析，4 种钻杆体积分数云图均采用同一图例进行分析。由图 4-16 可知，除三棱钻杆外，其余类型钻杆体积分数沿轴向整体分布较为均匀，并无明显变化，只有三棱钻杆在钻孔后半部分钻渣体积分数突然增大，说明钻渣出现了明显的聚集。由于三棱钻渣截面明显小于其他 3 种钻杆，而且截面对称性差，在旋转过程中很可能造成环形通路截面体积分数分布不均。此外，六棱钻杆体积分数明显高于其他钻杆，因为钻渣的上返速度最小，4 类钻杆单位时间内产渣量相同，钻渣上返速度越小，排渣效率越低，单位时间内于环

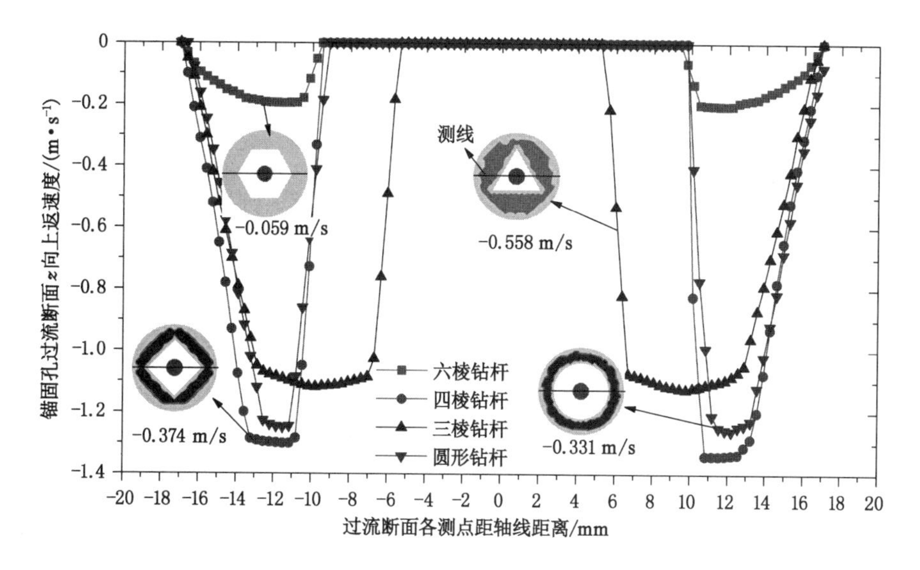

图 4-15　1# 钻渣于各类型钻杆过流断面 z 向上返速度曲线

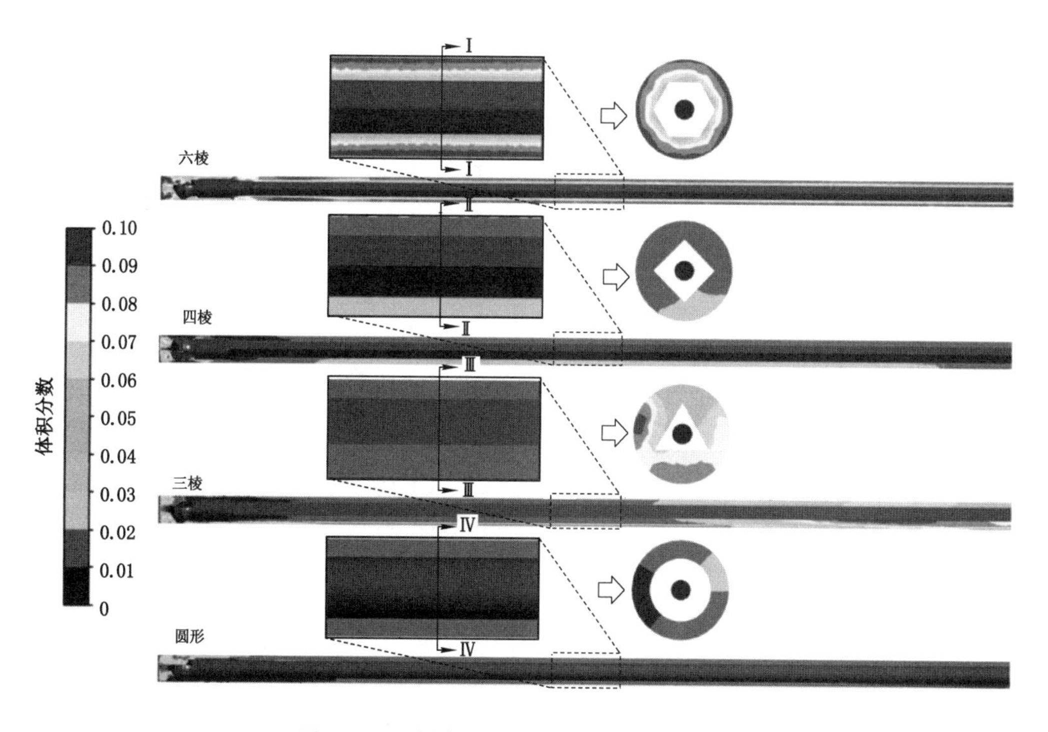

图 4-16　不同类型钻杆 1# 钻渣体积分数云图

形通路积累的钻渣越多，体积分数越大。

利用同一测线测得各类型钻杆在排渣过程沿杆体轴向体积分数曲线，如图 4-17 所示。

由图 4-17 可知，4 种钻杆体积分数曲线在钻头与钻杆交界处体积分数均较高，钻渣出现不同程度聚集，随着钻渣继续向上运动，体积分数开始下降，逐渐趋于平稳。正是由于环形通路截面突然增大，导致钻渣速度突然下降，从而形成钻渣聚集，该现象与前所述一致。

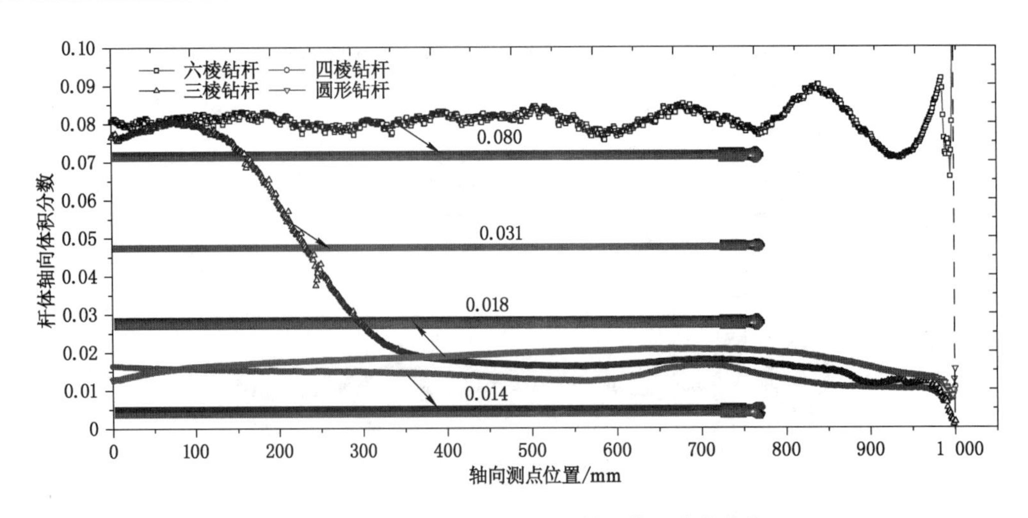

图 4-17　1# 钻渣沿各类型钻杆轴向体积分数曲线

除三棱钻杆外,其余类型钻杆体积分数沿轴向整体分布较为均匀,基本围绕均值上下浮动,而且六棱钻杆在排渣过程中,钻渣体积分数最大,体积分数均值达到了 0.08,四棱钻杆体积分数最小,体积分数均值仅为 0.014,体积分数均值按照由大到小顺序依次为:六棱钻杆>三棱钻杆>圆形钻杆>四棱钻杆,钻渣 z 向上返速度均值按照由大到小顺序依次为:四棱钻杆>圆形钻杆>三棱钻杆>六棱钻杆。由此可见,钻渣体积分数与其上返速度呈负相关关系。位于过流断面测线测得各类型钻杆过流断面体积分数如图 4-18 所示。

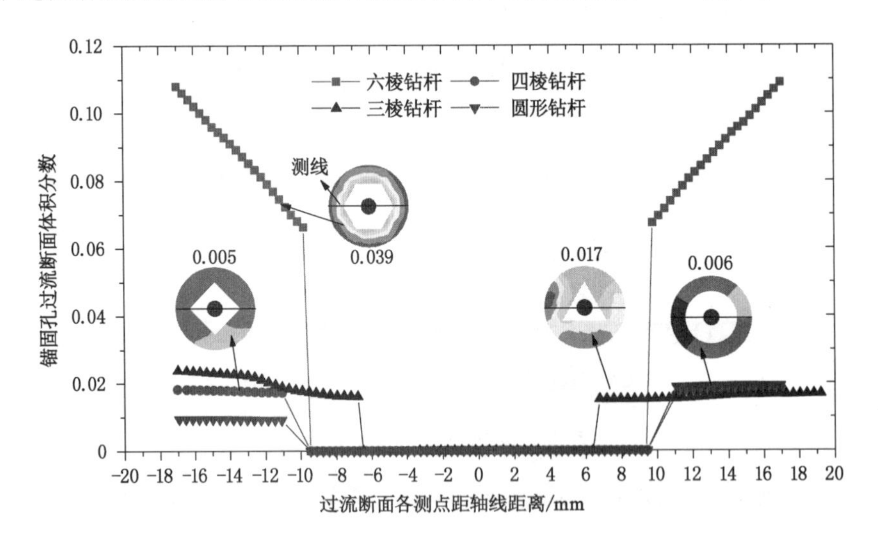

图 4-18　1# 钻渣于各类型钻杆过流断面体积分数

相关研究表明,棱状钻杆在松软突出煤层钻进中具有良好工作性能[149]。究其原因在于,由于在钻进过程中棱状钻杆在棱角处形成“低压高速区”、在棱边处形成“高压低速区”,因而钻杆转动使周边一定范围内流体产生涡流运动,从而使钻杆壁面处形成“压差涡流”,可有效防止煤屑堆积。基于此原理,可对底板锚固孔排渣过程中棱状钻杆对液渣混合流的作用进行分析。不同钻杆截面形状时钻杆转动使钻渣产生的涡量如图 4-19 所示。

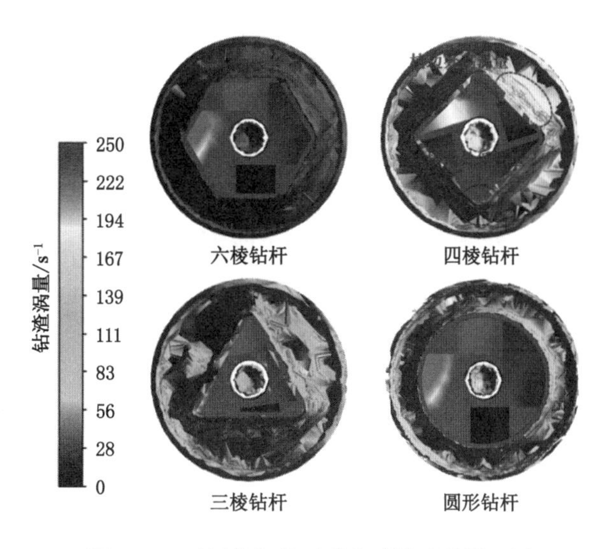

图 4-19　不同钻杆截面形状时钻渣涡量云图

由图 4-19 可知，不同钻杆截面形状时，钻渣涡量具有较大差别，六棱钻杆、四棱钻杆、三棱钻杆、圆形钻杆对应的钻渣涡量分别为 53 s^{-1}、193 s^{-1}、140 s^{-1}、127 s^{-1}。由此可见，四棱钻杆在排渣过程中对钻渣具有更好的搅拌效果，可以防止钻渣局部堆积；同时，相比六棱钻杆及三棱钻杆，钻渣在四棱钻杆棱边处的涡量要高于棱角处，由于存在涡量差，因而位于同一过流断面内钻渣的横向运动（垂直于轴向方向的运动）更不规则，更不易造成过流断面内钻渣集中堵塞。

综上所述，通过对比相同等效直径 4 类钻杆在排渣过程中钻渣上返速度、体积分数以及钻渣涡量，发现四棱钻杆在排渣过程中表现出较好的工作性能，相同位置测线处钻渣 z 向上返速度最大，且钻渣于环形通路中体积分数最小，排渣效果较好。

4.3.2　钻孔深度对排渣效果影响分析

由 4.3.1 节可知，四棱钻杆对底板锚固孔钻渣排出起到了较好效果。因此，下面以四棱钻杆为研究对象，对四棱钻杆的排渣效果做进一步分析。在实际生产过程中，考虑到施工速度、支护成本以及实际支护效果，现场底板锚固孔深度一般不超过 8 m。为了分析钻孔深度对排渣效果的影响，我们建立了孔深为 1 m 以及孔深为 8 m 的两种排渣模型，钻孔倾角为 90°，模型边界条件不变；同时，利用与上述章节相同位置测线测得两种孔深条件下钻渣 z 向上返速度曲线，如图 4-20 所示。

由图 4-20 可知，两种孔深条件下钻渣 z 向上返速度出现明显的差异，孔深 1 m 时的速度远远大于孔深 8 m 时的，两者平均速度的差值达到了近 1.0 m/s。由此可见，孔深的增加大大降低了钻渣的上返速度，降低了排渣效率。由式(4-10)可知，钻孔深度的增加不仅增加了钻进液与上返液的路程，也增加了沿程能量损失；同时，相当一部分能量转换为液渣混合流的位能与压能，在入口压强一定时，转换为钻渣的动能得到了压缩，最终导致钻渣上返速度降低。采用两种孔深时，钻渣沿钻杆轴向体积分数分布如图 4-21 所示。

由图 4-21 的边界条件可知，两种孔深条件下钻渣初始体积分数相同，待运行稳定后，两者体积分数出现了较大差别，孔深 8 m 时的平均体积分数较 1 m 时高约 0.03。大孔深时由

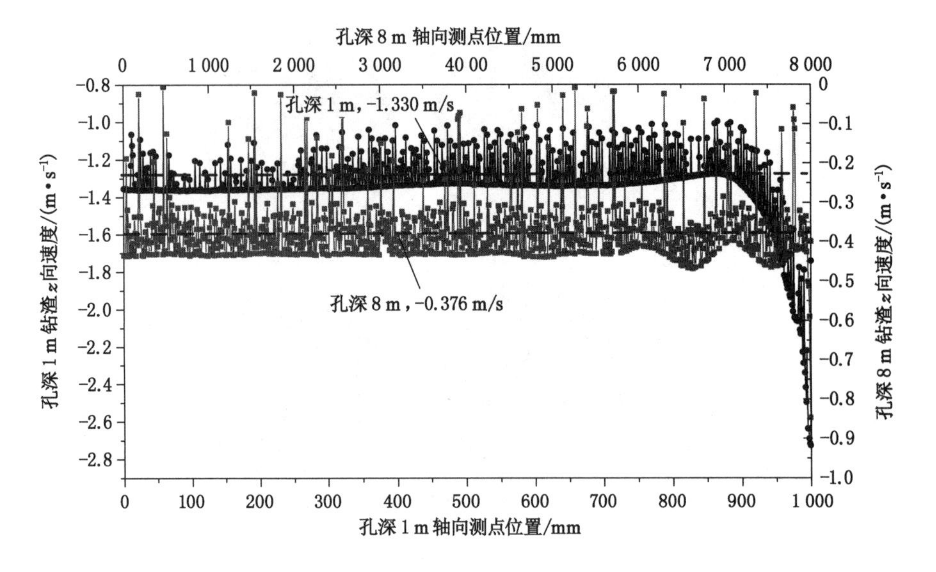

图 4-20 孔深为 1 m 及 8 m 时钻渣 z 向上返速度

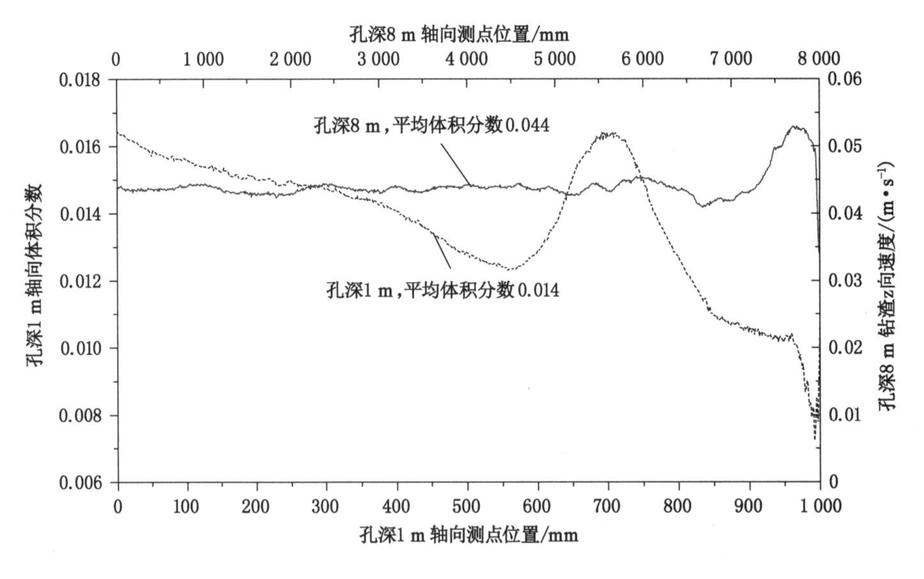

图 4-21 孔深为 1 m 及 8 m 时沿杆体轴向钻渣体积分数

于钻渣上返速度的降低，钻渣排出效率受到较大影响，钻渣排出缓慢，导致环形通路内钻渣体积分数的增大。因此，孔深的增加会降低钻渣上返速度，不利于钻渣的排出，该结论与 4.1.3 节中理论分析一致。

4.3.3 钻孔倾角对排渣效果影响分析

底板进行锚杆支护时，除了在底板进行垂直方向的锚杆（索）支护，底角锚杆（索）同样非常重要，底角锚固孔一般与水平方向呈锐角。通过建立钻孔与水平方向夹角 β 呈 30°、60°、90°时的排渣数值模型，分析钻孔倾角对钻渣分布特征的影响。不同倾角时钻渣沿钻杆轴向速度曲线如图 4-22 所示。

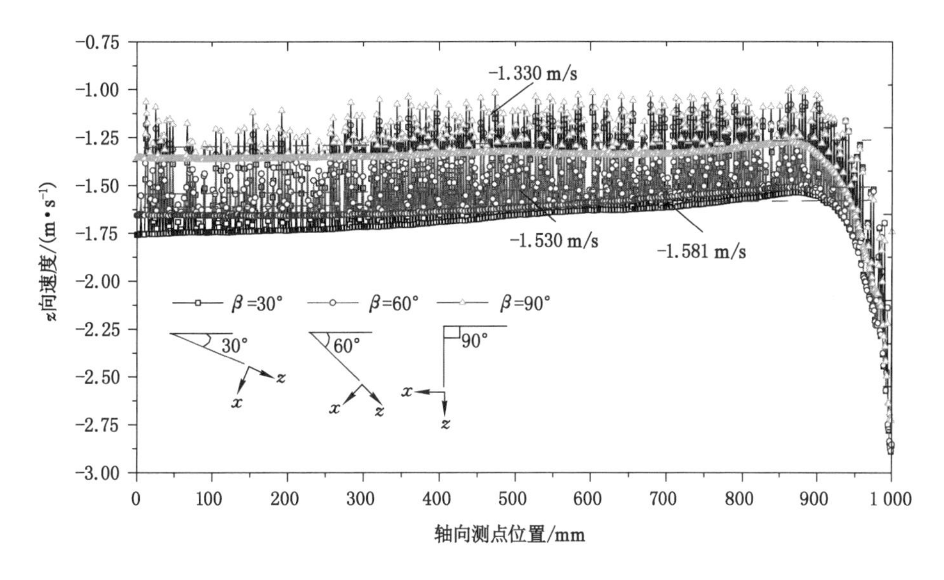

图 4-22　不同钻孔倾角时钻渣 z 向上返速度曲线

由图 4-22 可知，随着钻孔倾角的增加，钻渣上返速度也随之增加，钻孔与水平呈 30°、60°、90°时钻渣平均速度分别为－1.330 m/s、－1.530 m/s、－1.581 m/s，且钻孔具有一定倾角时，钻渣出现一定距离的加速运动。这是由于在倾斜状态下，钻渣重力会出现沿 x 轴正向重力分量，从而导致 z 轴正向速度分量减少，使钻渣原本处于受力平衡的状态被打破，开始出现一定距离的加速运动，沿 z 轴正向绕流阻力随之增加，合力再次为 0，钻渣再次开始类匀速运动状态。由于钻渣出现沿 x 轴正向重力分量，其运动轨迹可能会出现偏移，也可能造成钻渣在孔壁的局部堆积，导致排渣通道堵塞。不同钻孔倾角时钻渣运动矢量及体积分数云图如图 4-23 所示。

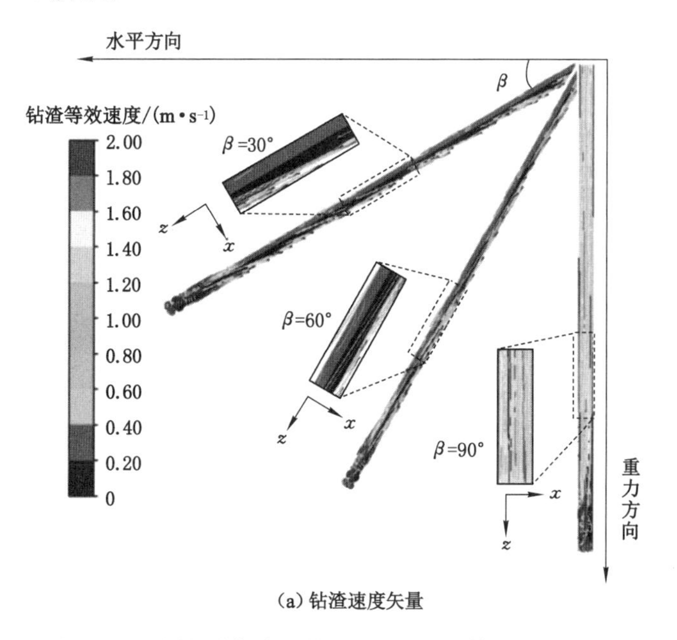

(a) 钻渣速度矢量

图 4-23　不同钻孔倾角时钻渣速度矢量及体积分数云图

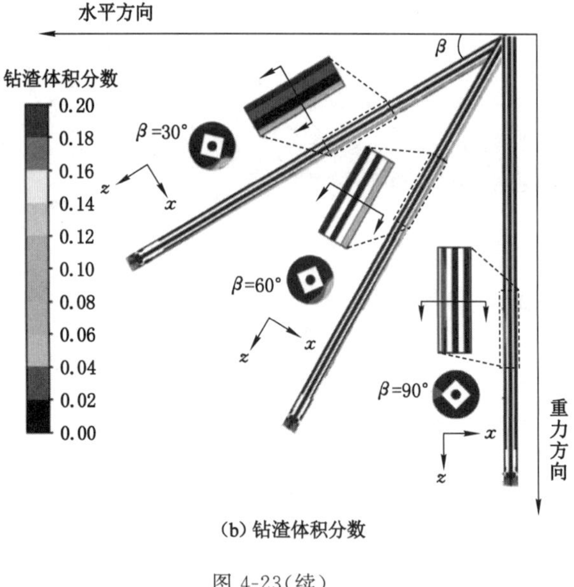

(b) 钻渣体积分数

图 4-23(续)

如图 4-23(a)所示,当钻孔与水平方向出现一定倾角时,受钻渣沿 x 轴正向的重力分量的影响,钻渣的运移路径向 x 轴正向出现明显的偏转,且钻渣与水平夹角越小,路径偏转程度越大。当钻孔倾角为 30°时,绝大部分钻渣都向下半侧钻孔移动,几乎没有钻渣进入上半侧钻孔;当钻孔倾角为 60°时,进入上半侧钻孔钻渣量有所增加,但大部分钻渣仍向下半侧钻孔移动;当钻孔倾角为 90°时,钻渣运移路径变得均匀,充满整个钻孔。如图 4-23(b)所示,钻渣运移路径的偏转导致钻渣在下半侧孔壁处聚集,且距离孔口越近,钻渣在下半侧孔壁的体积分数越大;此外,随着钻孔倾角的减小,钻渣于下半侧孔壁的聚集程度也越高。

不同倾角时钻渣轴向体积分数曲线如图 4-24 所示。如图 4-23 所示,随着钻孔倾角的降低,钻渣运移轨迹的偏转,钻渣沿杆轴向的体积分数也变得极为不均匀,并逐渐在距孔口 400 mm 的下半侧孔壁产生堆积,而且钻孔倾角越小,越接近水平孔,钻孔深度越大,附着于孔壁的钻渣量越多,当钻孔倾角为 30°时,孔口 400 mm 范围内钻渣体积分数达到了近 0.11,平均体积分数也达到了 0.073。相比之下,垂直钻孔时,钻渣整体分布较均匀,未出现明显集聚现象。

综合所述,在钻打巷道底角锚杆时,锚固孔倾角一般为 30°～60°,钻渣于下半侧孔壁处集聚是此类钻孔排渣过程中的主要特征。因此,应采取一定措施防止钻渣过度集聚,堵塞排渣通道,影响成孔效率。

4.3.4 钻渣粒径对排渣效果影响分析

如前所述,钻渣在上返过程中减速阶段受到的力主要有绕流阻力、浮力及自重。其加速度可表示为:

$$a_{\mathrm{fd}} = \frac{F_1 + G - F_{\mathrm{f}}}{m_{\mathrm{f}}} \tag{4-27}$$

式中 a_{d}——钻渣减速阶段加速度;

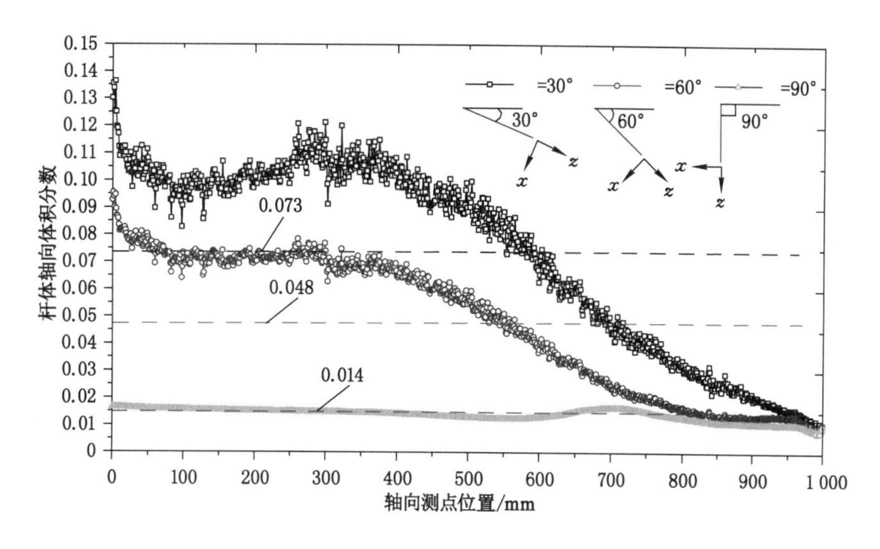

图 4-24　不同钻孔倾角时沿杆体轴向体积分数

F_1——钻渣受上方水流绕流阻力，$F_1=\dfrac{1}{2}\pi r_f^2\rho C_d\Delta v^2$，$r_f$ 为钻渣半径，ρ 为水流密度，C_d 为钻渣阻力系数、常数，Δv 为钻渣与上返水流相对速度；

G——钻渣自重，$G=\dfrac{4}{3}\pi r_f^3\rho_f g$；

F_f——钻渣所受浮力，$F_f=\dfrac{4}{3}\pi r_f^3\rho g$；

m_f——钻渣质量，$m_f=\dfrac{4}{3}\pi r_f^3\rho$。

式(4-27)可进一步表示为：

$$a_{fd}=\frac{3\rho C_d\Delta v^2}{8r_f\rho_f}+\frac{(\rho_f-\rho)g}{\rho} \tag{4-28}$$

如式(4-28)所列，减速阶段加速度 a_{fd} 随钻渣粒径 r_f 的增大而减小，随钻渣与上部水流的相对速度 Δv^2 的增加而增加。根据正式岩石实钻试验可知，尺寸为 1～3 mm 的钻渣数量占比最大，因而通过对钻渣直径分别为 1 mm、2 mm、3 mm 时钻渣的运移特征进行模拟，分析钻渣粒径对排渣效果的影响。不同粒径钻渣 z 向上返速速曲线如图 4-25 所示。

由图 4-25 可知，不同钻渣粒径时，z 向上返速度的曲线形态存在一定差别，粒径为 1～3 mm 钻渣平均 z 向上返速度值分别为 −1.330 m/s、−1.240 m/s、−1.160 m/s，即随着钻渣粒径的增加，钻渣平均上返速度呈降低趋势。因此，排渣过程中不同粒径钻渣随上返液排出顺序会有所差别，高速度小粒径钻渣优先排出，低速大粒径钻渣滞后排出。不同粒径钻渣在上返过程中，其减速运动阶段长度也有所区别，阶段长度分别为 242 mm、174 mm、122 mm，随钻渣粒径的增大，加速度随之减小。由于钻渣速度不断降低，与上部水流的相对速度 Δv 也不断降低，同样会导致加速度不断降低，曲线斜率也不断变小，以上结论均与式(2-28)分析结果一致。此外，3 种粒径钻渣起始上返速度有所不同，起始速度值分别为 −2.763 m/s、−2.569 m/s、−2.461 m/s。由此可见，钻渣起始上返速度随着钻渣粒径的增大而降低。由能量守恒定理可知，孔底钻进液冲刷能量以及上返水流能

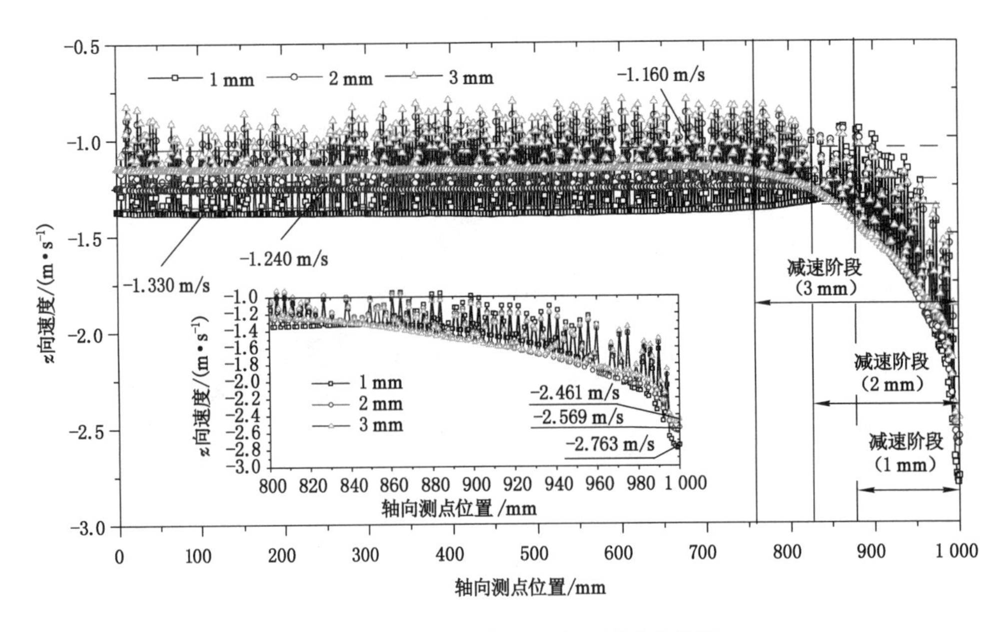

图 4-25 不同粒径钻渣 z 向上返速度曲线

量均为定值,转换为钻渣的动能也为定值,钻渣质量越大,上返速度越低。不同粒径钻渣沿杆体轴向体积分数如图 4-26 所示。

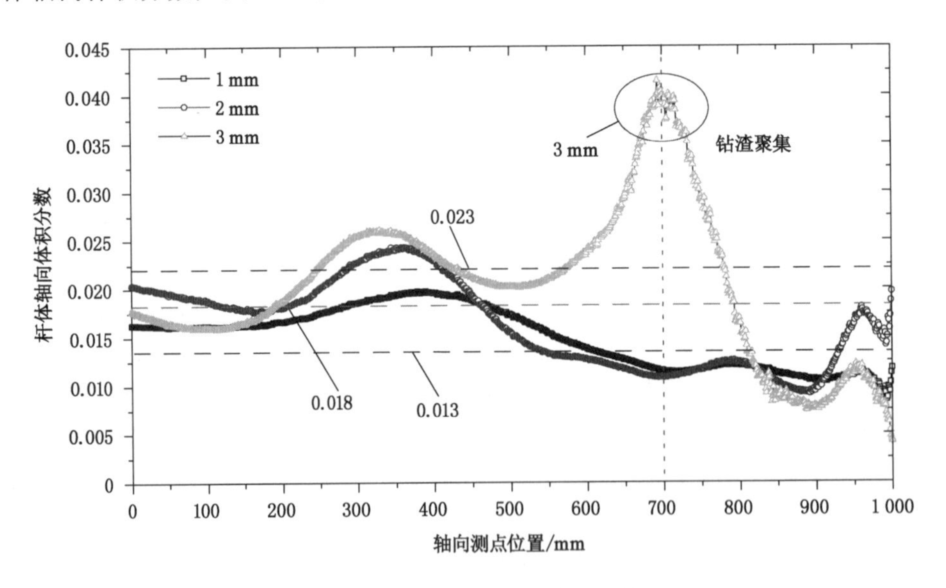

图 4-26 不同粒径钻渣体积分数

由图 4-26 可知,不同粒径钻渣在钻进液中的体积分数有较大的区别,3 种粒径条件下,钻渣平均体积分数分别为 0.013、0.018、0.023。由此可见,钻渣粒径越大,在排渣通道内钻渣的体积分数也越大,钻渣越不易排出,这也与图 4-25 中的速度分析互相印证。此外,粒径为3 mm 钻渣体积分数曲线分布较不规则,在轴向测点 700 mm 的位置,钻渣体积分数骤增至 0.042 5,表明此处钻渣出现了聚集,而粒径为 2 mm 及 1 mm 钻渣的聚集现象并不明显。

综上所述,钻渣粒径对底板锚固孔的排渣效果具有一定影响,钻渣上返速度随着粒径的增大而降低,钻渣粒径越大,于排渣通道内体积分数越大,越易出现钻渣聚集,堵塞排渣通道,排渣效率也越低。因此,通过一定手段降低破岩过程中产生的钻渣粒径,对钻渣排出效率的提高有重要作用。

4.3.5　进液压力对排渣效果影响分析

根据式(4-18),孔深一定时,增大钻进液压力 p_1 可以提高钻渣上返速度,为此,分别对进液压力 p_1 为 2.0 MPa、3.0 MPa、4.0 MPa 时的排渣过程进行分析,得到了孔深为 8 m 时钻渣 z 向上返速度,如图 4-27 所示。

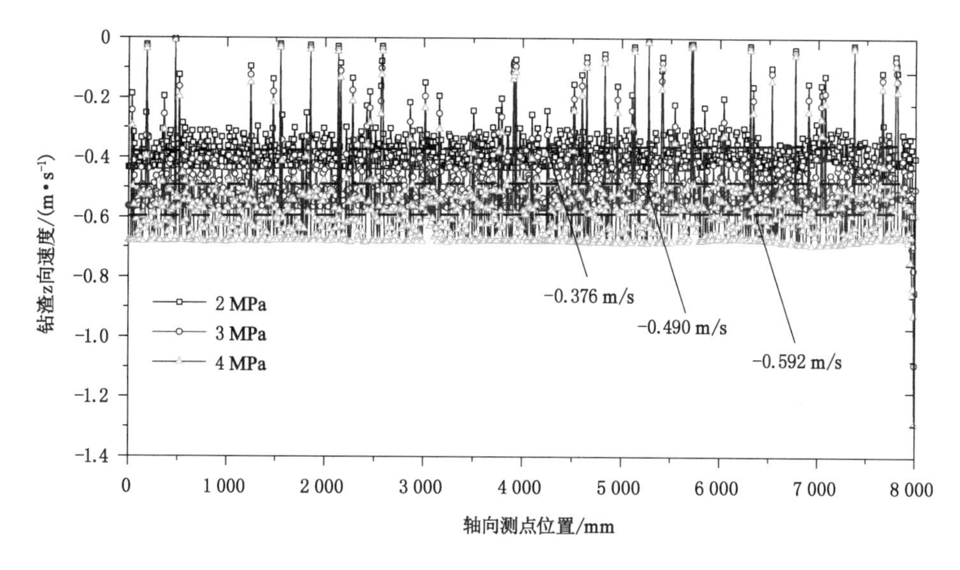

图 4-27　不同进液压力时钻渣 z 向上返速度

由图 4-27 可知,由不同进液压力时速度曲线可知,随着进液压力的增加,钻渣 z 向上返速度也随之增加,进液压力为 2 MPa、3 MPa、4 MPa 时对应的上返速度分别为−0.376 m/s、−0.490 m/s、−0.592 m/s,进液压力每增长 1 MPa,上返速度的增幅也大致相同,两次对应的增幅分别为 0.114 m/s 与 0.102 m/s。不同进液压力时钻渣于环形通路沿杆体轴向体积分数如图 4-28 所示。

由图 4-28 可知,随着进液压力的增加,钻渣于环形通路内沿杆体轴向的体积分数逐渐减小,这是由于进液压力增加提高了钻渣的上返速度,使单位时间内钻渣排出量增加,导致钻渣体积分数减小。从图中可以看出,随着进液压力的增加,钻渣体积分数减小幅度并不相同,进液压力每增加 1 MPa,体积分数分别减小 0.012 与 0.026。由此可见,在钻进深度较大(6～8 m)的锚固孔时,为保证排渣效果,进液压力应不小于 2 MPa。

4.3.6　钻杆转速对排渣效果影响分析

如前所述,钻孔倾角会使部分钻渣向孔壁方向聚集,容易造成排渣通道堵塞,因而需采取一定措施清除附着于孔壁的钻渣。由 4.3.5 节可知,增加进液压力可以增加上返液对钻渣的轴向推进力,有助于渣体的排出。此外,可通过改变钻杆转速给钻渣提供切向力,使钻

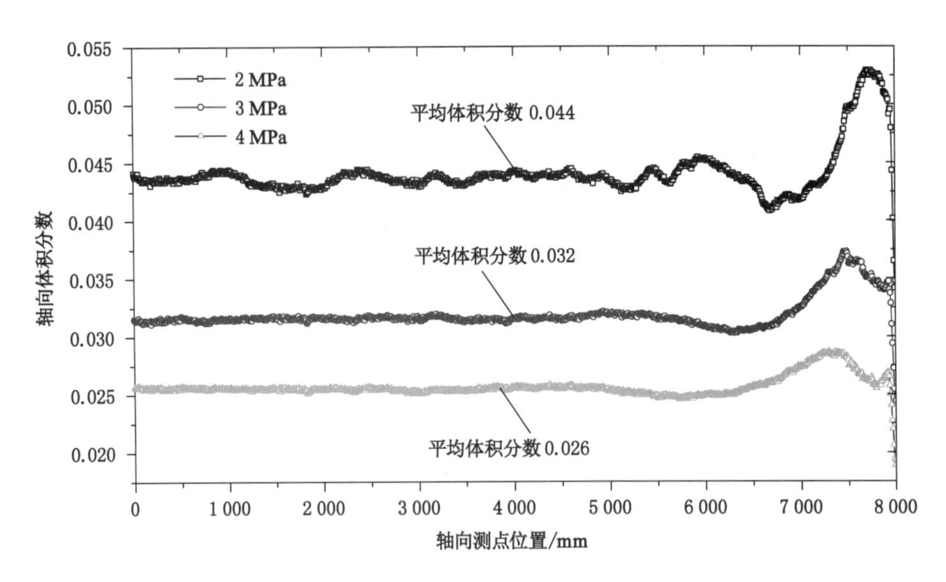

图 4-28　不同进液压力时杆体轴向体积分数

渣脱离孔壁，回归至环形通路中部，随上返液排出孔外。为此，可对钻孔倾角为 30°以及钻杆转速为 100 r/min、500 r/min、700 r/min、900 r/min 时的排渣过程进行模拟，分析钻杆转速对排渣效果的影响。不同转速时，分别位于 100 mm、300 mm、500 mm、700 mm、900 mm 过流断面钻渣体积分数云图如图 4-29 所示。

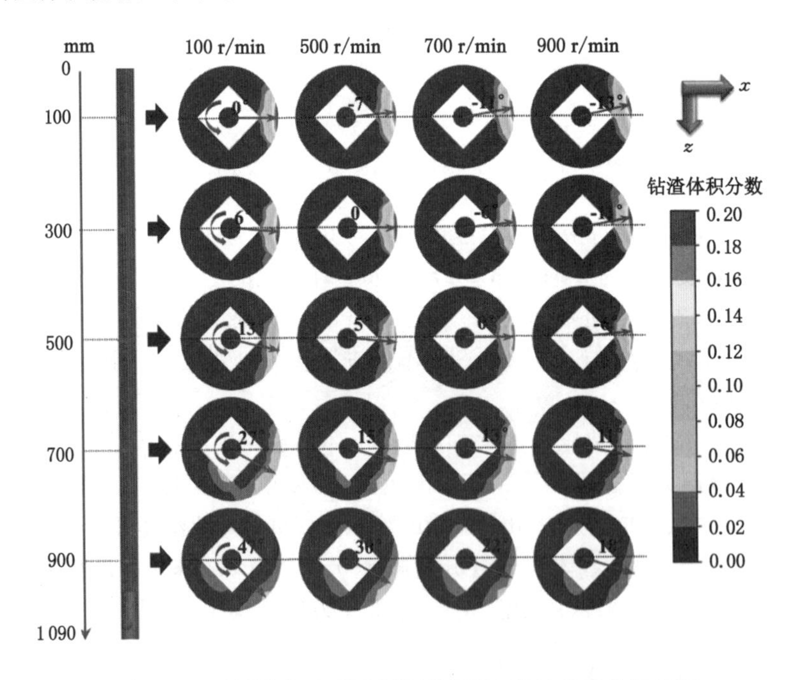

图 4-29　不同转速时不同位置过流断面钻渣体积分数云图

由图 4-29 可知，当钻孔倾角为 30°时，钻渣受到 x 正向重力分量影响，会在下向孔壁一侧（图中为 x 方向右侧孔壁）聚集，且钻渣聚集状态明显受到钻杆旋转的影响。以转速为

100 r/min为例，如4.3.3节所述，距离孔口越远，钻渣于下半侧孔壁的的体积分数越低，距孔口900 mm位置，约为钻渣初始聚集位置，其聚集角u(倾斜钻孔条件下，下向孔壁一侧钻渣体积分数最高区域中心与钻孔轴心连线与x轴正向夹角)为47°，随着钻渣的继续上升，钻渣继续向x轴正向移动，此时钻杆旋转有助于钻杆的横向运动，钻渣的聚集中心也逐渐向x轴正向移动，在聚集角由47°逐渐降至100 mm位置的0°，钻渣聚集中心到达x轴边缘即最下部孔壁。钻渣转速为500 r/min时，由下至上不同位置聚集角分别为30°、15°、5°、0°、−7°，转速为700 r/min时，由下至上不同位置聚集角分别为22°、13°、0°、−6°、−11°，转速增至900 r/min时，由下至上不同位置聚集角分别为18°、11°、−6°、−11°、−13°。因此可见，随着钻杆转速的增加，同一位置处的钻渣聚集角逐渐降低，即钻渣沿x轴正向的运动受钻杆转速的影响愈加明显，特别是在300～100 mm位置，钻渣移动至最下部孔壁后，较高转速下的钻杆继续推动钻渣克服x轴正向重力分量继续向上部孔壁移动，导致钻渣聚集角为负值。以上分析表明，倾斜钻孔条件下增加钻杆转速有助于分散钻渣于下部孔壁在轴向方向的聚集程度，防止钻渣在同一位置处过度集中而堵塞钻孔。为进一步分析，在孔壁边缘设置一条沿杆体轴向的测线，端点坐标为(16,0,0)与(16,0,1 000)，得到了不同转速条件下，测线各测点处钻渣体积分数曲线，如图4-30所示。

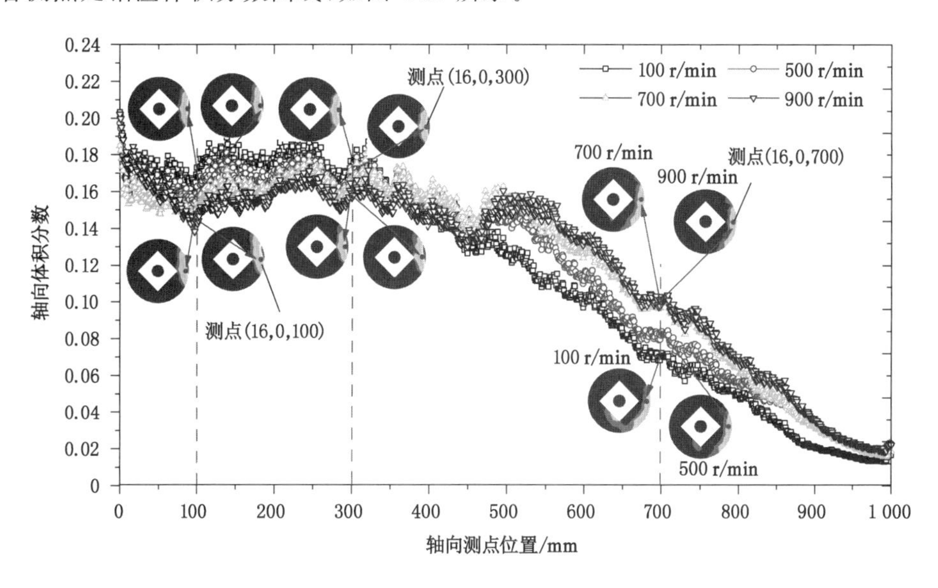

图4-30　不同转速条件下各测点处钻渣体积分数曲线

由图4-30可知，整体上钻渣沿钻杆轴向体积分数分布规律基本一致，均在钻孔上半部分出现不同程度的钻渣积累。可以看出，在下半部分钻孔(500～1 000 mm)范围内，测线测得的体积分数按照由大到小顺序依次为900 r/min、700 r/min、500 r/min、100 r/min，这是由于测线穿过各过流断面处钻渣聚集程度不同造成的。以z=700 mm为例，当转速为900 r/min时，聚集角最小，导致测线在此处穿过钻渣体积分数较大区域。其他转速条件下，体积分数大的区域尚未旋转至与测线相交，导致该处测得体积分数较小。随着钻渣不断上升，在钻杆转动影响下，钻渣聚集区域逐渐沿下部孔壁旋转。在z=300 mm、转速为900 r/min条件下，钻渣聚集角不断减小，钻渣聚集区域未与测线相交，随着钻杆转速逐渐降低，钻渣聚集角减小速度减缓,聚集区域移动幅度下降,导致测得钻渣体积分数随着转速的降低逐渐增大。同理,z=300 mm、转速为 100 r/min 条件下,钻渣聚集区恰好旋转至测线位置,导致此处测得体积分数最大;当转速为 900 r/min 时,钻渣聚集区域已经越过孔壁最下部并继续向上移动,由于测线穿过区域钻渣浓度较低,因而测得的体积分数也最小。以上分析表明,在倾斜钻孔条件下,钻杆转动可使钻渣聚集区域沿下部孔壁发生一定程度偏转,偏转程度受钻杆转速影响。提高钻杆转速,可提高钻渣聚集区域偏转速度,避免钻渣沿下部孔壁形成带状聚集,使钻渣聚集区沿钻孔轴向方向偏转,这样有利于降低上返液的能量损失。

4.4 本章结论

本章节利用流体力学相关理论比较了底板锚固孔正循环排渣及泵吸反循环排渣钻渣上返速度,确定了合理的排渣方式;同时,采用 FLUENT 数值模拟方法分析了排渣过程中钻渣的运移规律以及钻杆截面形状、钻孔深度、钻孔倾角等参数对排渣效果的影响。具体结论如下:

(1) 在锚固孔深度及倾角一定时,配合泵送条件下的正循环排渣较泵吸反循环钻渣上返速度更高,具有更高的排渣效率,且更易实现小孔径锚固孔的施工。

(2) 钻头周边钻渣的运移过程较为复杂,靠近钻孔中部区域的钻渣会发生上下螺旋式往复运动,周边区域钻渣则直接向上运动,而且钻头的高速旋转对钻渣运移不会产生明显影响。此外,现有两翼式钻头结构均存在一定钻渣集中区域,这些区域的存在会对钻渣造成一定能量损失,影响排渣效果。

(3) 钻渣生成后,在绕流阻力、浮力及自重作用下先进行减速运动,进入钻杆与孔壁的环形通路后又呈现出类匀速向上的运动状态。

(4) 钻杆截面形状对排渣效果具有显著影响,四棱钻杆在排渣过程中表现出较好的工作性能,钻渣 z 向上返速度最大,且钻渣于环形通路中体积分数最低,排渣效果较好。

(5) 孔深的增加会降低钻渣上返速度,不利于钻渣的排出,且钻孔存在一定倾角时,钻渣会在下半侧孔壁处集聚,应采取一定措施防止钻渣过度集聚,堵塞排渣通道,影响成孔效率。

(6) 钻渣粒径对底板锚固孔的排渣效果具有一定影响,钻渣上返速度随着粒径的增加而降低,钻渣粒径越大,在排渣通道内体积分数越大,越易出现钻渣聚集,堵塞排渣通道,排渣效率也越低。

(7) 进液压力以及钻渣转速对排渣效果具有显著影响。提高进液压力可以明显增加钻渣上返速度,提高排渣效率。在钻孔存在一定倾角时,提高钻杆转速,可提高钻渣聚集区域偏转速度,避免钻渣沿下部孔壁形成带状聚集,使钻渣聚集区沿钻孔轴向方向偏转,更有利于降低上返液的能量损失。

本章研究结论可为后续章节钻具优化以及底板锚固孔排渣过程中排渣动力参数调节(进液压力、钻机转速)提供重要理论依据。

第 5 章　煤矿巷道底板锚固孔高效排渣钻具优化设计

通过底板锚固孔钻进过程的理论分析并进行正式底板岩石实钻试验，明晰了钻进过程中不同尺寸钻渣的生成机理及尺寸分布特征，阐明了底板锚固孔破岩过程为底板岩石的分区域破坏过程，钻头刀片结构参数对钻渣产生尺寸具有显著影响。第 4 章中钻渣运移规律研究结果表明，除提高进液压力以及调整钻杆转速，改善钻杆结构可明显提升排渣效率。基于前期研究成果，本章节设计研发了适用于底板锚固孔钻进的高效排渣钻具。

5.1　底板小孔径锚固孔高效破岩钻头设计

5.1.1　高效破岩钻头结构优化依据

根据目前现有常用锚杆(索)断面尺寸，为了满足锚杆支护“三径匹配”原则，理想条件下锚杆(索)成孔直径应不超过 32 mm。因此，小孔径锚固孔是保证底板锚杆(索)良好锚固效果的前提，考虑到排渣通道尺寸不应过小，确定钻头直径为 32 mm。

(1) 根据已有研究成果，结合现场中存在的问题，现有 PDC 两翼式钻头在底板锚固孔破岩及排渣过程中存在以下不足之处：

① 破岩效率有待进一步提升。由于市场金刚石刀片尺寸规格所限，对于 ϕ32 的 PDC 两翼式钻头，钻头直径的增加主要通过加大两刀片间距来实现。研究表明，钻头刀片间距增加会增大中部区域岩柱尺寸，特别是岩石强度较高时，通过钻头刀片侧表面提供剪力或钻头中心通水孔所在平面将其压坏，会极大降低破岩效率。

② 大尺寸钻渣生成比例较高。由于 PDC 两翼式钻头破岩过程分为锚固孔周边岩石切削破碎生成小粒径钻渣以及中部区域岩柱扭转(受压)破坏生成大粒径钻渣两部分，中心岩柱破断产生的较大尺寸钻渣占所产钻渣较大部分比例。据统计，初次与正式的两次的岩石实钻试验中各钻孔等效直径大于 2.5 mm 钻渣数量平均占比达到了近 20%。根据前述研究结论，大尺寸钻渣会在排渣通道中形成局部聚集，可能会堵塞排渣通道，小尺寸钻渣排渣效率要高于大尺寸钻渣。因此，减小破岩过程中钻渣尺寸可从根本上提高排渣效率。

③ 排渣过程中钻头结构导致局部能量损失。在正循环排渣过程中，现有两翼式钻头结构均存在一定钻渣集中区域(图 4-5)，这些区域的存在会造成钻渣的能量损失，不利于钻渣的排出。

④ 现有 PDC 两翼式钻头钻进液出口一般位于钻头底部中心位置，与钻进方向一致。由于中心位置钻头旋转产生的离心力基本为 0，因而极易造成渣体堵塞，不易清理。

(2) 基于上述不足之处，提出以下钻头结构优化对策：

① 增加有效刀片宽度，改善现有两翼式钻头切削部位结构。改变钻头切削部位结构实现孔底岩石完全在切削状态下破坏，即消除钻进过程中的孔底中心岩柱。通过增加中心辅助破碎结构可对初始生成的孔底中心岩柱进行切削，即增大有效刀片宽度，改变中心岩柱破坏模式，提高破岩效率，有效减小钻渣生成尺寸。

② 优化钻头整体结构，对钻头整体结构进行优化，避免排渣过程中因钻头结构导致局部钻渣聚集影响排渣效果，最大限度地保证排渣顺利进行。

③ 调整钻进液出口位置，充分利用钻头旋转产生的离心力进行排渣，根本上消除钻渣堵塞出口的风险。

5.1.2 高效破岩钻头结构设计

根据现有不足之处，结合相关标准，设计了一种高效破岩钻头，如图 5-1 所示。

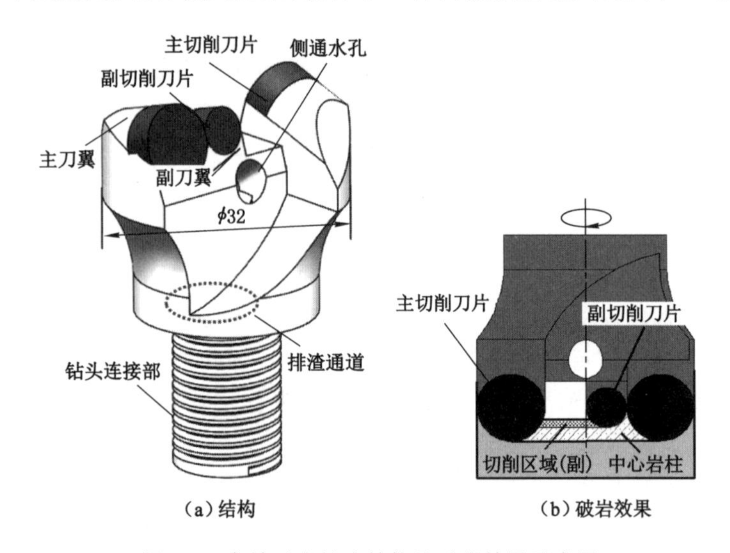

图 5-1　高效破岩钻头结构及破岩效果示意图

高效破岩钻头包括主切削刀片、副切削刀片、主刀翼、副刀翼、侧通水孔、钻头连接部。高效破岩钻头为三刀片结构，包括两片主切削刀片和一片副切削刀片，分别焊接在主副刀翼上。主刀片与副刀片均为全片式结构并排布置，且均与钻头轴线呈 17°夹角(与市场现有 PDC 两翼式钻头刀片倾角一致)，材质均为高强度复合金刚石，主副切削刀片直径分别为 10 mm 以及 6 mm。两主刀翼呈中心对称布置，其旋转直径为 32 mm，主切削刀片较副切削刀片高出一定距离，其目的是孔底外围岩石被主切削刀片切削一定深度后孔底中心岩柱初步形成一定高度。此时，副切削刀片开始对中心岩柱进行切削，岩柱外围岩石的消除，可以降低副切削刀片的切削阻力，有利于提高破岩效率，降低刀片磨损。钻头三刀片结构的切削范围包括了锚固孔孔底绝大部分岩石，使主副刀片共同对底板岩石进行切削，可有效将孔底中心岩柱的破坏形式由扭转(受压)破坏转变为切削破坏，从根本上降低产出钻渣尺寸。

钻进液出口设在了钻头下部侧表面，偏离钻头轴心近 6 mm，此位置不易受到上返钻渣的干扰堵塞出口，而且一旦形成堵塞，钻头高速旋转产生的离心力也可将钻渣甩出，从而可保证排渣的顺利进行。此外，将两侧通水孔与中心轴线夹角设计为 55°，该角度可保证钻进液恰好入射至主切削刀片的破岩区域，相对于普通钻头中心通水孔又可起到更好地冲刷及降温作用。

市场现有两翼式钻头下部圆周直径小于钻头连接件直径，这样连接件突出部分会阻碍钻渣上升，而且现有钻头下部圆周一般设有缺口，与连接件突出部分形成类似“窝”结构，该结构是钻渣上升过程的主要聚集区域[图 5-2(a)和图 5-2(b)]。设计钻头在下部圆周并未设置缺口，钻渣可沿排渣通道向上运动，同时圆周直径与钻头连接件一致，避免钻渣在钻头与连接件处形成聚集区域[图 5-2(c)和图 5-2(d)]。

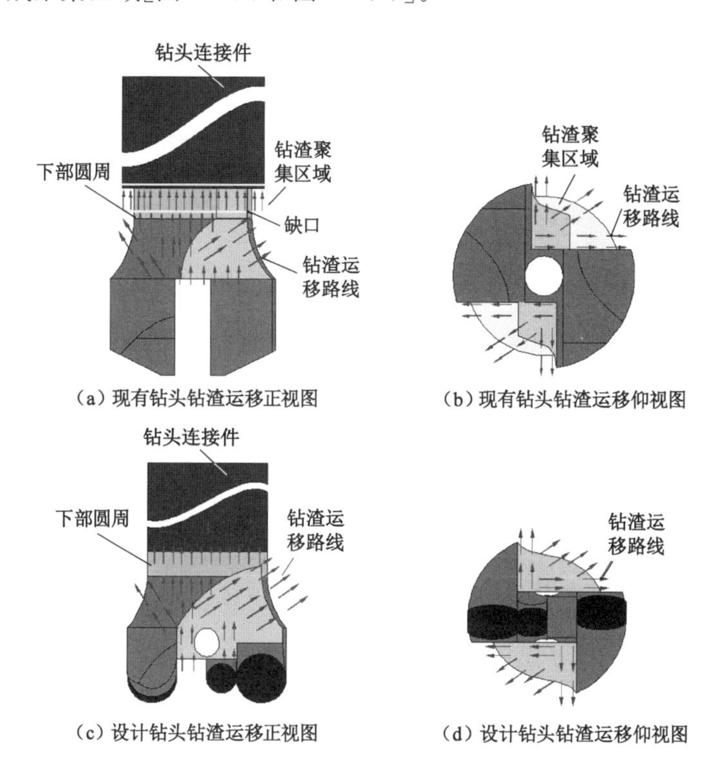

图 5-2　钻头附近钻渣运移路线示意图(现有钻头与设计钻头)

5.1.3　钻头周边钻渣分布特征对比分析

由图 5-2(a)可知，现有钻头因结构的限制，会导致周边钻渣形成局部聚集，在一定程度上将影响排渣效果。为此，通过建立只含钻头部分的 FLUENT 排渣模型，进一步对比设计钻头与普通钻头孔底钻渣的分布特征，高效破岩钻头排渣数值模型如图 5-3 所示。

由图 5-3 可知，模型 z 向长度为 90 mm，钻孔底部设置长度为 20 mm 的产渣区域，锚固孔直径设为 34 mm，钻头连接件直径为 24 mm。高效排渣钻头钻进液入口直径 7 mm，侧通水孔直径 5 mm。为了简化模型，连接件中孔直径与钻头进液入口直径相同，但不会影响对比结果。将钻头尾部中心孔作为钻进液入口，边界条件设置为压力入口边界，压力 p_1 设置为 2 MPa，同时将钻头连接件与孔壁之间的环形通路设置为压力出口边界(标准大气压)，即上返液携带钻渣于此处排出。钻进液及上返液设置为流体域，连接件、钻头、锚固孔孔壁

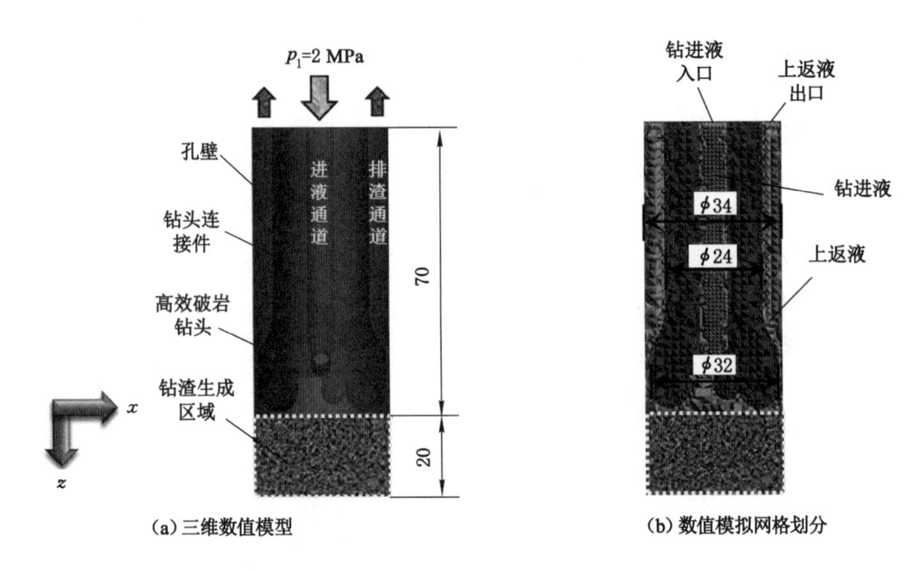

(a) 三维数值模型　　(b) 数值模拟网格划分

图 5-3　高效破岩钻头排渣数值模型(单位:mm)

及孔底均设置为 Wall,采用多重参考系模型(multiple reference frame mode,MRF)稳态锚固剂搅拌流场进行求解。钻头转速为 500 r/min,计算模型选用欧拉多相流模型,钻进液材料的密度为 1 000 kg/m³,动力黏度为 0.001 Pa·s)。以 z 向为锚固孔轴向方向,设置重力加速度为 9.81 m/s²,运算步长均设置为 2 000 步。泥岩钻渣颗粒以 20 g/s 的速度生成,密度为 2 509 kg/m³。为简化计算,只设置粒径为 1 mm 钻渣颗粒,体积分数设置为 0.2。普通钻头数值模型在边界条件、钻渣生成参数等方面与高效破岩钻头相同,不再赘述。普通钻头与高效破岩钻头在排渣过程中,周边钻渣体积分数及钻头所受剪力如图 5-4 所示。

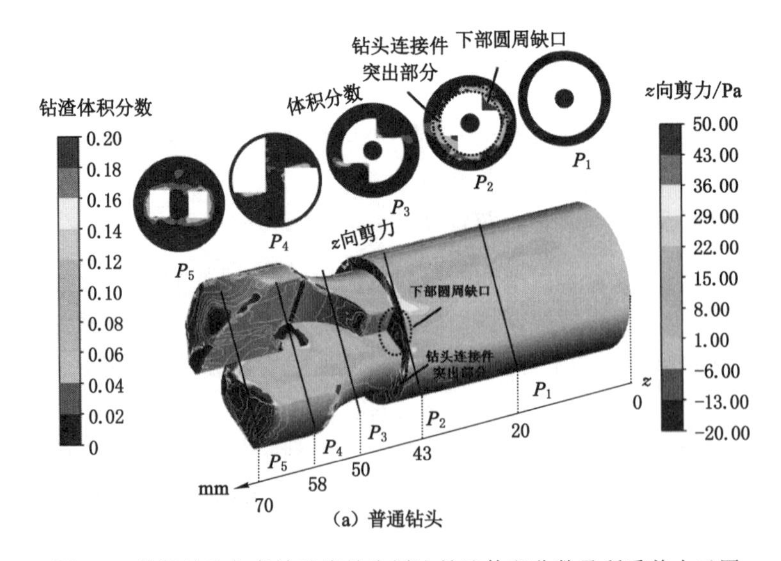

(a) 普通钻头

图 5-4　普通钻头与高效破岩钻头周边钻渣体积分数及所受剪力云图

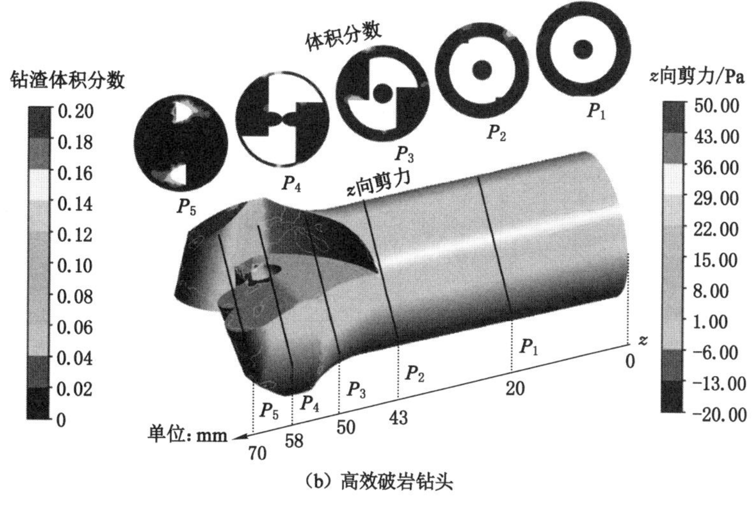

(b) 高效破岩钻头

图 5-4(续)

由图 5-4(a)可知，通过提取钻头关键结构位置(z＝20 mm、43 mm、50 mm、58 mm、70 mm)过流断面体积分数云图，分析钻头结构对排渣过程中钻渣分布效果的影响。由图 5-4(a)中P_1截面(z＝20 mm)可知，钻杆连接件范围内(0～43 mm)钻渣排出基本正常，未出现明显钻渣集中现象，此时钻头连接件所受钻渣的剪力基本为 0。在 P_2 截面(z＝43 mm)，钻渣体积分数出现了局部升高，该截面为钻头下部圆周与钻头连接件交界位置，钻渣主要集中于下部圆周切口以及连接件突出部分，说明这些结构阻碍了钻渣的排出，形成了局部聚集。由钻头剪力云图也可得到验证，在对应位置，由于钻渣聚集造成这些部位所受剪力增加。P_3～P_5 截面体现了钻头的主要结构，由于空间较宽阔，钻渣只在刀翼位置出现集中，这是钻头快速旋转造成的。通过分析剪力云图可知，中心孔喷出的钻进液不断进行上下螺旋往复运动，向上运动过程中对钻头刀翼以及中心孔区域形成了强烈冲击，钻头承受剪力急剧增大。由图 5-4(b)可知，在 P_1 截面处(z＝20 mm)，钻渣分布情况与普通钻头相同，钻渣排出基本正常，钻头连接件所受剪力略小于普通钻头。在 P_2 截面(z＝43 mm)，即钻头连接件与下部圆周交界位置，钻渣体积分数也并未明显增加。这是由于高效破岩钻头取消了下部圆周的缺口设计，而且下部圆周与钻头连接件直径相同，避免了在交界位置形成的钻渣聚集区域，钻头受力情况来看，P_2 截面附近所受剪力基本与连接件相同，非常小。P_3～P_5 截面刀翼附近钻渣体积分数因钻头旋转有所增加，但钻头所受剪力明显低于普通钻头，说明该处受钻渣冲击程度小于普通钻头。这是由于高效破岩钻头侧通水孔结构使钻进液由与轴线呈 55°的方向喷出，钻进液冲刷位置主要集中于主切削区域，受孔底及孔壁约束，两侧上返液会直接向中部聚集向上运动，而侧通水孔开口方向与钻头刀翼垂直，在破岩过程中上返液始终不会对钻头刀翼形成强烈冲击，所以钻头刀翼所受剪力较小。

综上所述，与普通钻头相比，高效破岩钻头的结构设计使其在排渣过程无法形成钻渣聚集区域，可以减少钻渣上返过程中的能量损失，更加有利于钻渣的顺利排出。图 5-5 所示为钻头连接件周边钻渣上返速度与体积分数曲线。

由图 5-5(a)可知，高效破岩钻头与普通钻头钻渣 z 向上返速度有着明显差别，设计钻头

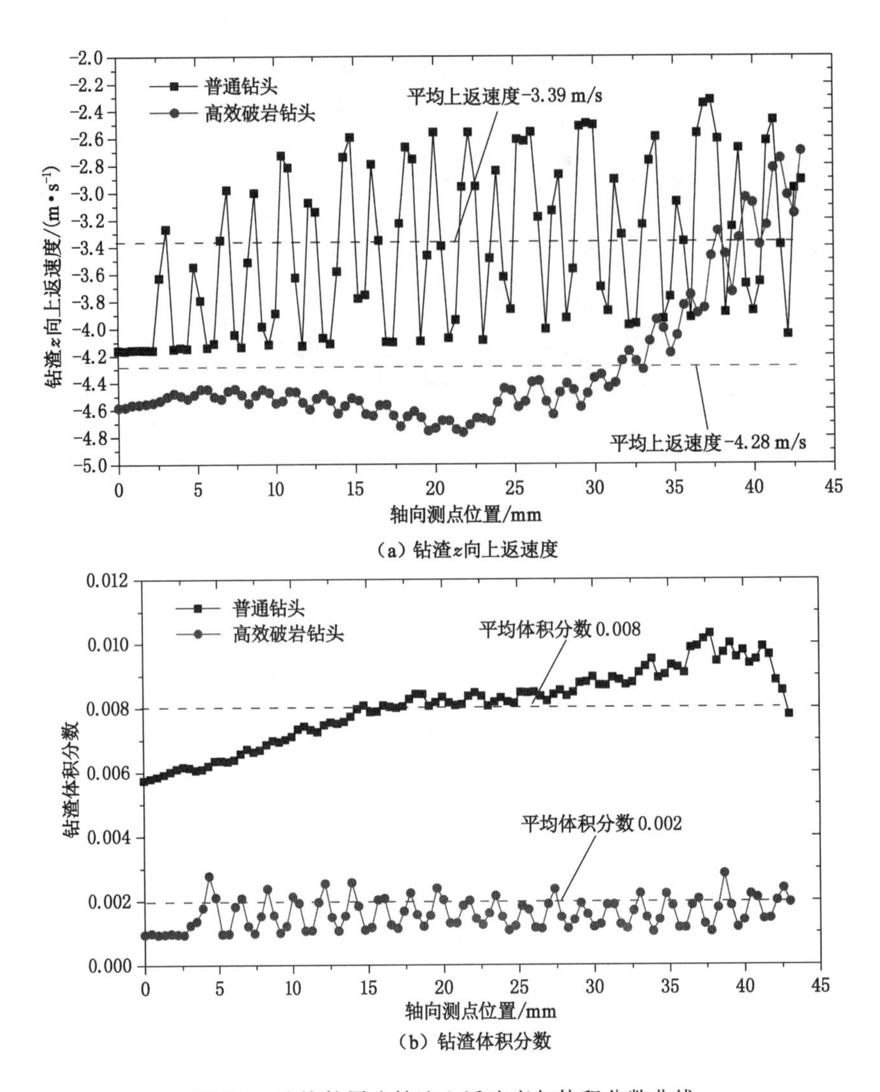

(a) 钻渣z向上返速度

(b) 钻渣体积分数

图 5-5　连接件周边钻渣上返速度与体积分数曲线

连接件周边钻渣上返速度显著高于普通钻头，两钻头平均上返速度值分别为－3.39 m/s 及－4.28 m/s。由此可见，在进液压力相同时，液渣混合流在上返过程中受到普通钻头结构较大的阻碍作用，出现较大的能量损失，导致上返速度下降幅度较大。图 5-5(b)所示为钻渣体积分数曲线，由于普通钻头钻渣上返速度的下降，因而钻渣体积分数在钻头连接件周边的浓度也高于高效破岩钻头，两者体积分数分别为 0.008 与 0.002。另外，由于数值模型整体长度较小，钻渣上返路程短，因而排渣效率会高于前述数值模型(整体长度 1 090 mm)，钻渣的体积分数也会较小。即便如此，普通钻头钻渣体积分数仍然较大，如果钻渣继续向上运动，体积分数将会不断增大。

综上所述，通过分析钻头周边钻渣运移特征，发现高效破岩钻头因其结构优势，较普通钻头更能够降低液渣混合流的能量损失，不易形成钻渣局部聚集，使钻渣具有更高的上返速度，更有利于钻渣顺利排出。

5.1.4　高效破岩钻头通水孔尺寸优化

(1) 尺寸优化依据

根据流体力学相关理论，高效破岩钻头钻进液入/出口(两侧边通水孔)尺寸对流速有着至关重要的影响[图 5-6(a)]，建立了高效破岩钻头钻进液流入至流出整个过程的能量方程，从而分析钻进液流出速度、钻进液入口截面直径、侧边通水孔截面直径之间的关系。能量守恒方程为：

$$\frac{p_{b1}}{\gamma}+Z_{b1}+\frac{\alpha_{b1}v_{b1}^2}{2g}=\frac{p_{b2}}{\gamma}+Z_{b2}+\frac{\alpha_{b2}v_{b2}^2}{2g}+\frac{p_{b3}}{\gamma}+Z_{b3}+\frac{\alpha_{b3}v_{b3}^2}{2g}+h_{bf}+h_{bm} \tag{5-1}$$

式中　p_{b1}——进液压力；

Z_{b1}——钻进液入口液面高度；

g——重力加速度；

$\alpha_{b1},\alpha_{b2},\alpha_{b3}$——动能修正系数，在实际应用中可近似为 1；

v_{b1}——钻进液入口处流速；

p_{b2},p_{b3}——侧通水孔处压强，p_{b2} 与 p_{b3} 均等于标准大气压 p_0；

Z_{b2},Z_{b3}——侧通水孔处液面高度；

v_{b2},v_{b3}——侧通水孔处流速，由于通道对称，可近似认为 $v_{b2}=v_{b3}$；

h_{bf},h_{bm}——钻进液沿程损失与局部损失。

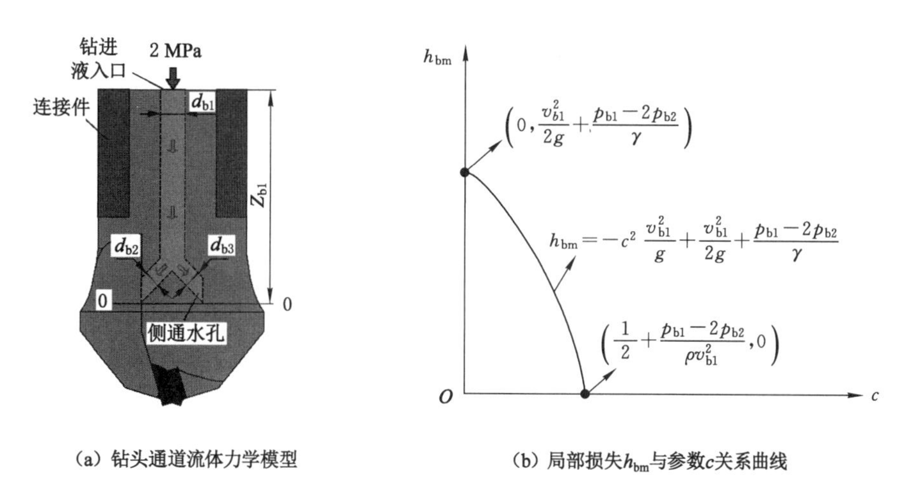

图 5-6　钻头通道流体力学模型及局部损失 h_{bm} 与参数 c 关系曲线

由不可压缩流体连续性方程可知

$$v_{b1}A_{b1}=v_{b2}A_{b2}+v_{b3}A_{b3} \tag{5-2}$$

式中　A_{b1}——钻进液入口截面积；

A_{b2},A_{b3}——两侧通水孔截面积，$A_{b2}=A_{b3}$。

令 $v_{b2}=cv_{b1}(c>0)$，由 $v_{b2}=v_{b3}$ 且 $A_{b2}=A_{b3}$，式(5-2)可进一步表示为：

$$v_{b1}d_{b1}^2=2cv_{b1}d_{b2}^2 \tag{5-3}$$

那么，侧通水孔截面直径 d_{b2} 与钻液入口截面直径 d_{b1} 关系为：

$$d_{b2}=\sqrt{\frac{1}{2c}}d_{b1} \tag{5-4}$$

由于钻进液由流入至流出路程非常小，因此沿程损失 h_{bf} 以及钻进液入口液面高度 Z_{b1} 均可忽略不计。此时，能量损失的主要来源为侧通水孔截面尺寸变化造成的局部损失，式(5-1)可表示为：

$$h_{bm}=-c^2\frac{v_{b1}^2}{g}+\frac{v_{b1}^2}{2g}+\frac{p_{b1}-2p_{b2}}{\gamma} \tag{5-5}$$

上式中除 c 外，在边界条件一定时其余量均为常量，式(5-5)可视为以 c 为自变量，局部损失 h_{bm} 为因变量的二次函数，其曲线如图 5-6(b)所示。由图可知，局部损失最小时(降低至 0)为侧通水孔最佳尺寸。此时，可计算得参数 c，则：

$$c=\frac{1}{2}+\frac{p_{b1}-2p_{b2}}{\rho v_{b1}^2} \tag{5-6}$$

由数值模拟结果可知，在理想状态下，当进液压力 $p_{b1}=2$ MPa 时，入口压力会在极短时间内将钻进液速度 v_{b1} 提升至约 40 m/s，同时压强也降低为 1.2 MPa 左右，p_{b2} 为标准大气压。根据以上数据，可求得 c 值近似为 1，则：

$$d_{b2}=\frac{\sqrt{2}}{2}d_{b1} \tag{5-7}$$

以式(5-7)为依据，可确定局部损失最小情况下高效破岩钻头进液通道尺寸与侧通水孔的尺寸组合优化方案。

(2) 通道尺寸优化

以式(5-7)为依据，结合现有钻头进液通道尺寸，确定了进液通道及侧通水孔尺寸组合方案，通过 FLUENT 数值模拟软件进一步比较。数值模拟方案如表 5-1 所列。

表 5-1　数值模拟方案

方案编号	进液通道直径 m/mm	侧通水孔直径 n/mm	方案编号	进液通道直径 m/mm	侧通水孔直径 n/mm
1	5.0	3.5	3	7.0	4.9
2	6.0	4.2	4	8.0	5.6

数值模型尺寸、边界条件等设置与 5.1.3 节中一致。不同尺寸组合方案时轴向测线测得的钻渣 z 向上返速度及体积分数曲线如图 5-7 所示。由图 5-7(a)可知，当不同通道尺寸组合时，钻渣上返速度差别较大。虽然根据式(5-7)各方案钻进液局部损失均为最低，但是进液通道尺寸对于沿程损失影响至关重要。可以看出，方案 1(m=5 mm，n=3.5 mm)以及方案 2(m=6 mm，n=4.2 mm)钻渣平均上返速度最小，各方案平均上返速度按照由大到小顺序依次为：方案 3>方案 4>方案 1>方案 2。由此可见，采用方案 2(m=7 mm，n=4.9 mm)时，钻渣 z 向上返速度最大。由图 5-7(b)可知，各方案体积分数均相对较低，该现象与钻渣排出路程长短有关，各方案平均钻渣体积分数按照由小到大顺序依次为：方案 4<方案 3<方案 2<方案 1。因此，当采用方案 3(m=7 mm，n=4.9 mm)与方案 4(m=8 mm，n=5.6 mm)时，钻渣排出效率较好。

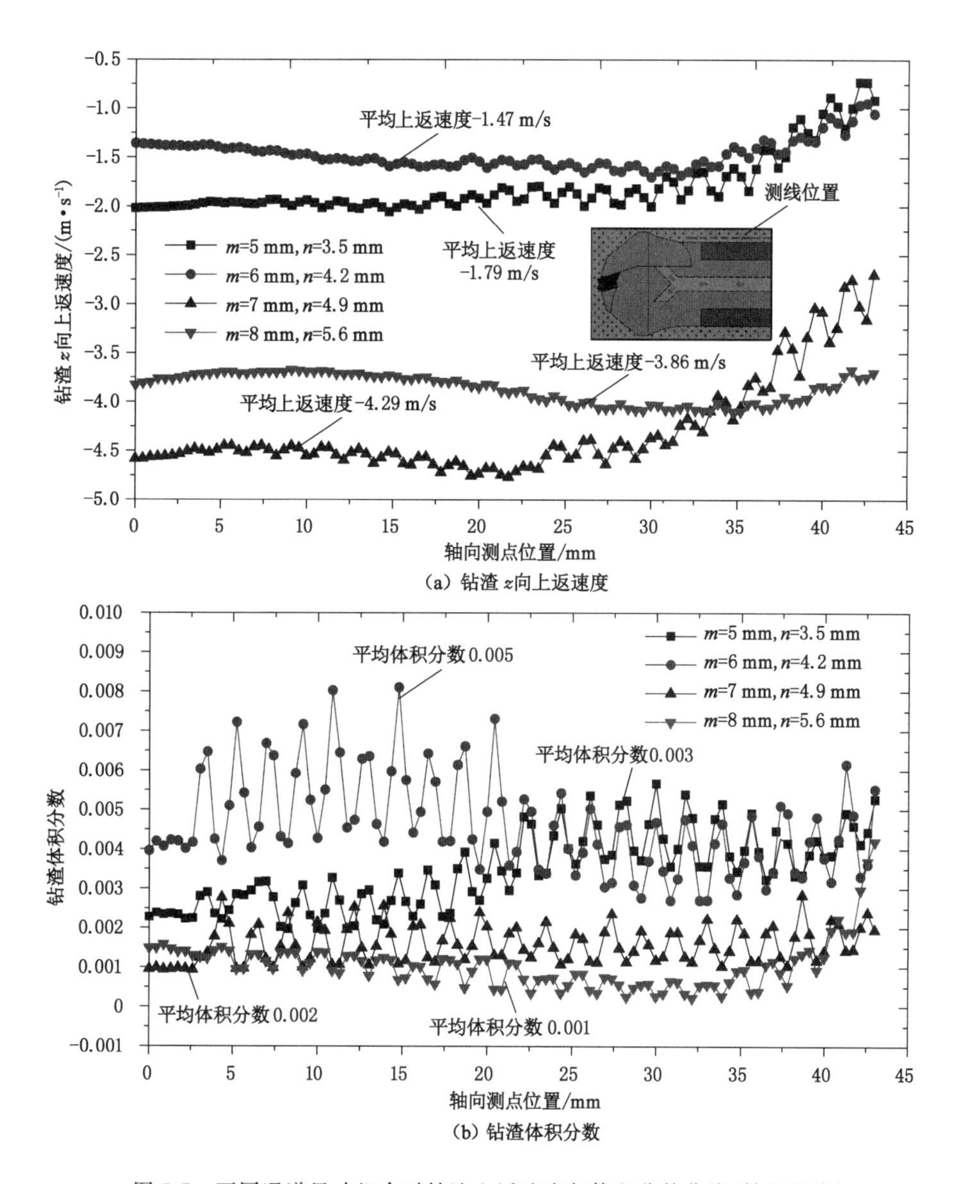

图 5-7　不同通道尺寸组合时钻渣上返速度与体积分数曲线(轴向测线)

通过在钻渣出口所在过流断面内布置一条径向测线，测得各方案钻渣在该过流断面内上返速度以及体积分数变化情况如图 5-8 所示。

由图 5-8(a)可知，过流断面内上返速度曲线形态基本一致，均在连接件与孔壁形成的环形通路中部达到最大值，各方案钻渣平均上返速度按照由大到小顺序依次为：方案 3＞方案 4＞方案 1＞方案 2。由图 5-8(b)可知，各方案钻渣平均体积分数按照由小到大顺序依次为：方案 3＜方案 4＜方案 1＜方案 2。

由以上分析可知，在方案 3(m=7 mm，n=4.9 mm)尺寸组合条件下，钻渣上返速度最大，排渣效率最高。因此，确定高效破岩钻头进液通道直径为 7 mm，侧通水孔直径为 4.9 mm。

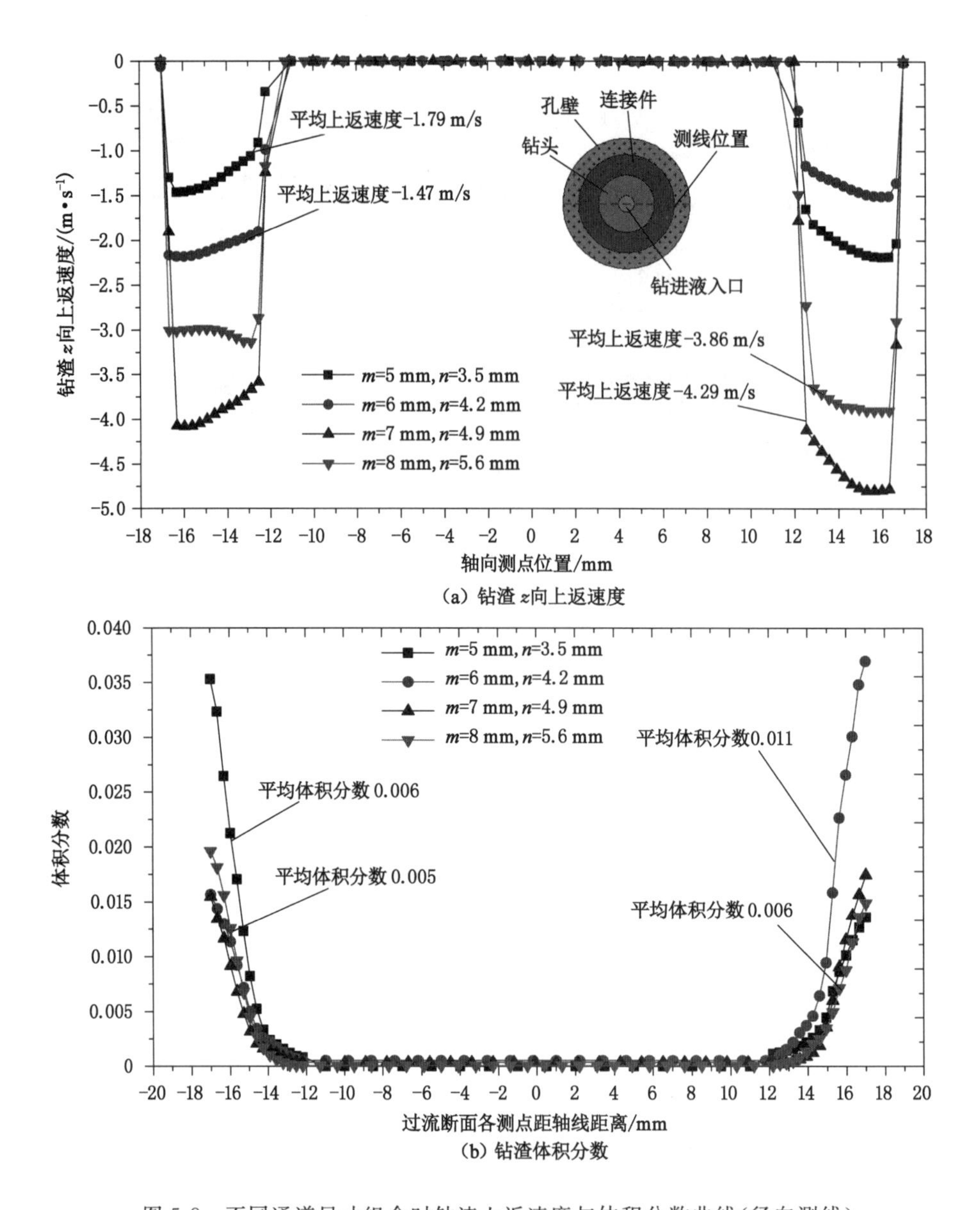

图 5-8　不同通道尺寸组合时钻渣上返速度与体积分数曲线(径向测线)

5.1.5　高效破岩钻头破岩效果试验验证

据前所述高效破岩钻头的结构设计,委托山东某公司进行了高效破岩钻头的加工。加工完成后的高效破岩钻头如图 5-9 所示。

将钻头安装于 CX-15035 钻机,在实验室对石灰岩进行了钻进试验,通过分析所产钻渣尺寸验证高效破岩钻头的破岩效果。其试验过程如图 5-10 所示。

如图 5-10 所示,试验过程中钻机动力保持恒定,转速为 1 400 r/min,钻进速度为 2 mm/s,钻进深度为 20 mm,共钻进 1#、2# 两个钻孔[图 5-10(a)]。由图 5-10(b)可以看出,两钻孔底部未见类似于图 2-5 及图 3-19 所示的明显柱状结构,而是形成圆盘状凸起结

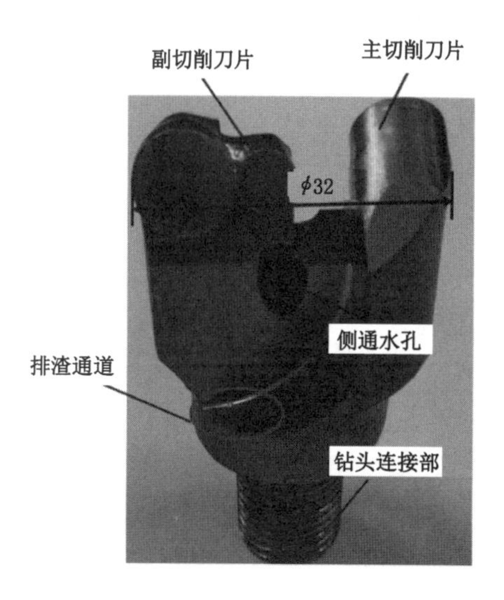

图5-9 高效破岩钻头实物图

(a) 钻进过程

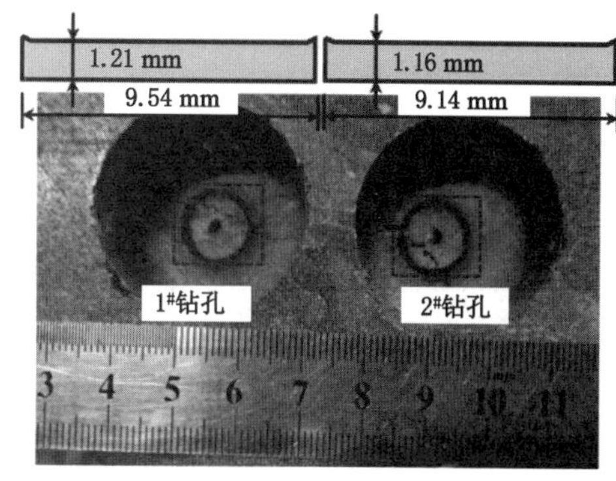

(b) 钻孔底部状态

(c) 烘干后的钻渣

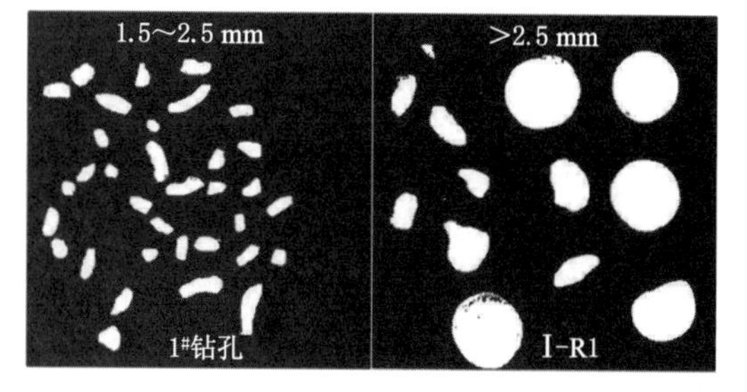

(d) 最大粒径分组钻渣对比

图5-10 高效破岩钻头钻进试验过程

构，经测量两钻孔底部圆盘结构直径分别为9.54 mm、9.14 mm，高分别为1.21 mm、1.16 mm，其形状尺寸与高效破岩钻头尺寸有关。孔底圆盘表面较平整规则，未见明显破断痕迹，这完全是在主副切削刀片切削作用下形成的。由图5-10(c)中1#钻可直观发现，钻渣中未出现以往大粒径钻渣，主要以中等及小粒径钻渣为主。将烘干后的钻渣进行筛分发现，两钻孔均未产生粒径大于 2.5 mm 钻渣。图 5-10(d)所示为 MATLAB 处理后 1# 钻孔钻渣粒径区间[1.5～2.5 mm(含)]钻渣与Ⅰ-R1 钻孔最大粒径区间(石灰岩，>2.5 mm)钻渣对比。通过初步分析钻孔底部状态及钻渣生成情况可知，高效破岩钻头极大程度上减小了孔底中心岩柱尺寸，使钻孔中心区域岩石始终处于切削破坏状态，避免了中心岩柱发生扭转或受压破坏生成大粒径钻渣，从而达到降低钻渣尺寸的目的。为进一步明确高效破岩钻头降低钻渣尺寸的效果，对 MATLAB 图形识别所得的 1#、2# 钻孔的钻渣数据进行处理，并与前述利用普通两翼式钻头在不同转速时钻进石灰岩所得钻渣数据(粒径大于 0.5 mm)进行比对，如图 5-11 所示。

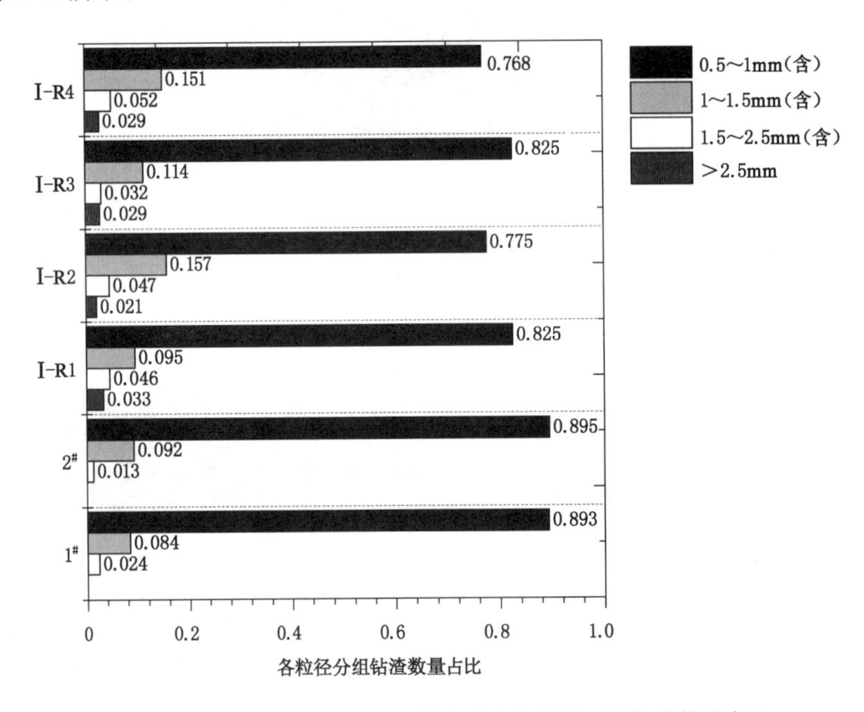

图 5-11　普通钻头与高效破岩钻头所产各粒径区间钻渣数量占比

由图 5-11 可知，高效破岩钻头 1#、2# 钻孔产生各粒径分组钻渣数量占比较普通两翼式钻头有明显区别，1#、2# 钻孔中粒径大于 2.5 mm 钻渣量均为 0，明显小于其他钻孔。此外，普通两翼式钻头在粒径区间[>2.5 mm、1.5～2.5 mm(含)、1.0～1.5 mm(含)及 0.5～1.0 mm(含)]钻渣数量占比均值分别为 0.028、0.044、0.129、0.798，1#、2# 钻孔所产钻渣在各粒径区间平均数量占比分别为 0.000、0.019、0.088、0.894。通过以上数据可知，在高效破岩钻头作用下，大粒径钻渣的产出量降低，小粒径钻渣产出量增加。正是由于高效破岩钻头有效消除了孔底中心岩柱，并且改变了钻孔中部区域岩石原有的破坏形式，保证钻孔区域内岩石钻渣均由刀片切削产生，有效降低了大尺寸钻渣的产量。两种情况下钻渣等效直径累积频率分布曲线及数量占比曲线如图 5-12 所示。

由图 5-12(a)可知，高效破岩钻头 1# 2# 钻孔产生的钻渣尺寸累积频率分布曲线首先达到了统一，表明高效破岩钻头产生的粒径大于 0.5 mm 钻渣的平均尺寸小于普通两翼式钻头，且大尺寸钻渣产出量小于后者，尺寸大于 2 mm 的钻渣尺寸数量占比极小，远小于普通

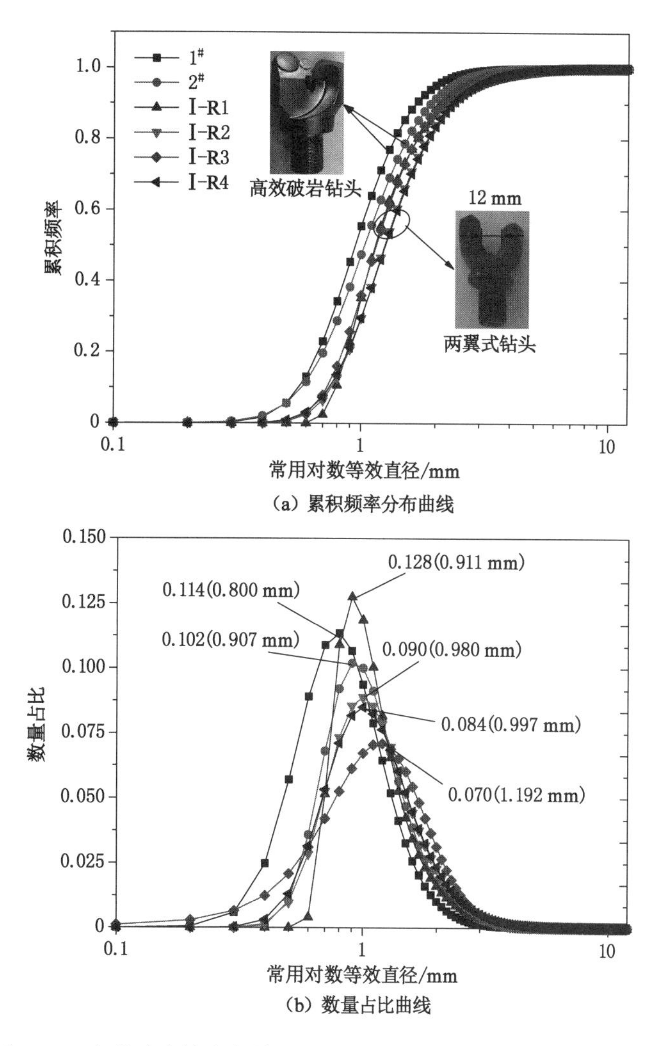

图 5-12　高效破岩钻头与普通钻头所产钻渣尺寸累积频率分布曲线

两翼式钻头。在图 5-12(b)中，1# 2# 钻孔钻渣尺寸数量占比特征尺寸均值 0.854 mm，普通两翼式钻头特征尺寸均值为 1.020 mm，虽然两者相差较小，但是钻渣产出量巨大，高效破岩钻头可改变钻渣分布特征，降低钻渣特征尺寸，说明高效破岩钻头具有良好的工作性能。为了进一步验证高效破岩钻头的工作性能，在相同钻机动力条件下，将 3.2.6 节中各类型两翼式钻头对石灰岩进行钻进，并对产生钻渣(大于 0.5 mm)的平均尺寸与高效破岩钻头进行对比，如图 5-13 所示。

由图 5-13 可知，各类钻头产生的粒径大于 0.5 mm 钻渣的平均等效直径、水平尺寸、竖直尺寸按照由大到小顺序依次为：ϕ32 型钻头＞ϕ28 Ⅰ 型钻头＞ϕ28 Ⅱ 型钻头＞ϕ28 Ⅲ 型钻头＞高效破岩钻头。因此，高效破岩钻头较其他几种钻头具有更好的降低钻渣尺寸的效果。

综上所述，钻进高强度石灰岩时，所产钻渣尺寸基本小于 2 mm。由此可见，高效破岩钻头能够很好地消除孔底中心岩柱，改变钻孔中部区域岩石原有的受压/扭转破坏形式，保证钻孔区域内岩石钻渣均由主/副刀片切削产生，有效减小了钻渣尺寸，工作性能良好，为

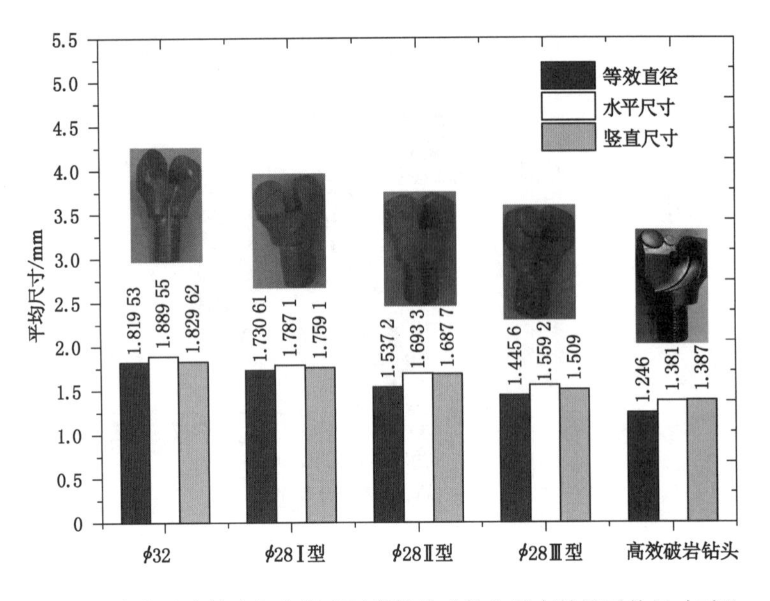

图 5-13　高效破岩钻头与各类型两翼钻头式钻头所产钻渣平均尺寸对比

高效排渣钻杆关键尺寸确定提供了重要参考依据。

5.2　底板锚固孔高效排渣四棱钻杆参数确定及设计

5.2.1　钻杆关键结构尺寸确定

(1) FLUENT 数值模拟方案

由 4.3.1 节可知，底板锚固孔排渣过程中四棱钻杆相较于其他截面形状钻杆具有较好的排渣效果，因而钻杆主体截面形状确定为四棱结构。结合高效破岩钻头通水孔尺寸及产生的钻渣平均尺寸，同时根据式(4-26)提出的正循环排渣条件下，钻杆进液通道直径 d_0、钻杆壁厚 σ_0 与锚固孔直径 D 的关系应满足 $d_0+\sigma_0<\frac{D}{2}$，孔径为 32 mm 时(理论值)，$d_0+\sigma_0<16$，可确定四棱钻杆进液通道直径 d_0 以及等效壁厚 σ_0 在上述条件下的组合方案，得到不同方案下四棱钻杆等效直径 d_1，并通过 FLUENT 数值模拟软件进行分析。数值模拟方案如表 5-2 所列。

表 5-2　数值模拟方案

方案编号	进液通道直径 d_0/mm	等效壁厚 σ_0/mm	等效直径 d_1/mm
1	5.0	7.5	20
2	6.0	7.5	21
3	6.0	9.5	25
4	7.0	7.0	21
5	7.0	8.5	24

表 5-2(续)

方案编号	进液通道直径 d_0/mm	等效壁厚 σ_0/mm	等效直径 d_1/mm
6	8.0	7.5	23
截面尺寸	5 20 方案 1	6 21 方案 2	6 25 方案 3
	7 21 方案 4	7 24 方案 5	8 23 方案 6

各方案数值模型中坐标轴方向、边界条件、钻渣生成参数等设定均与第 4 章所述一致，模型 z 向长度均为 1 090 mm，钻杆长度为 1 000 mm，钻头均为矿用两翼式钻头，直径为 ϕ32，锚固孔直径 ϕ34。

(2) 数值模拟结果分析

不同截面尺寸方案条件下，钻渣 z 向上返速度云图如图 5-14 所示。

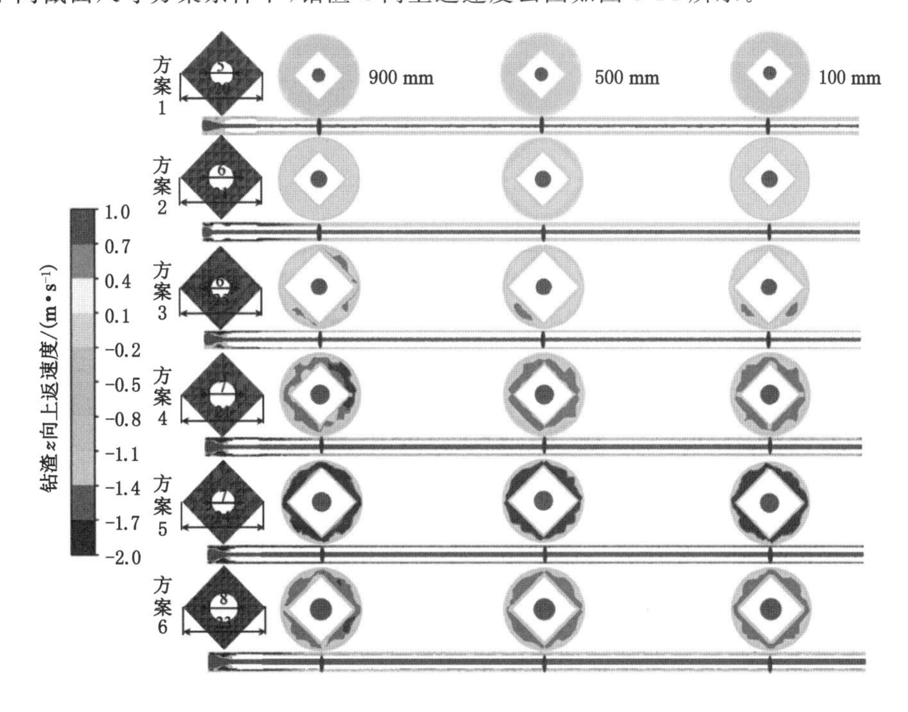

图 5-14 不同钻杆截面尺寸方案下钻渣 z 向上返速度云图

由图 5-14 可知，在不同钻杆截面尺寸情况下，钻渣 z 向上返速度有着显著区别，方案 1 进液通道直径 d_0 为 5 mm，钻杆外接圆直径 d_1 为 20 mm 时，钻孔底部钻渣初始上返速度明显小于其他方案。正是由于进液通道直径降低，大大增加了钻进液的沿程能量损失，导致钻进液入射能量减少，钻渣初始上返速度下降。在方案 2 与方案 3 中，在进液通道直径均为 6 mm，钻杆外接圆直径分别为 21 mm 及 25 mm 时，两者钻渣上返速度均大于方案 1。这是由于方案 2 与方案 3 中心孔直径大于方案 1，使得钻进液能量损失低于方案 1。此外，方案 4～方案 6 与方案 1～方案 3 相比，钻渣上返速度明显高于后者。可见，在一定范围内增大进液通道尺寸，对提升钻渣上返速度有较显著效果，与第 4 章理论分析结论一致。同时，方案 5 在 z 向上返速度要高于方案 4 及方案 6。通过分析距杆壁 2 mm 位置处轴向测线测得 z 向上返速度数据，对各方案进一步比对，如图 5-15 所示。

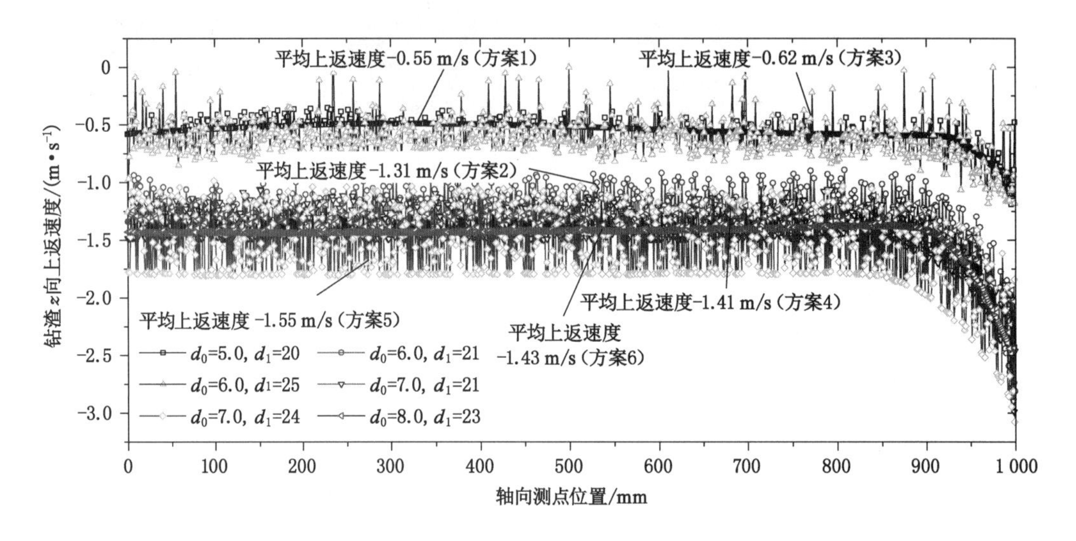

图 5-15　不同方案时距杆壁 2 mm 位置处轴向测线测得钻渣 z 向上返速度曲线

由各钻杆截面尺寸方案时钻渣 z 向上返速度曲线可知，方案 1(d_0 = 5 mm，d_1 = 20 mm) 以及方案 3(d_0 = 6 mm，d_1 = 25 mm)时，钻渣 z 向上返速度明显小于其他方案，平均速度值分别为 0.55 m/s 以及 0.62 m/s。此外，其余 4 种尺寸方案时，钻渣上返速度较方案 1、方案 3 有了明显提升，且钻渣上返速度较为接近，平均上返速度值按照由大到小顺序分别为：方案 5(d_0 = 7 mm，d_1 = 24 mm)＞方案 6(d_0 = 8 mm，d_1 = 23 mm)＞方案 4(d_0 = 7 mm，d_1 = 21 mm)＞方案 2(d_0 = 7 mm，d_1 = 21 mm)。由此可见，方案 5(d_0 = 7 mm，d_1 = 24 mm)钻渣上返速度最大，排渣效果最好。z = 500 mm 位置处过流断面中心测线测得不同方案时，钻渣 z 向上返速度曲线如图 5-16 所示(由图 5-14 可知，同一杆体不同位置截面钻渣速度相差不大，在此以 500 mm 位置为代表的进行分析)。

如图 5-16 所示，不同方案过流断面中心测线测得钻渣 z 向上返速度曲线整体规律基本一致，但峰值速度相差较大。方案 5(d_0 = 7 mm，d_1 = 24 mm)钻渣峰值上返速度最大，最大值达到了近 1.8 m/s，方案 1 峰值上返速度最小，仅为 0.7 m/s。测线上各测点平均 z 向上返速度值按照由大到小顺序依次为：方案 5＞方案 6＞方案 4＞方案 2＞方案 1＞方案 3。由此可见，在方案 5(d_0 = 7 mm，d_1 = 24 mm)截面尺寸条件下，过流断面内排渣效率仍为最高。

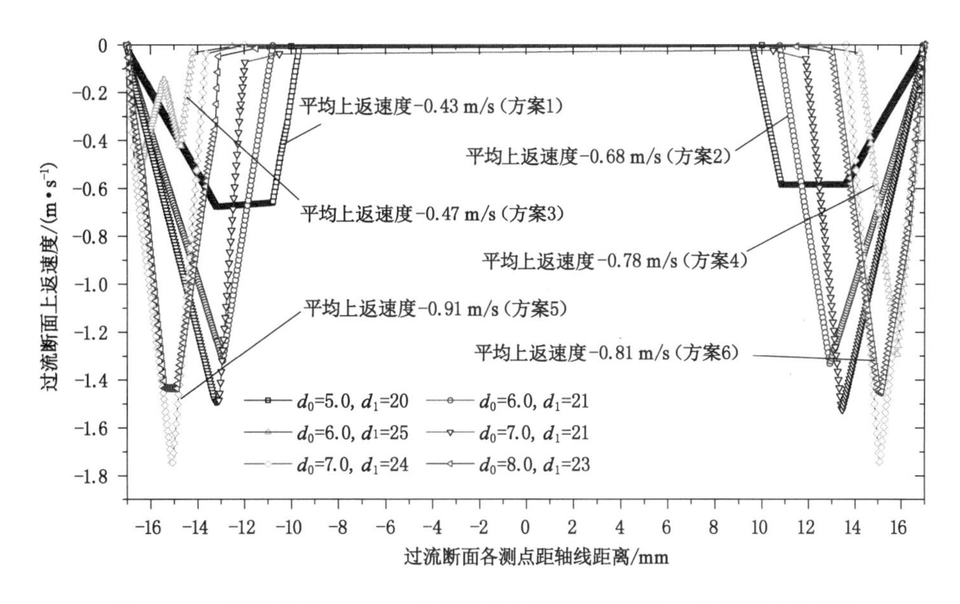

图5-16　不同方案时500 mm位置处中心测线测得钻渣z向上返速度曲线

距杆壁2 mm位置处轴向测线测得钻渣体积分数如图5-17所示。

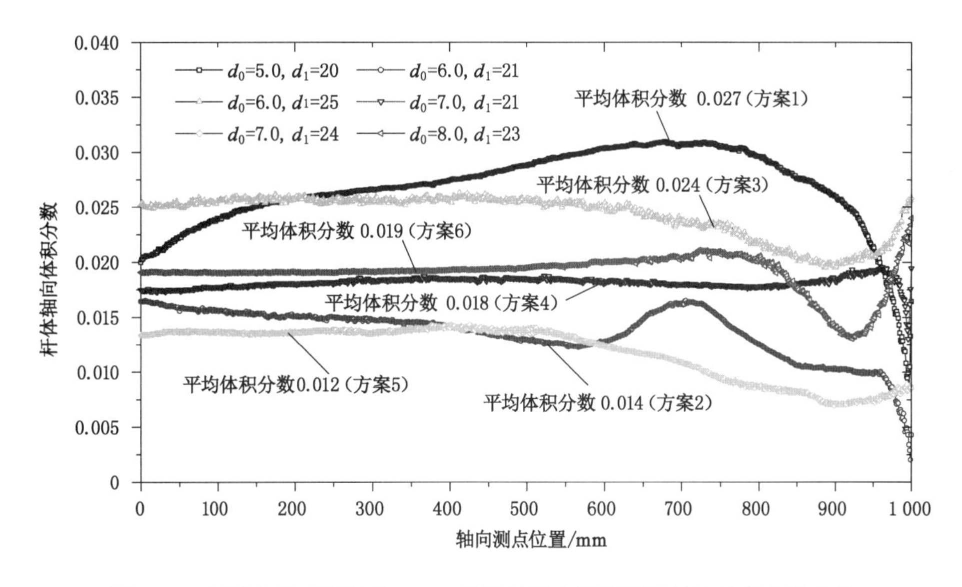

图5-17　不同方案时距杆壁2 mm位置处轴向测线测得钻渣体积分数曲线

由图5-17可知，各方案时钻渣沿杆体轴向体积分数分布曲线整体变化规律较为相近，800 mm以上位置，测线内各测点体积分数基本趋于一致，变化幅度较小。对比各方案体积分数曲线可知，钻杆截面尺寸对钻渣分布情况影响较为明显，不同方案钻渣上返速度的不同造成了钻渣排出效率的高低，从而导致体积分数各异，各方案测线测得平均体积分数按照由低到高顺序依次为：方案5＜方案2＜方案4＜方案6＜方案3＜方案1。由此可见，在方案5($d_0=7$ mm，$d_1=24$ mm)截面尺寸条件下，排渣通道内分数最低，排渣效果最好。500 mm位置过流断面中心测线测得不同方案时钻渣体积分数曲线如图5-18所示。

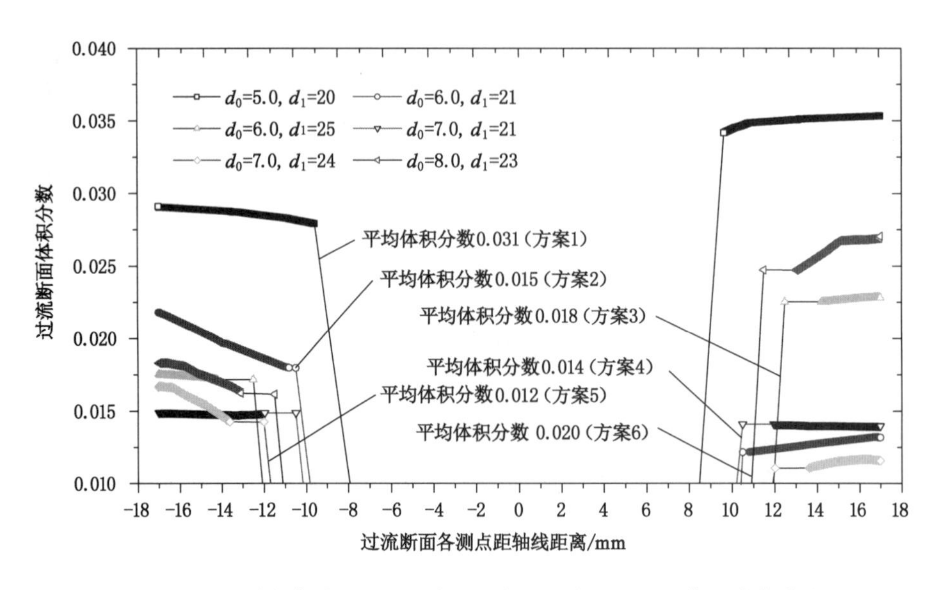

图 5-18　不同方案时 500 mm 位置处中心测线测得钻渣体积分数曲线

由图 5-18 可知，不同方案过流断面中心测线测得钻渣体积分数曲线整体规律基本一致，但体积分数值却相差较大。方案 1(d_0=5 mm，d_1=20 mm)钻渣体积分数最大，最大接近 0.03，方案 1 体积分数最小，平均体积分数仅为 0.012。测线上各测点平均体积分数按照由低到高顺序依次为：方案 5<方案 4<方案 2<方案 3<方案 6<方案 1。由此可见，方案 5 (d_0=7 mm，d_1=24 mm)截面尺寸条件下，过流断面内排渣效率仍为最高。

综上所述，通过对不同钻杆截面尺寸时钻渣 z 向上返速度以及体积分数进行分析，发现方案 5 条件下钻渣排出速度最大，排渣通道内钻渣体积分数最低，排渣效率最高。由此因此，可确定四棱杆体截面尺寸为：进液通道直径 d_0 为 7 mm，等效壁厚 σ_0 为 8.5 mm，外接圆直径为 24 mm。

5.2.2　四棱钻杆表面钻渣导升槽关键参数确定

(1) 钻杆表面导升槽对排渣影响效果分析

刻槽钻杆是指表面刻有右旋导升槽结构的钻杆。目前，刻槽钻杆主要用于煤层瓦斯抽采钻孔的施工，以压缩空气作为流体排渣动力，辅以导升槽机械排渣作用，可使钻杆发挥流体与机械协同排渣的优势，具有更好的排渣效果[150]。那么，在底板锚固孔以液体作为主要排渣动力的情况下，对于四棱钻杆表面刻划右旋导升槽是否也可提高排渣效果这一问题，我们利用 FLUENT 数值模拟软件做进一步研究。

导升槽的螺距 L、槽宽 W、槽深 H 是影响排渣效果的关键因素。相关研究表明[150,162]，为保证导升槽起到机械排渣作用，导升槽螺距、钻杆外径 d_1 以及钻渣与导升槽之间的摩擦角 η(一般为 $\tan\eta$=0.4～0.6)应满足以下关系：

$$\frac{L}{\pi d_1} \leqslant \tan\eta \tag{5-8}$$

经计算，L≤30.14～45.22。结合现有经验，同时考虑到钻杆强度，将导升槽参数初步

定为 $L=30$ mm、$W=6$ mm、$H=0.5$ mm，并建立数值模型进行排渣效果分析。

以截面尺寸为 $d_0=7$ mm，$d_1=21$ mm 四棱钻杆为例，在其表面刻画 $L=30$ mm、$W=6$ mm、$H=0.5$ mm 的导升槽。刻槽钻杆数值模型如图 5-19 所示。

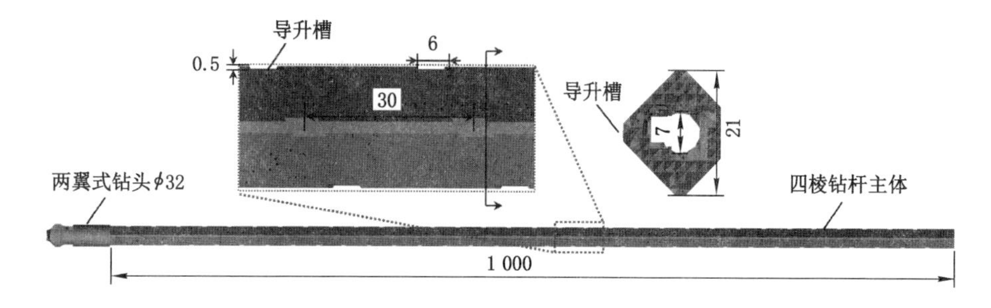

图 5-19　刻槽钻杆数值模型(单位:mm)

数值模型中坐标轴方向、边界条件、钻渣生成参数等设定均与前所述一致，此处不再赘述。模型 z 向长度均为 1 090 mm，钻杆长度为 1 000 mm，钻头均为矿用两翼式钻头，直径为 $\phi32$，锚固孔直径为 $\phi34$。普通钻杆与刻槽钻杆钻渣 z 向上返速度云图如图 5-20 所示。

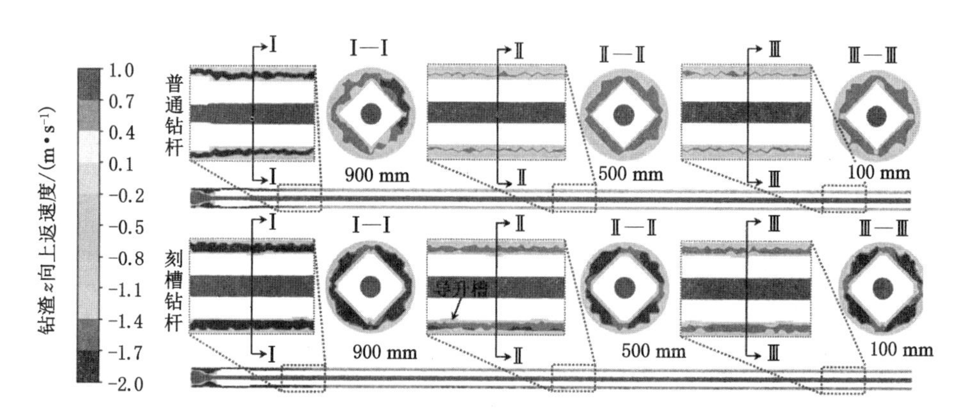

图 5-20　普通钻杆与刻槽钻杆钻渣 z 向上返速度云图

由图 5-20 可知，在钻孔底部附近时，普通四棱钻杆与刻槽四棱钻杆钻渣上返速度基本相差不大，随着钻渣不断向上运动，进入钻杆外壁与锚固孔壁形成的环形通路后，上返速度开始出现明显区别。刻槽钻杆钻渣 z 向上返速度显著高于普通钻杆，前者环形通路中部区域上返速度约为 -1.4 m/s，后者上返速度值则达到了 -1.7 m/s。此外，由刻槽钻杆不同位置截面云图可知，钻杆壁面处钻渣上返速度要明显高于刻槽的棱角处。这是由于未刻槽部分相对刻槽部分为凸起结构，其结构可近似为高 0.5 mm、宽 30 mm 的螺旋搅拌结构，随着钻杆的快速旋转，这些结构对处于钻杆壁面为液渣混合流进行推进搅拌，提高这部分钻渣的上返速度。两种钻杆棱边处轴向测线的钻渣 z 向上返速度曲线如图 5-21 所示。

由图 5-21(a)可知，在边界条件等因素一致情况下，普通钻杆钻渣 z 向上返速度明显小于刻槽钻杆，各测点平均上返速度为 -1.41 m/s，后者平均上返速度则达到了 -1.70 m/s。由此可见，钻杆表面的导升槽可以提升钻渣 z 向上返速度，而且刻槽钻杆钻渣 z 向上返速度

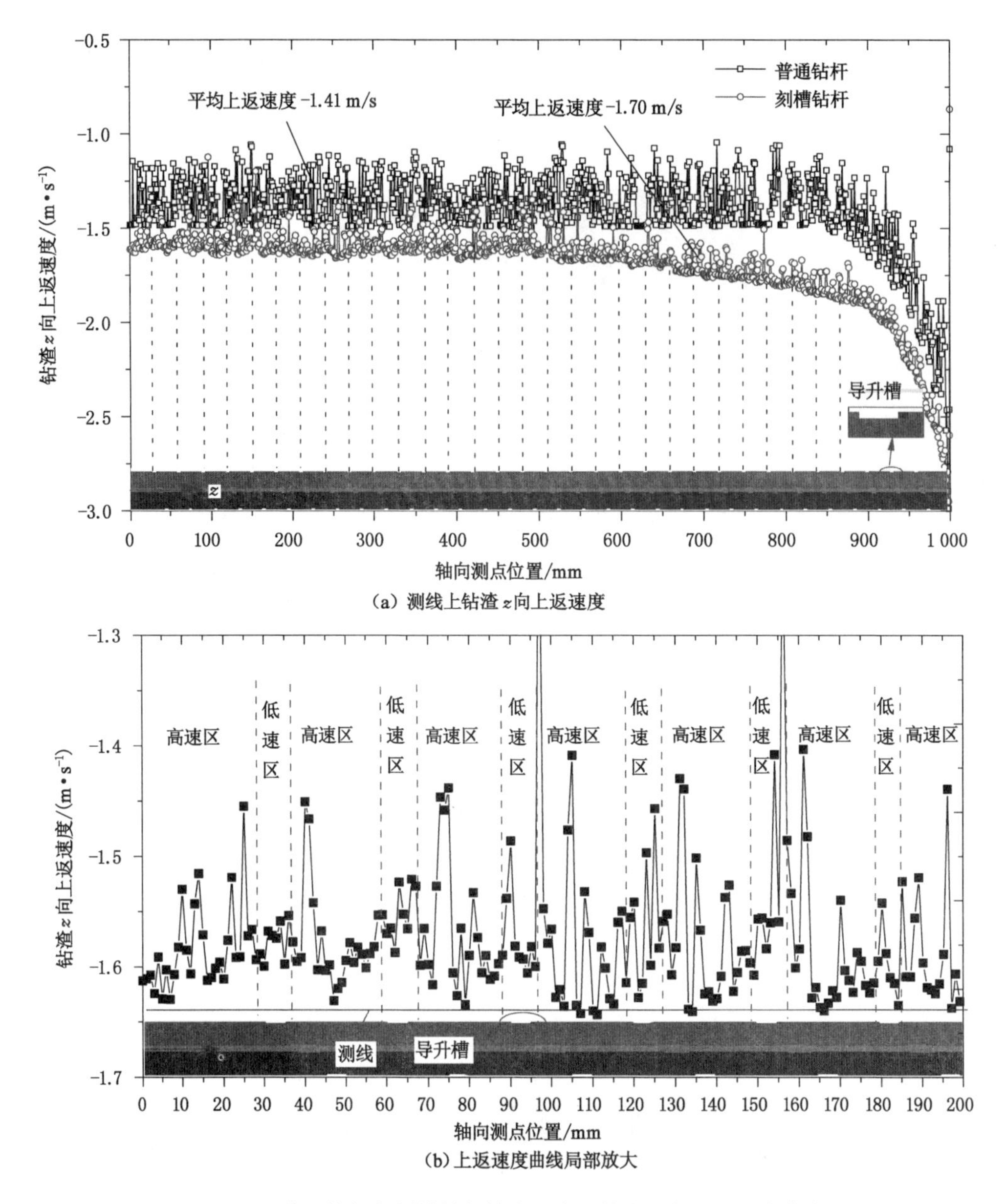

图 5-21　普通钻杆与刻槽钻杆轴向测线的钻渣 z 向上返速度曲线

波动程度明显低于普通钻杆。另外，钻杆导升槽位置对应的钻渣上返速度却小于未刻槽部位，甚至与普通钻杆相近。为进一步明确导升槽对钻渣上返速度的具体作用，将刻槽钻杆 0～200 mm 长度范围内内 z 向上返速度曲线进行放大，如图 5-21(b)所示。通过与刻槽钻杆 0～200 mm 段进行匹配可知，导升槽所在位置恰好与速度曲线中的速度较低的数据点相对应，而经放大后曲线表明，两导升槽中间区域数据点则具有较大上返速度。因此，导升槽对于液渣混合流的作用主要有两个方面：一是减少钻渣速度的波动程度，可使钻渣上返速度趋于匀速；二是通过导升槽可使相对于槽面突出钻杆壁面发挥类似于搅拌导升的作用，提高对应区域的液渣混合流的上返速度。为了对比不同过流断面内普通钻杆与刻槽钻杆上返速度,通过布置一条距钻杆壁面 2 mm 且与之平行的测线进一步分析,如图 5-22 所示。

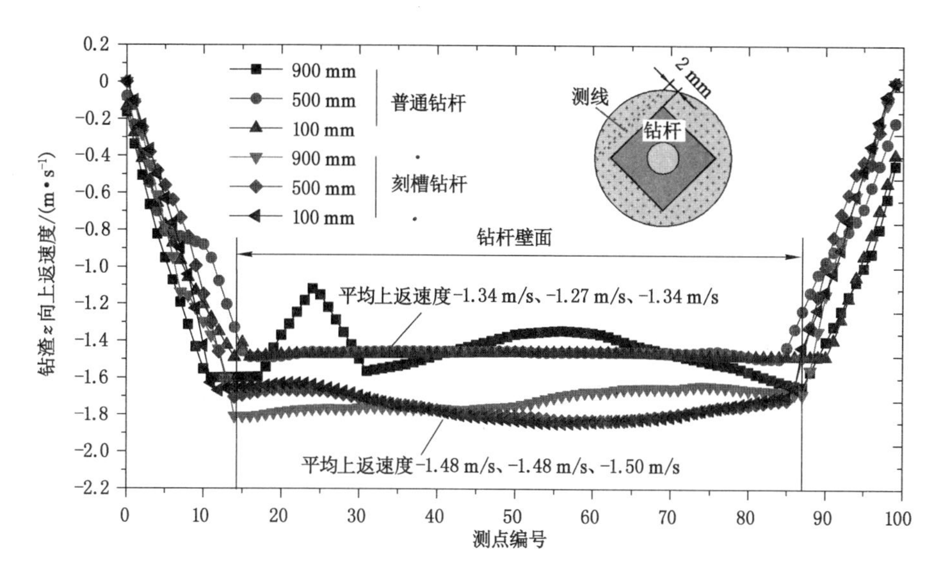

图 5-22　普通钻杆与刻槽钻杆壁面附近钻渣 z 向上返速度曲线

如图 5-22 所示,无论是普通钻杆还是刻槽钻杆,钻渣上返速度沿钻杆壁面基本为定值,变化幅度较小,随着向钻孔壁不断接近,上返速度逐渐降低。普通钻杆在 900 mm、500 mm、100 mm 过流断面内的测线平均上返速度分别为 −1.34 m/s、−1.27 m/s、−1.34 m/s,刻槽钻杆平均上返速度分别为 −1.48 m/s、−1.48 m/s、−1.50 m/s。虽然后者整体平均速度仅高于前者 0.14～0.23 m/s,但是仅在壁面处刻槽钻杆平均上返速度要明显高于普通钻杆,两者差值达到了 0.4～0.5 m/s。因此,刻槽钻杆对壁面附近钻渣上返速度提升非常明显。这是由于钻杆刻划导升槽后,钻渣受到相对于槽面突出的钻杆壁面的搅拌导升作用,钻杆旋转对附近液渣混合流进行搅拌推动,使其上返速度明显提高。为了进一步明晰导升槽对液渣混合流的推动机理,通过布设一条与钻杆棱边重合的测线来获取两类型钻杆在棱边处绝对压力曲线,如图 5-23 所示。

由图 5-23 可知,普通钻杆与刻槽钻杆绝对压力随着液渣混合流的上升近似呈线性下降趋势,对式(4-10)的正循环排渣能量守恒方程做进一步变换后,可对这一现象做很好得解释。在不计能量损失情况下,上返液绝对压力 p_2 可表示为:

$$p_2 = -(\gamma + \gamma_f s)Z_2 + Z_1\gamma + p_1 + \frac{\alpha_1 v_1^2 \gamma}{2g} - \frac{\alpha_2 v_2^2 \gamma}{2g} - \frac{v_f^2 \gamma_f s}{2g} \tag{5-9}$$

式(5-9)中,钻进液初始高度 Z_1、进液压力 p_1、进液速度 v_1 均为定值。根据第 4 章数值模拟结果,液渣混合流在上返过程中主要运动状态为类匀速运动,上返液以及钻渣上返速度 v_2、v_f 均可理解为定值。因此,绝对压力 p_2 随钻进液上返高度呈线性递减规律,与数值模拟结果完全吻合。

由图 5-23 可知,刻槽钻杆绝对压力曲线整体略高于普通钻杆,而且刻槽钻杆在棱边处压力曲线存在多个密集压力异常区域,这些压力异常区存在着若干高压力点与低压力点。通过对 0～200 mm 范围内的绝对曲线进行放大,发现这些压力异常区所在位置恰好与导升

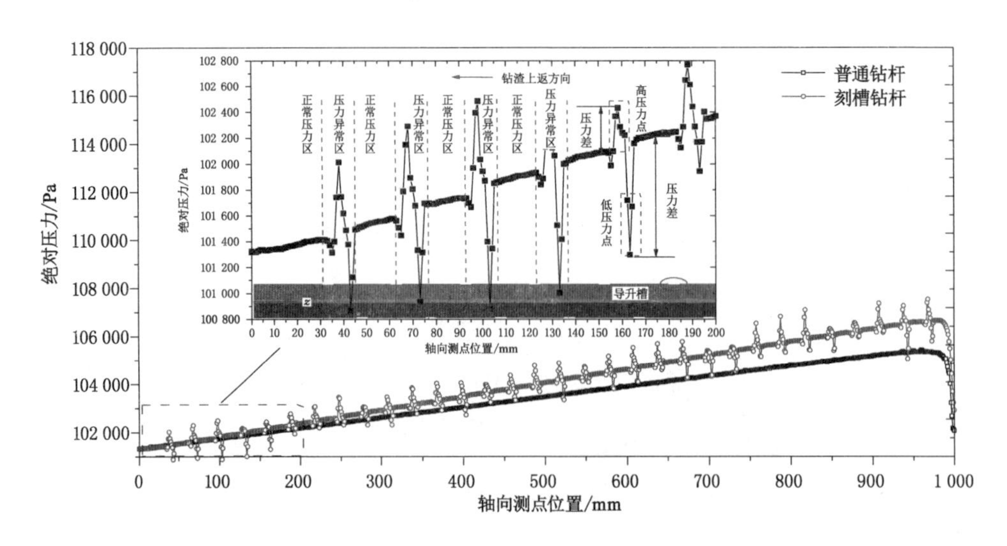

图 5-23　普通钻杆与刻槽钻杆棱边处绝对压力曲线

槽的位置吻合，表明导升槽在旋转过程中会对附近区域的绝对压力产生影响。进一步分析可知，位于下部位置的正常压力区的绝对压力与异常区中的低压力点存在明显压力差，进而令其周边液渣混合流的上返速度明显提高；同理，位于下部位置压力异常区中的高压力点与其上部的正常压力区存在正压力差，同样会提高液渣混合流的上返速度。因此，刻槽钻杆棱边存在的多个压力异常区与正常压力区产生的压差效应会自下至上不断推动导升槽之间区域的液渣混合流，进而提高了钻渣上返速度，这也解释了图 5-21 中为何在导升槽中间区域钻渣具有更高的上返速度。

由图 5-24 可知，普通钻杆与刻槽钻杆钻渣沿杆体轴向分布规律较为接近，但两者体积分数有所区别，刻槽钻渣环形通路处钻渣体积分数要低于普通钻杆。这是由于刻槽钻杆钻渣上返速度大于普通钻杆。此外，由不同位置过流断面体积分数云图可知，刻槽钻杆在 4 个壁面处钻渣的体积明显低于其他部位，这一特征与普通钻杆有明显区别。正是得益于钻杆旋转对壁面附近液渣混合流进行搅拌推动作用，附近钻渣速度增大，进而浓度明显降低。

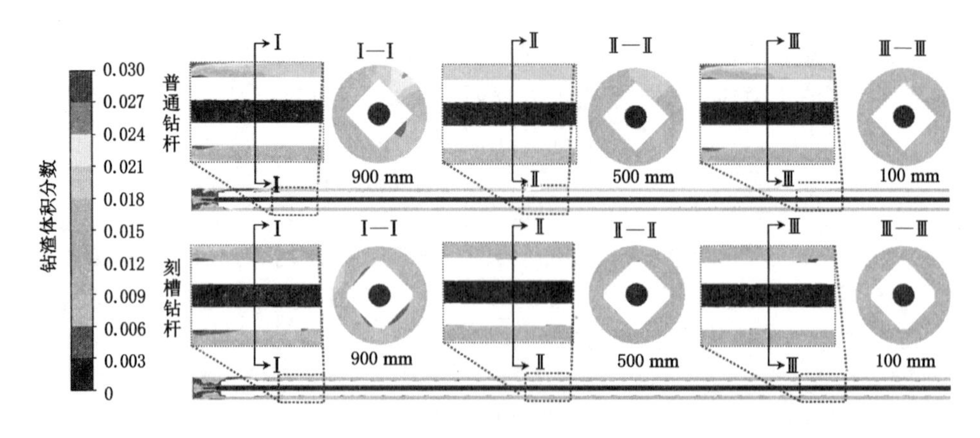

图 5-24　普通钻杆与刻槽钻杆钻渣体积分数云图

图5-25所示为两种钻杆棱边处的轴向测线测得钻渣体积分数曲线。

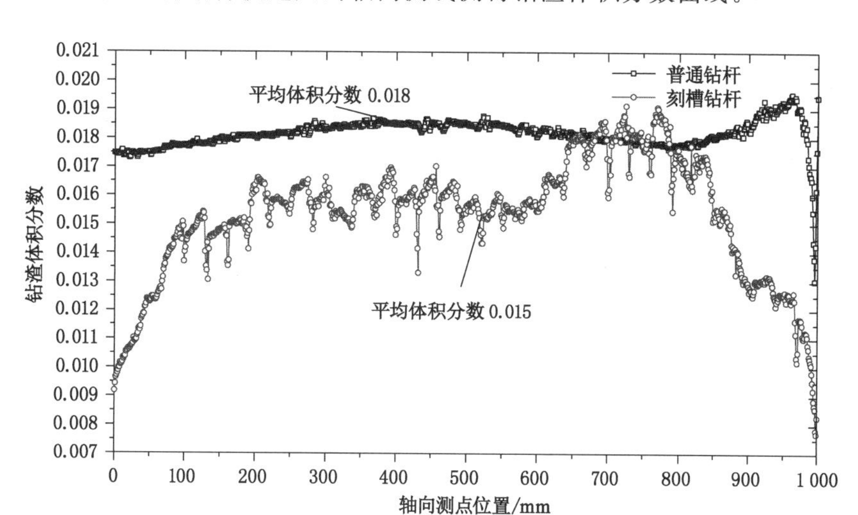

图5-25　普通钻杆与刻槽钻杆轴向测线测得钻渣体积分数曲线

由图5-25可知，普通钻杆与刻槽钻杆排渣过程中钻渣排渣通道内钻渣体积分数有着较大差别，两者测线内平均体积分数分别为0.018、0.015。由此可见，钻杆刻槽后，随着钻渣上返速度的增加，钻渣排出效率随之提升，液渣混合流中钻渣的浓度自然会低于普通钻杆。利用图5-22中测线测得不同过流断面内普通钻杆与刻槽钻杆体积分数，如图5-26所示。

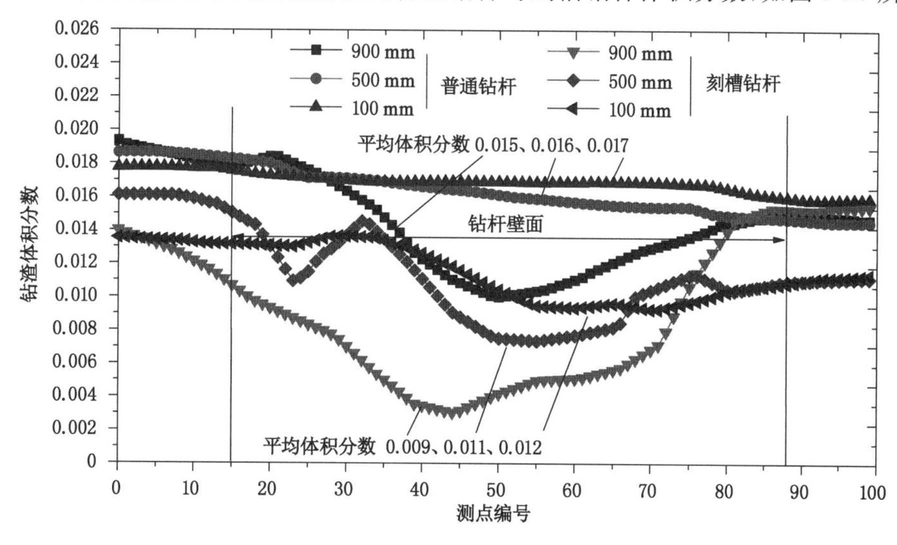

图5-26　普通钻杆与刻槽钻杆壁面附近钻渣体积分数曲线

由图5-26可知，普通钻杆在900 mm、500 mm、100 mm过流断面测线内体积分数平均值分别为0.015、0.016、0.017，刻槽钻杆平均体积分数分别为0.009、0.011、0.012。由此可见，普通钻杆在壁面处的体积分数要显著高于刻槽钻杆。此外，刻槽钻杆在壁面附近区域内钻渣体积分数明显低于其他部位。这是由于钻渣受到相对于槽面突出的钻杆壁面的搅拌导升作用，钻杆旋转对附近液渣混合流进行搅拌推动，使其上返速度明显提高，造成该处钻渣体积分数的降低。

综上所述，通过数值模拟方法对普通四棱钻杆与刻划导升槽后钻杆的钻渣运移特征进行分析，发现刻槽钻杆在旋转过程中棱边会产生压差效应，能够自下至上不断推动导升槽之间区域的液渣混合流，提高了钻渣上返速度。因此，对四棱钻杆表面刻划合理参数的导升槽可以提高排渣效率。

(2) 导升槽关键参数优化

结合现场实际，根据式(5-8)计算结果同时充分考虑钻杆强度条件下，提出以下导升槽尺寸参数方案，通过控制单一变量法进行数值模拟分析，如表 5-3 所列。

表 5-3　导升槽尺寸参数方案

槽深 H/mm	槽宽 W/mm	螺距 L/mm
0.5	6	30
	8	34
1	10	38

槽宽为 6 mm，螺距为 30 mm，槽深分别为 0.5 mm 及 1 mm 时，钻渣 z 向上返速度及体积分数曲线如图 5-27 所示。如图 5-27(a)所示，槽深分别为 0.5 mm 以及 1 mm 时，钻渣的上返速度出现一定差别，随着槽深的增加，钻渣上返速度开始随之增加，钻渣平均上返速度值分别为－1.69 m/s、－1.72 m/s，前者上返速度较大于后者。图 5-27(b)中槽深为 0.5 mm 时沿钻杆轴向钻渣的平均体积分数为 0.015，槽深为 1 mm 时钻渣平均体积分数为 0.014，略低于前者。总体来说，当槽深为 1 mm 时，钻杆排渣效果较好，钻杆导升槽深度确定为1 mm。当槽深为 1 mm、螺距为 30 mm 以及槽宽分别为 6 mm、8 mm、10 mm 时，钻渣上返速度及体积分数曲线如图 5-28 所示。

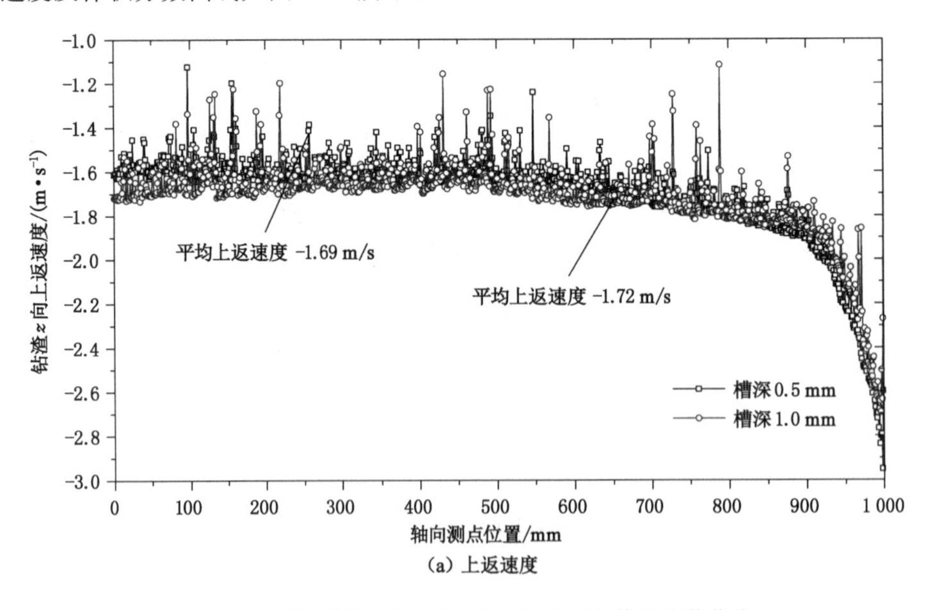

(a) 上返速度

图 5-27　不同槽深时钻渣 z 向上返速度与体积分数曲线

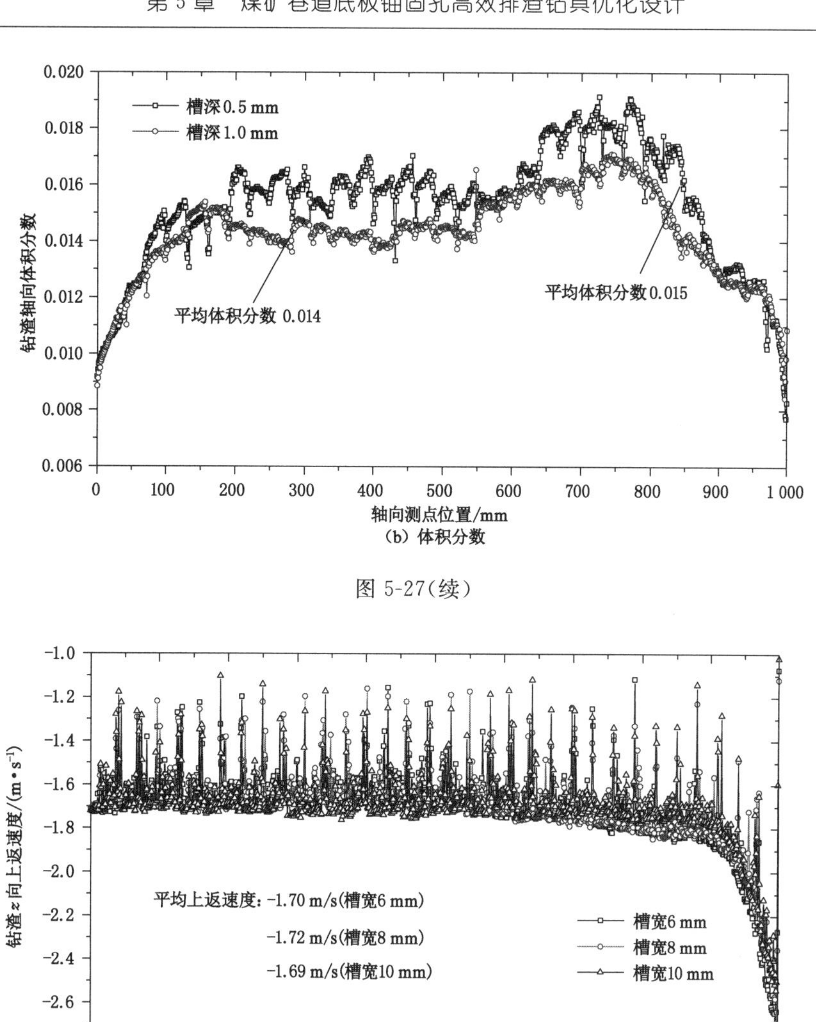

图 5-27(续)

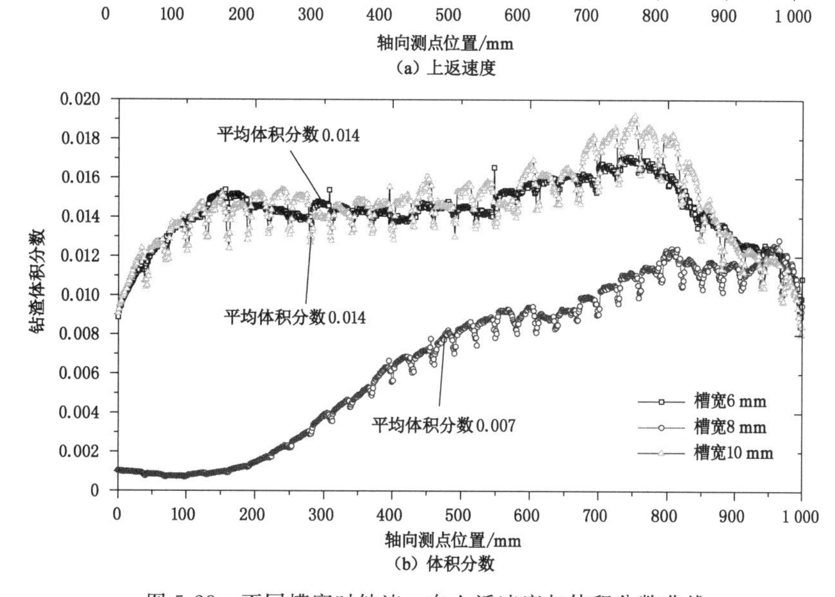

图 5-28　不同槽宽时钻渣 z 向上返速度与体积分数曲线

由图 5-28(a)可知，当槽宽分别为 6 mm、8 mm、10 mm 时，钻渣的上返速度出现一定差别，钻渣平均上返速度分别为－1.70 m/s、－1.72 m/s、－1.69 m/s。由此可见，当槽宽为 8 mm 时，钻渣的上返速度最大。图 5-28(b)中 3 种槽宽时钻渣轴向平均体积分数分别为 0.014、0.014、0.007，当槽宽为 8 mm 时，钻渣的体积分数最小，排渣效果最好。结合钻渣上返速度可知，当导升槽宽度为 8 mm 时，钻杆具有最好的排渣效果，钻杆导升槽宽度确定为 8 mm。在确定槽宽后，保持槽宽不变，当槽深为 1 mm、螺宽为 8 mm 以及螺距分别为 30 mm、34 mm、38 mm 时，钻渣上返速度及体积分数曲线如图 5-29 所示。由图 5-29(a)可知，当螺距分别为 30 mm、34 mm、38 mm 时，钻渣的上返速度出现一定差别，钻渣平均上返速度分别为－1.70 m/s、－1.76 m/s、－1.68 m/s。由此可见，当螺距为 34 mm 时，钻渣具有最大的上返速度。图 5-29(b)中 3 种螺距时钻渣轴向平均体积分数分别为 0.007、0.007、0.008，当螺距为 30 mm 及 34 mm 时，钻渣的体积分数均为最小。结合钻渣上返速度，同时考虑螺距对钻杆强度的影响，认为最佳螺距为 34 mm 时，钻杆具有最好的排渣效果，而且对钻渣强度影响相对较小。因此，钻杆导升槽螺距确定为 34 mm。

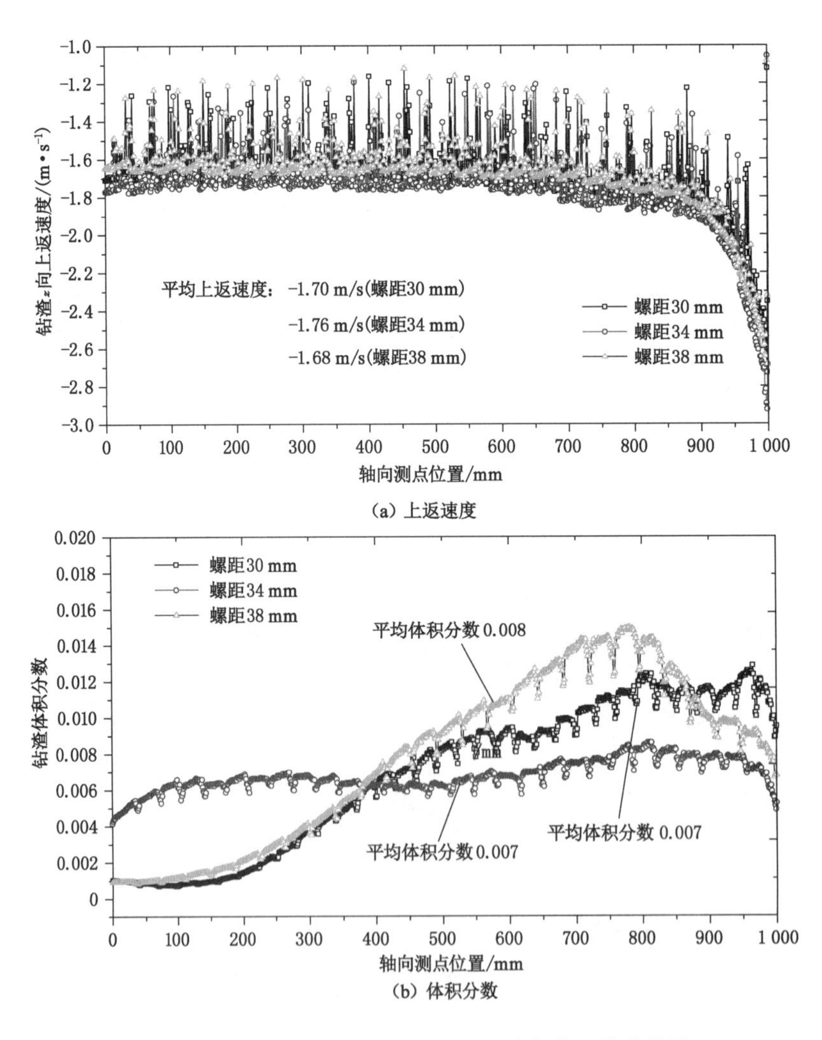

(a) 上返速度

(b) 体积分数

图 5-29　不同螺距时钻渣 z 向上返速度与体积分数曲线

综上所述，通过对各导升槽参数方案进行对比分析，最终确定导升槽参数为：槽深 1 mm，槽宽 8 mm，螺距 34 mm。结合 5.2.1 节确定的钻杆结构尺寸，进行高效排渣钻杆的组装设计及加工。

5.2.3　高效排渣钻杆组装设计

（1）钻杆主体及密封设计

依据前期对钻杆截面形状、结构尺寸以及导升槽参数的优化，进行高效排渣钻杆设计，如图 5-30 所示。

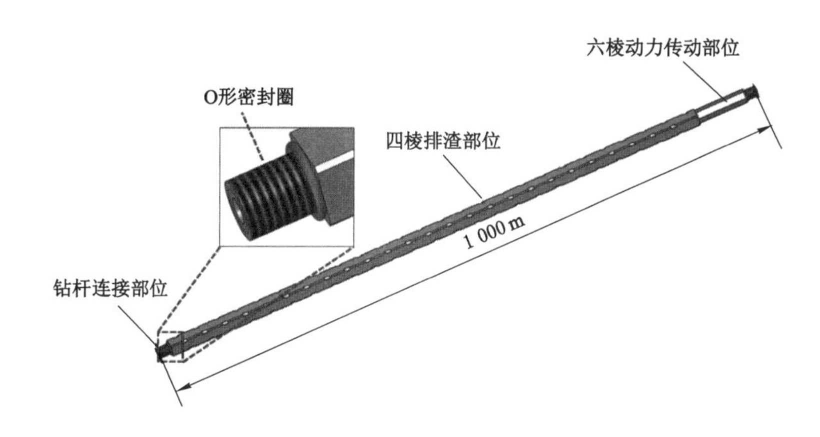

图 5-30　高效排渣钻杆结构示意图

高效排渣钻杆单根长度为 1 000 mm，主要由四棱排渣部位、六棱动力传动部位以及钻杆连接部位 3 部分组成。四棱排渣部位是钻杆的重要组成部分，是钻杆高效排渣功能的重要实现部分，其截面形状为正四边形，外接圆直径 24 mm（对边长度 19 mm，对角长度 24 mm），中心通水孔直径 7 mm，四棱排渣部位外表面刻划右旋导升槽结构，槽深 1 mm、槽宽 8 mm、导升槽螺距 34 mm。六棱动力传动部位截面为正六边形，与矿用 B19 六棱钻杆尺寸一致，可与市场上绝大部分底板钻机的轴套连接，实现钻机动力的传递。钻杆连接部位用于多根钻杆的连接以及安装钻头，与钻杆连接件或钻头连接配套使用，其表面有外螺纹，螺纹型号为 T16×6-M14。

在实际工作过程中，钻进液的压力损失不仅来自局部损失及沿程损失。更主要的是，由于钻机与钻杆连接处以及钻杆之间连接处出现了钻进液泄漏，从而造成较大的压力损失。为了尽量降低钻进液的压力损失，在高效排渣钻杆的两端螺纹段末端刻有凹槽结构，槽宽 3 mm，在凹槽处增设了高强度 O 形密封圈，其外径 20 mm，线径 2.4 mm，可保证在钻杆插入钻机轴套六棱孔后，在钻机巨大推力下，O 形密封圈能够与轴套六棱孔底部的圆形通水孔紧密接触，从而达到密封效果。

（2）钻杆连接

在钻孔施工时，首先将钻头与高效排渣钻杆的钻杆连接部位连接，然后将钻杆的六棱传动部位与钻机传动轴连接。启动钻机，开始成孔，待钻进至一定深度后，退出第一根钻杆，将第二根钻杆的连接部位与第一根钻杆动力传动部位通过钻杆连接件相连，施工过程中多根高效排渣钻杆首尾相连，继续成孔(图 5-31)。钻杆连接件其结构特征与目前矿用 B19 钻杆连接件类似，外直径为 24 mm，长 40 mm。不同的是，高效排渣钻杆连接件外部同样刻有左旋钻渣导升凹槽。由于连接件外径与高效排渣钻杆四棱排渣部位外接圆直径相同，因此连接件导升槽参数与四棱排渣部位相同，也可保证排渣过程中多级钻杆连接时，钻杆连接件同样具有一定排渣能力。

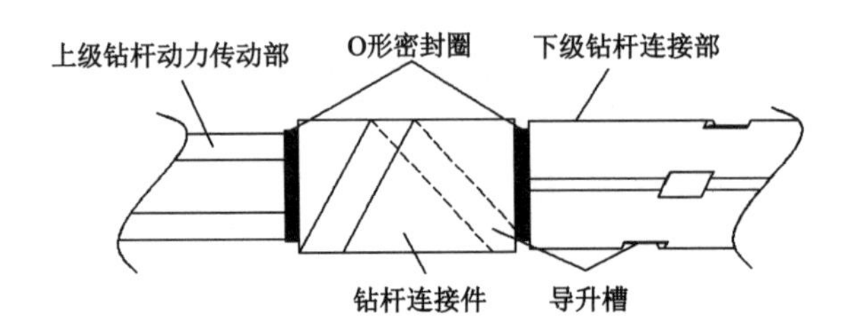

图 5-31　高效排渣钻杆连接示意图

正如图 5-31 所示，钻杆间连接时，带有 O 形密封圈的上下级钻杆与连接件通过螺纹紧密连接，此时，两侧的 O 形密封圈会在钻机扭矩的作用下与连接件紧密接触，高强度密封橡胶圈会将两侧接口处的缝隙完全密封，从而达到密封钻杆连接处的目的。

在连接多根钻杆钻打底板锚固孔时，上返液会流经多段六棱传动部位，虽然六棱传动部位并未刻有导升凹槽，但是该部位长度较短，且其直径与上下级钻杆的四棱杆体直径相差较大，使该处环形通路截面积增加。根据第 4 章理论分析结果知，这样会在一定程度上增加钻渣的上返速度。同时，上返液在导升槽产生压差效应作用下，流经该部位时具有较高的初速度。因此，在实际应用过程中，六棱传动部位并不会对排渣效率产生明显影响。

5.3　高效排渣钻杆强度校核数值模拟试验

5.3.1　模型构建

为了明确高效排渣钻杆的材质及整体结构强度是否满足底板锚固孔钻进需求，通过建立 ABAQUS 数值模型分析钻杆在钻进过程中受力特征并对杆体进行材质选型。锚固孔钻进是一个复杂的过程，主要受岩体力学参数和锚杆钻机动力参数的影响。为了便于分析，对模型做以下基本假设：

(1) 钻进过程中，钻孔轨迹控制良好，钻杆以垂直于岩石的方式进行钻进。

(2) 由于锚杆钻机的钻头相对于巷道岩体具有很高的硬度和强度，其变形非常小，因而假设钻头为刚体。

(3) 岩石单元钻进失效后，不再考虑其被重复破碎的问题，破碎的岩石单元不再影响后续的钻进工作。

(4) 由于钻杆连接头 T16×6-M14，该种螺纹应用已非常成熟，因而模拟过程中不考虑钻杆接头间的螺纹连接作用，钻杆间的接触模式设为绑定接触。

底板锚固孔钻进数值模型如图 5-32 所示。

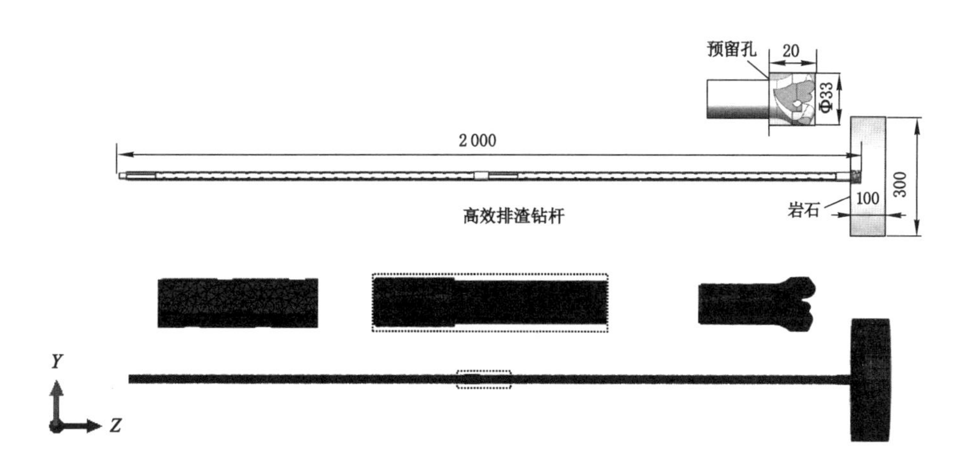

图 5-32　底板锚固孔钻进数值模型

模型尺寸：利用 SolidWorks 三维软件绘制三维钻进模型，并导入至 ABAQUS 有限元软件中进行分析，所用钻杆为设计的高效排渣钻杆，由两根钻杆连接而成，长 2 000 mm，钻头为高效破岩钻头。岩石模型呈圆柱状，直径为 300 mm，厚 100 mm。为了更好地控制钻钻孔轨迹，于岩石中心预留一直径为 33 mm、深 20 mm 的圆孔，将钻头置于孔内，与底部岩石保留微小间隙，并于钻孔保持对中。岩石类型为砂质泥岩。

边界条件：岩石模型底面完全固定，只保留钻杆 z 向平动及转动自由度，并沿杆体棱边布置一条测线，采集各个节点的运动及受力信息，在钻杆端部施加推力及扭矩，预留孔深度范围内岩石设为刚体。

网格划分：岩石模型采用六面体自由网格划分，并对钻进中心区域网格细化处理，钻杆采用四面体网格划分，模型网格总量为 123 045 个，节点总量为 177 623 个，钻进时长 15 s。由于目前底板钻机多采用液压为动力源，其动力较大，因此模拟过程中，在钻杆端部施加推力16 000～20 000 N，扭矩 120～140 N・m，分析不同动力时钻杆的受力特征，并对钻杆进行材质选型。模拟方案及如表 5-4 所列。

表 5-4　数值模拟方案

方案编号	推力/N	扭矩/(N・m)
1	16 000	140
2	18 000	140
3	20 000	140
4	16 000	130
5	16 000	120

注：砂质泥岩物理力学参数[163]，即密度为 2 610 kg/m^3、抗压强度为 44.0 MPa、抗拉强度为 2.64 MPa、弹性模量为 10.25 GPa、泊松比为 0.25。

5.3.2 高效排渣钻杆受力特征分析

钻进至 15 s 时，在推力 16 000 N、扭矩 140 N·m 条件下高效排渣钻杆最大主应力云图如图 5-33 所示。

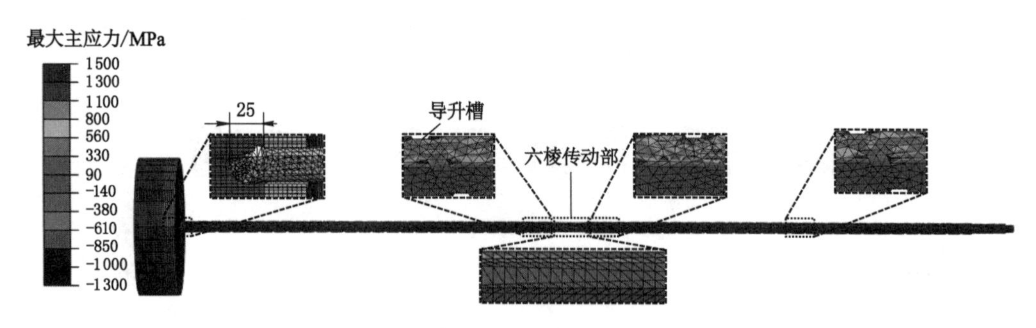

图 5-33 高效排渣钻杆最大主应力云图

由图 5-33 可知，在钻进过程中，杆体表面的最大主应力主要体现为拉应力(正值主应力)。这是由于钻杆在钻进过程中受岩石的沿钻杆轴向反作用力发生了横向振动(杆体单元垂直于轴向的运动)。相关研究表明，横向振动是钻杆振动现象的主要形式，在此过程中杆体主要受拉应力作用，当拉应力超出杆体抗拉强度时，杆体就会发生屈服直至破坏，这也正是现场钻杆弯曲折断的主要原因。因此，高效排渣钻杆最大主应力集中区域多出现于钻杆棱边、导升槽以及钻杆间连接处六棱传动部位两侧，这些区域正是高效排渣钻杆结构的薄弱部位，且最大主应力最大值已超过 1 000 MPa。相比之下，钻杆壁面以及六棱传动部位最大主应力相对较低，一般在 90～560 MPa。由此可见，在强推力大扭矩动力条件下，杆体在钻进过程中始终承受了较高的拉应力。在钻进至 15 s、钻进深度达到 25 mm 时，钻头刀片已完全进入岩石内部，岩石对于钻头的反作用力(轴向及切向)不会发生较大变化，并且钻杆受力也会处于相对稳定状态。通过在杆体同一棱边布置沿杆体轴向的测线获取不同推力及扭矩条件下 1 s、4 s、8 s、12 s、13 s、14 s、15 s 时最大主应力均值，如图 5-34 所示。

由图 5-34 可知，在不同推力及扭矩条件下，钻杆棱边最大主应力均值随着钻进时间的增加而增加，直至 15 s 时达到最大值。当钻进时长为 8 s 时，最大主应力增长速率显著增加。这是由于刀片与岩石的接触面积不断增加，导致反作用力急剧增长。在钻进时长 13 s 后，最大主应力均值增长速率下降，由于钻头刀片已完全进入岩石，岩石反作用力(轴向及切向)逐渐趋于稳定，所以在钻进时长 14～15 s 主应力均值基本未发生变化。当然，由于钻进动力不同，钻头进尺有所不同，所以主应力均值到达稳定时刻也不同。此外，，随着推进力以及扭矩的增加，钻杆棱边的主应力均值也会不断增大，在推力为 20 000 N、扭矩为 140 N·m 时，最大主应力均值达到了 1 160 MPa。图 5-35 所示为推力 16 000 N、扭矩为140 N·m 以及 1 s、4 s、8 s、12 s、15 s 时，棱边各测点最大主应力分布曲线。

由于棱边导升槽边缘同样布设有测点，导致所有测点累计长度要稍高于两根钻杆总长度。如图 5-35 所示，随着钻进时间的增加，钻杆承受最大主应力不断增大，在 15 s 时达到最

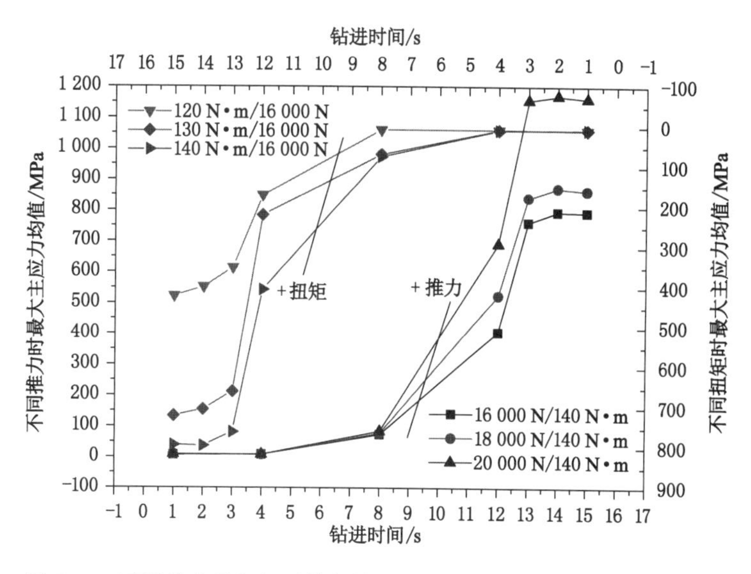

图 5-34　不同推力及扭矩时钻杆棱边最大主应力均值随时间变化曲线

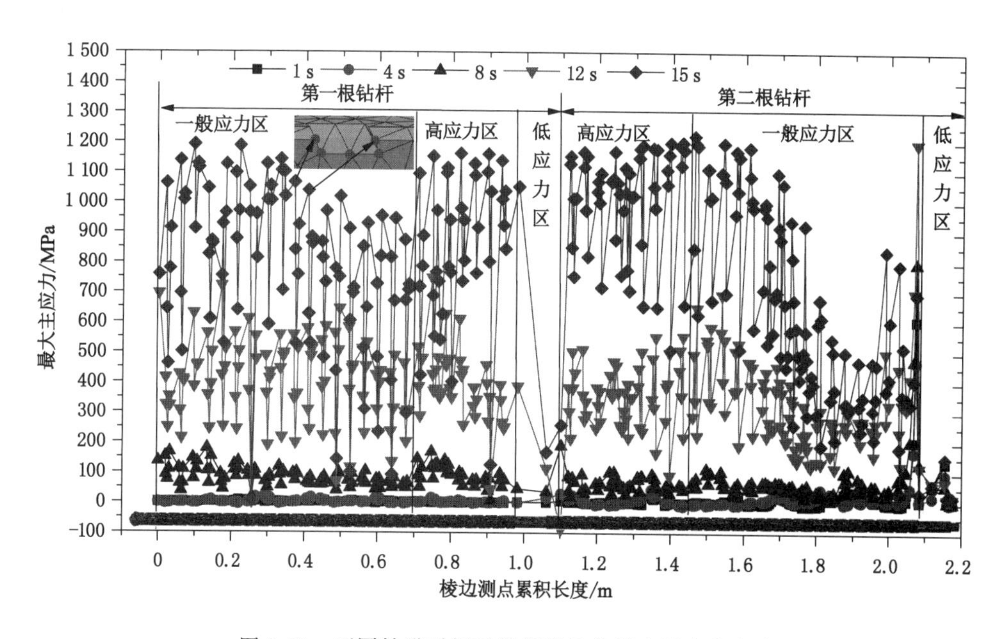

图 5-35　不同钻进时间时钻杆棱边各测点最大主应力

大，其最大主应力均值大约为 790 MPa。此外，杆体棱边不同部位最大主应力分布状态有所不同，根据最大主应力的不同，钻杆棱边可分为低应力区、一般应力区及高应力区。低应力位于六棱传动部位，钻杆棱边大部分处于一般应力区内，高应力区分布于钻杆间连接处的六棱传动部位两侧一定范围内，该区域内最大主应力多在 800～1 200 MPa 范围内。在多根钻杆工作过程中，连接处均处于高应力区域。因此，钻杆材质强度对于保证钻杆良好的工作性能至关重要。

5.3.3 高效排渣钻杆材质选型及加工

通过对钻进过程中高效排渣钻杆的受力状态进行分析，得到了弹性条件下杆体单元的力学特征，为钻杆材质的选型提供了依据。钻杆工作环境的特殊性不但要求钻杆具有较高的强度，而且需具备较高的韧性及较强的抗疲劳性能，因而钻杆材质主要以钎钢为主。钎钢是指专门用于加工钻具的钢材，主要分为实心钎钢和空心钎钢两大类[164]。国内外常见钎钢种类及力学性能如表 5-5 所列[164-166]。

表 5-5 常见 4 种钎钢力学性能

种类	淬火温度/℃	屈服强度/MPa	抗拉强度/MPa	伸长率/%	断面收缩率/%
CrMo	850～870	840	1 324	9.0	36.5
ZK35SiMnMoV	880～900	1 146	1 475	12.1	48.8
ZK55SiMnMo	840～860	1 270	1 370	11.4	36.9
40Cr	800～870	785	980	9.0	45.0

根据第一强度理论可知，任何应力状态下材料的脆断是由三个主应力中的最大拉伸主应力 σ_1 达到材料的抗拉极限所致。为了保证钻杆能够正常工作，钻杆材质的选型应满足屈服强度 $\sigma_s > \sigma_1$。此外，由前述可知，钻进至 15 s 时钻杆承受最大主应力达到最大值。因此，只需将不同动力条件下，钻进至 15 s 时钻杆最大主应力与各类钎钢屈服强度进行比对，可筛选出符合强度要求的钎钢材质。不同动力条件下，钻进至 15 s 钻杆最大主应力与各类钎钢屈服强度如图 5-36 所示。

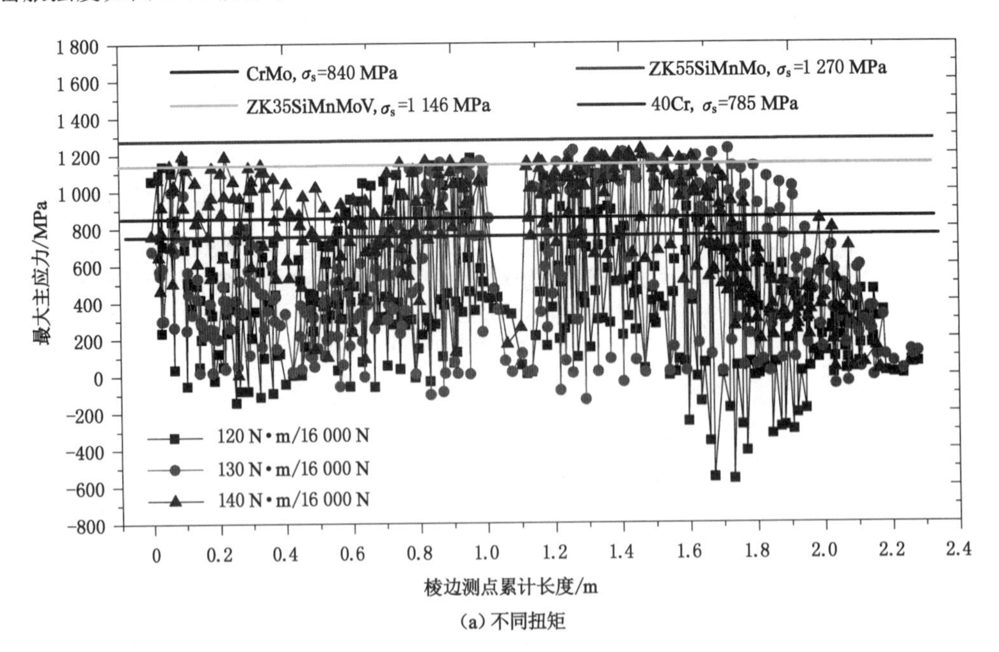

(a) 不同扭矩

图 5-36 不同推力及扭矩时钻杆棱边各测点最大主应力与钎钢屈服强度

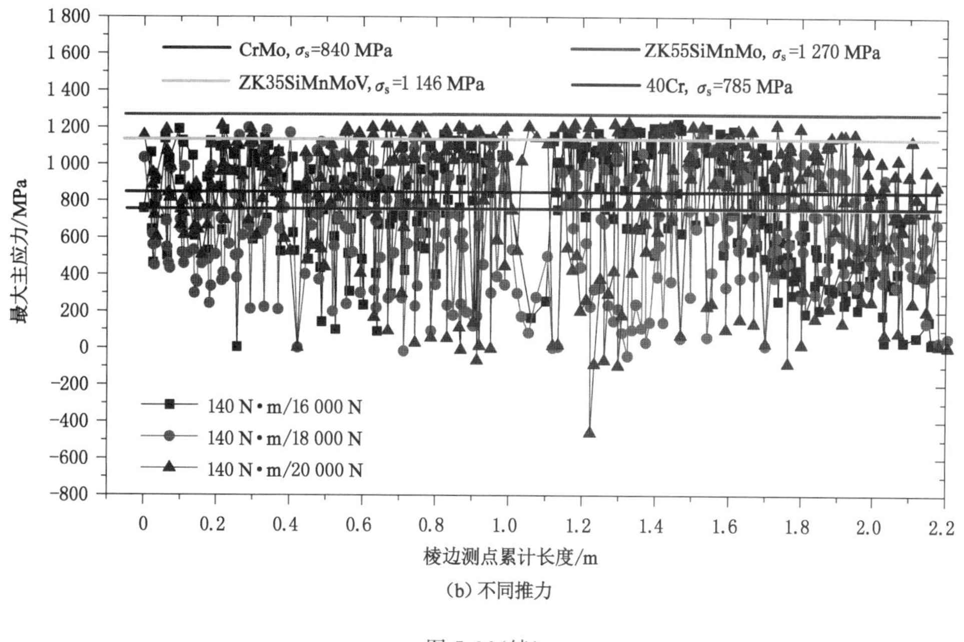

(b) 不同推力

图 5-36(续)

由图 5-36(a)可知，随着扭矩的增加，钻杆棱边测点所受最大主应力也逐渐增加，在扭矩 140 N·m、推力 16 000 N 时，棱边测点最大主应力的最大值接近 1 200 MPa。对于 CrMo、ZK35SiMnMoV、40Cr 钎钢来说，最大主应力 1 200 MPa 已完全超越了 3 种钎钢的屈服强度，说明钻杆已出现屈服，只有 ZK55SiMnMo 型钎钢的屈服强度达到 1 270 MPa，才能够满足要求。由图 5-36(b)可知，随着推力的增加，钻杆棱边承受的最大主应力逐渐增加，在扭矩 140 N·m、推力 20 000 N 时，棱边测点最大主应力的最大值接近 1 240 MPa。同理，对于 CrMo、ZK35SiMnMoV、40Cr 钎钢来说，1 220 MPa 已完全超越其屈服强度，只有 ZK55SiMnMo 型钎钢，其屈服强度达到了 1 270 MPa，才能够满足要求。此外，为了使高效排渣钻杆强度满足现场使用要求，数值模拟中载荷设置时，特意增加了推力及扭矩。在现场实际产生过程中，扭矩 140 N·m、推力 20 000 N 的动力条件已满足大部分钻机成孔的使用要求。因此，高效排渣钻杆的材质确定为 ZK55SiMnMo 型钎钢。

根据确定的结构、尺寸及材质参数，委托山东某公司进行高效排渣钻杆的加工。加工完成的高效排渣钻杆如图 5-37 所示。

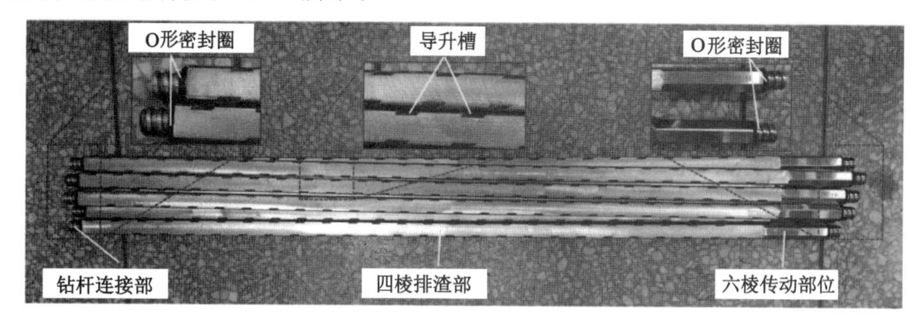

图 5-37　高效排渣钻杆实物图

5.4 本章结论

本章在前期研究成果基础上进行了高效钻具的初步设计，采用理论分析、数值模拟以及实验室试验等方法实现了钻具关键参数的进一步优化，最终完成了高效排渣钻具的加工。具体结论如下：

（1）具有主/副切削刀片的高效破岩钻头能够很好地消除孔底中心岩柱，改变钻孔中部区域岩石原有的受压/扭转破坏形式，保证钻孔区域内岩石钻渣均由主/副刀片切削产生，有效降低了钻渣尺寸。

（2）采用数值模拟方法进行了高效排渣钻杆关键结构尺寸的优化，最终确定四棱杆体截面尺寸为：进液通道直径为 7 mm，等效壁厚为 8.5 mm，外接圆直径为 24 mm。

（3）数值模拟结果表明刻槽钻杆在旋转过程中棱边会产生压差效应，能够自下至上不断推动导升槽之间区域的液渣混合流，增大钻渣上返速度，最终确定导升槽参数为：槽深 1 mm，槽宽 8 mm，螺距 34 mm。

（4）基于已确定的关键尺寸参数，并结合现场实际，进行了高效排渣钻杆结构设计及材质选型，完成了高效排渣钻杆的加工，拟通过现场工业性试验验证高效排渣钻具的工作性能。

第 6 章　井下工业性试验研究

在前述研究中，通过理论分析、数值模拟及实验室试验方法分析了底板锚固孔钻渣生成机理及尺寸特征，明晰了正循环排渣过程中钻渣运移规律及其影响因素。基于以上研究成果，进行了高效排渣钻具的设计、优化及加工。本章以河南省新郑煤电有限责任公司赵家寨煤矿 14205 工作面区段回风平巷为试验地点，利用高效排渣钻具进行底板锚索孔的施工，进一步检验其工作性能，为保证小孔径底板锚固孔的顺利施工提供新方法。

6.1　工程地质条件

赵家寨煤矿主采山西组底部二$_1$ 煤层，14205 工作面位于 14 采区中部，东邻待掘的 14206 工作面，南邻 14 采区运输上山保护煤柱，西邻待掘的 14204 工作面，北邻 F33 正断层保护煤柱，14205 工作面底抽巷于工作面内侧布置，上底抽巷与区段回风平巷水平间距约 35 m，垂直间距约 20 m。目前，底抽巷已全部完成施工，工作面区段回风平巷已掘进约 100 m，试验地点定在掘进工作面后方 20 m 位置。14205 工作面巷道布置及顶、底板柱状如图 6-1 和图 6-2 所示。

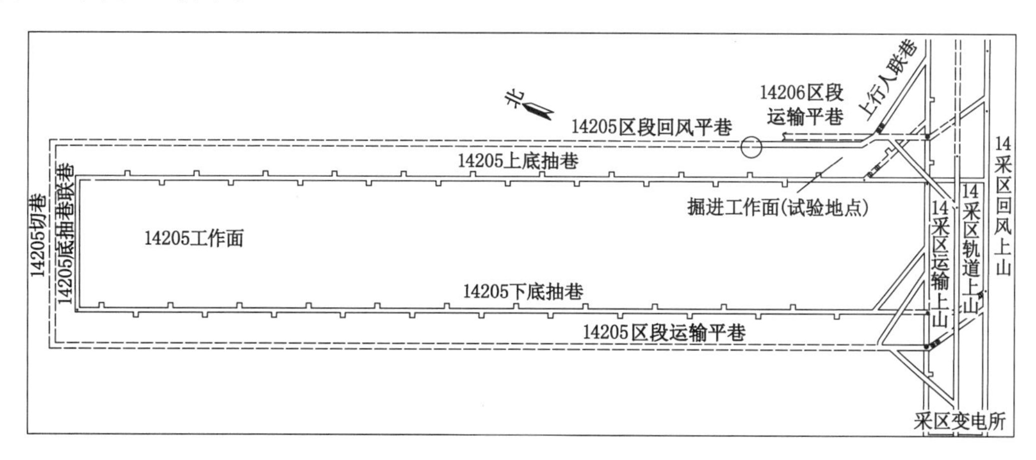

图 6-1　14205 工作面巷道布置图

14205 工作面煤层厚度为 0.5～12 m，平均煤厚为 4.6 m，煤层平均倾角为 5°，煤层直接顶为砂质泥岩，平均厚度为 2.21 m，单轴抗压强度为 51.2 MPa，基本顶为大占砂岩，平均厚度为 12.7 m，单轴抗压强度为 138.8 MPa，直接底为砂质泥岩，厚度为 0.35～8.0 m，平均厚度为 3.4 m，单轴抗压强度为 49.7 MPa，基本底为 L_{7-8}灰岩，厚度为 7.2～14.1 m，平均厚度为 9.57 m，单轴抗压强度为 40～60 MPa。

岩层名称	柱状	平均层厚/m	岩性描述
砂质泥岩		1.14	深灰色,水平互层层理,含少量炭质层理,见大量白云母碎片
大占砂岩		12.70	灰色～浅灰色,中、细粒,层面富含白云母碎片及炭质薄膜,工作面内大部分直接压煤
砂质泥岩		2.21	深灰色,裂隙发育,易脱落,在本区发育不稳定
二$_1$煤层		4.60	黑色,粉状及片状半光亮型,金刚光泽,局部含夹矸
砂质泥岩		3.40	灰色、深灰色,含白云母片及植物化石,下部含黄铁矿结核,并发育有L_9灰岩
L_{7-8}灰岩		9.57	深灰色,致密坚硬,隐晶质结构,含蜓科类化石,燧石结核,垂直裂隙发育,并充填方解石脉

图 6-2　14205 工作面区段运输平巷围岩地质柱状图

在 14205 工作面回采巷道开始掘进前,采用底抽巷水力割缝方式进行瓦斯治理,即通过底抽巷向工作面方向钻打高压水力钻孔,利用高压水实现煤体增透,但上、下底抽巷水力割缝时对工作面区段回风平巷和区段运输平巷的底板及煤层产生较大的扰动(图 6-3)。为此,通过在 14205 工作面区段回风平巷掘进期间对巷道底板进行锚索加固,避免工作面回采动压对巷道底板产生不利影响。

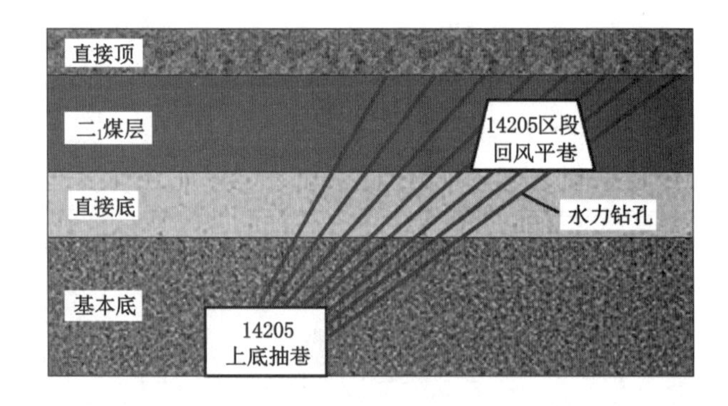

图 6-3　水力钻孔对巷道底板产生扰动

6.2　试验方案设计

根据 14205 巷道底板围岩情况,确定锚固孔深度为 6 m,底板钻进试验分为 AB 两组,每组钻打 4 个钻孔,A 组利用高效排渣钻具,B 组采用普通矿用 B19 六棱钻杆配合 ϕ32 两翼式钻头进行成孔,对各钻孔成孔时长进行记录,将上返的液渣混合流进行过滤,收集产生的钻渣(每组各收集 2 个钻孔的钻渣。为了便于分析,仅对钻进前 100 mm 时的钻渣进行收集)分析钻渣的尺寸,待锚索锚固结束后,对两组锚索进行锚固力测试。其试验方案如表 6-1 所列。

表 6-1　工业性试验方案

分组	钻孔编号	钻孔深度(mm)/直径(mm)	所用钻具
A	A1	6 000/32	高效破岩钻头 高效排渣钻杆 配套连接件
	A2		
	A3		
	A4		
B	B1	6 000/32	普通矿用 B19 六棱钻杆 ϕ32 普通两翼式钻头 普通连接件
	B2		
	B3		
	B4		

在 14205 工作面区段回风平巷底板受水力割缝扰动严重一侧进行底板锚索的施工，具体支护参数为：锚索采用 ϕ17.8，1×7 股高强度钢绞线，长 6 200 mm，锚索托盘采用旧 U 型钢加工，规格 300 mm×300 mm。为了便于锚固力对比测试，每根锚索采用 1 根 MSZ2370 树脂锚固剂进行锚固，锚索间排距为 800 mm×1 600 mm。具体参数如图 6-4 所示。

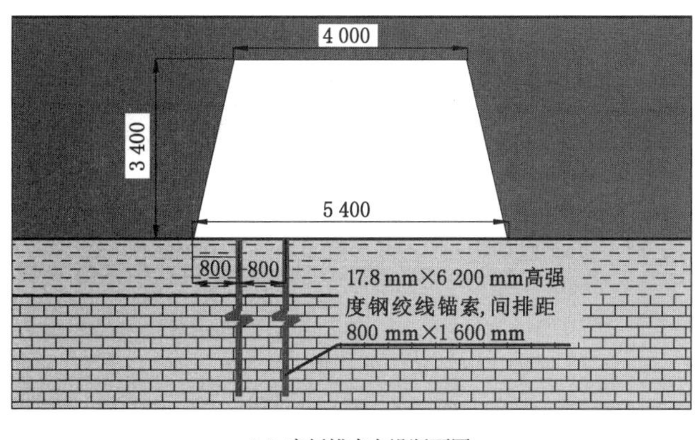

(a) 底板锚索布设断面图

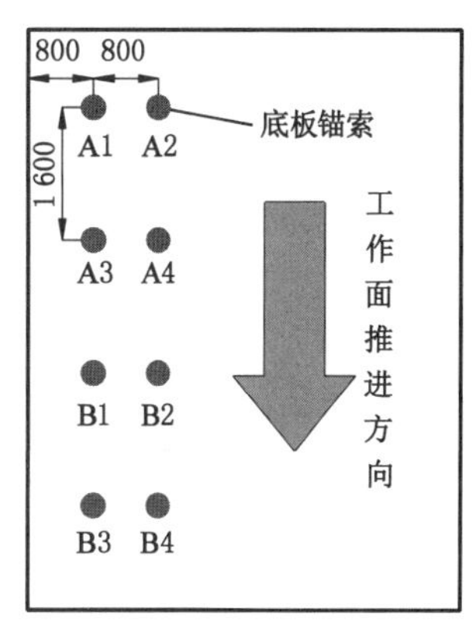

(b) 底板锚索布设平面图

图 6-4　钻进试验中底板锚索支护参数

6.3　试验过程及结果分析

6.3.1　试验过程

如图 6-5 所示，分别利用高效排渣钻具以及普通 B19 六棱杆进行 A、B 组锚固孔的施工。在整个试验过程中，底板钻机转速及推进力均保持恒定，在辅助泵送条件下，钻进水压为3.4 MPa。图 6-5(b)所示为高效排渣钻具的钻进过程，通过观察发现，钻杆与钻机连接处以及钻杆间连接处均未见明显的钻进液泄漏情况，表明高效排渣钻杆的密封设计可基本满足钻进要求。相比之下，利用普通 B19 钻杆钻进时，钻杆与钻机轴套连接处出现了明显的钻进液泄漏现象，上返液流速明显低于高效排渣钻具。以钻机进尺 0.5 m 为单位，每进尺一个0.5 m记录一次时间，从而可得到整个钻进过程的钻进深度与钻进时间曲线。为了方便对比，选用的六棱钻杆单根长度同样为1.0 m。钻孔结束后，利用排污泵将孔内污水抽出，然后进行锚索锚固[图6-5(c)]。为保证锚固剂反应充分，待全部锚索锚固完成后，按照施工顺序利用锚索张拉机具由前至后依次进行拉拔[图6-5(d)]。

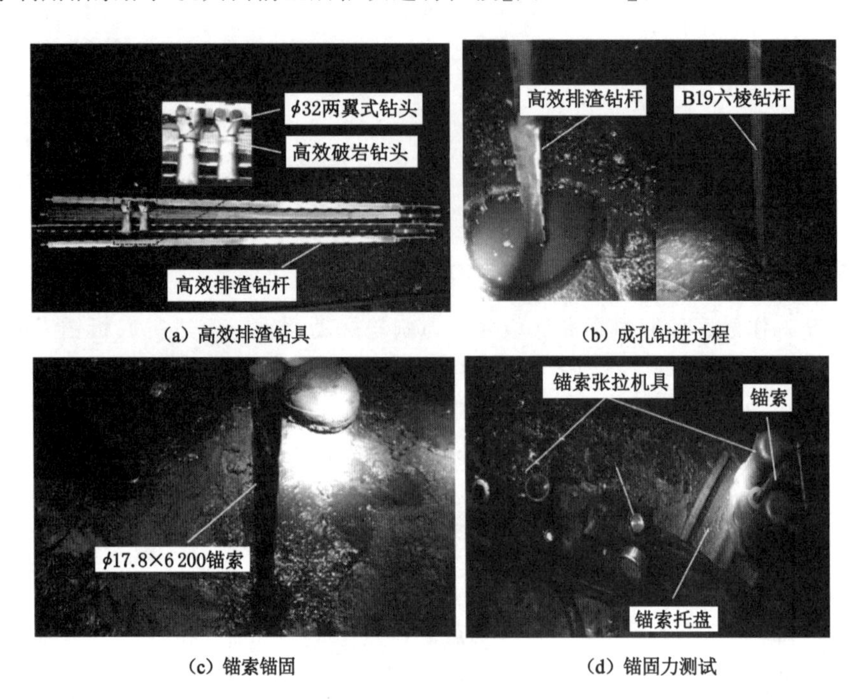

图6-5 工业性试验过程

6.3.2 试验结果分析

收集的A、B组钻渣烘干后如图6-6所示。

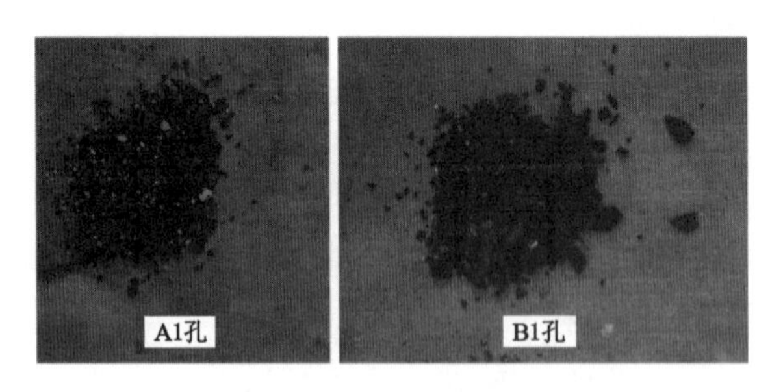

图6-6 经烘干后的A、B组钻渣(大于0.5 mm)

图6-6所示的钻渣均为砂质泥岩钻渣，由于井下环境复杂，因而在钻渣过滤时混入了一些杂质(浅色颗粒)。尽管通过过滤剔除了大部分杂质(粒径小于0.5 mm)，但仍有少部分杂质残留。由于杂质与钻渣颜色差异明显，因而通过调节MATLAB图形识别时的灰度值增强了两者对比度，避免了杂质被误识别，降低了分析误差。此外，所收集钻渣均来自浅孔(100 mm)，可保证所产钻渣几乎均被完全排出。可以直观地看出，A组钻渣尺寸

明显小于 B 组，B 组钻渣中含有大量大尺寸钻渣。经 MATLAB 处理后，得到了 A 组与 B 组 1#、2# 钻孔钻渣等效直径累积频率分布曲线及数量占比曲线，如图 6-7 所示。

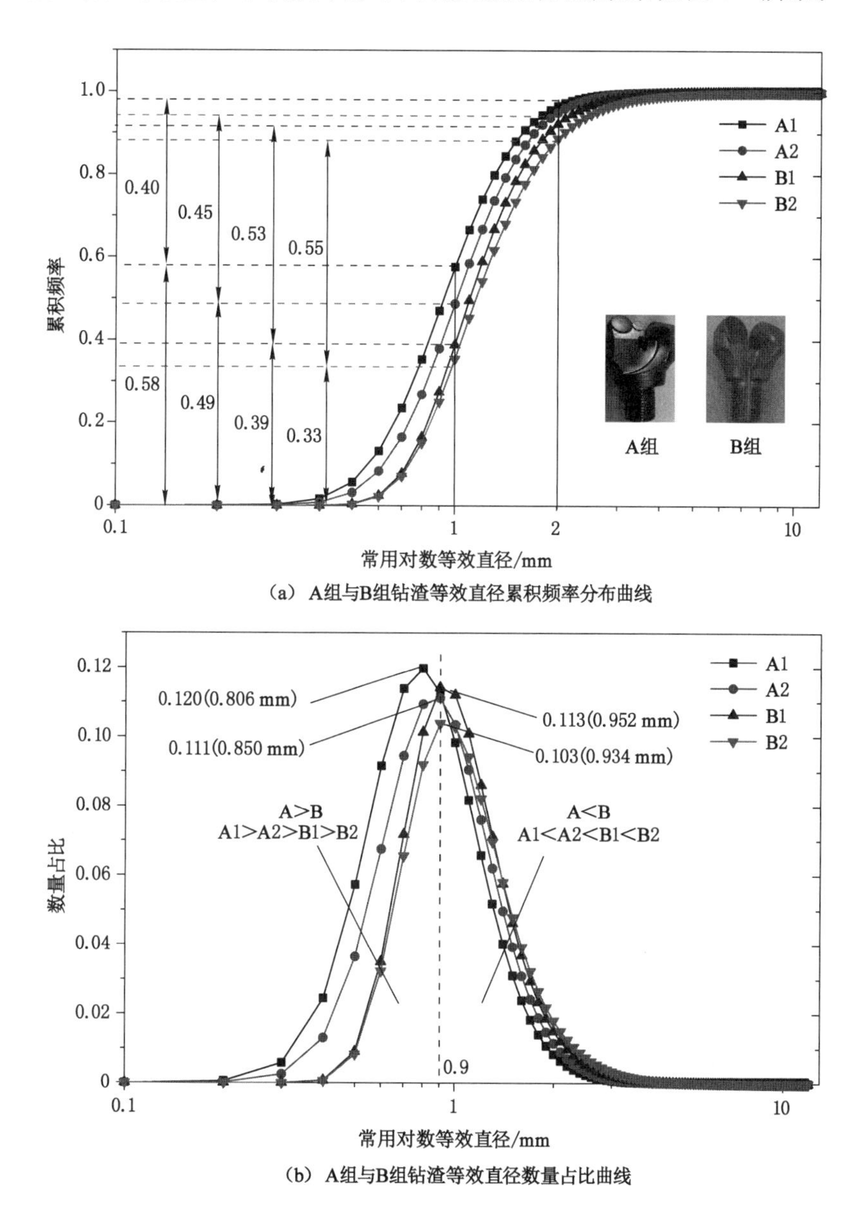

(a) A组与B组钻渣等效直径累积频率分布曲线

(b) A组与B组钻渣等效直径数量占比曲线

图 6-7　A 组与 B 组钻孔钻渣等效直径累积频率分布曲线及数量占比曲线

由图 6-7(a)可知，高效破岩钻头所成的 A1、A2 钻孔等效直径小于 1 mm 的钻渣数量占比分别为 0.58、0.49，占钻渣总数量的相当一部分比例，而普通 PDC 两翼式钻头所成的 B1、B2 钻孔等效直径小于 1 mm 的钻渣数量占比分别为 0.39、0.33，远小于前者。高效破岩钻头所成的 A1、A2 钻孔等效直径在 1～2 mm 的钻渣数量占比分别为 0.40、0.45，B1、B2 钻孔钻渣数量占比分别为 0.53、0.55，A1、A2 钻孔等效直径在 2 mm 以上的钻渣数量占比仅为 0.02、0.06，B1、B2 钻孔钻渣数量占比分别为 0.08、0.12。由此可见，高效破岩钻头与普通 PDC 两翼式钻头相比，产生的小尺寸钻渣（小于 1 mm）占比前者远高于后者，大尺寸钻渣占比则远小于后者。

由图 6-7(b)可知，A1、A2、B1、B2 钻孔所产钻渣特征尺寸分别为 0.806 mm、0.850 mm、0.952 mm、0.934 mm。由此可知，高效破岩钻头与普通 PDC 两翼式钻头钻渣分布特征有所不同，前者特征尺寸明显小于后者。此外，根据曲线相交位置，利用 $y=0.9$ mm 的直线将曲线一分为二，左半侧可明显看出，A 组钻渣等效直径在小于 0.9 mm 尺寸范围内的数量占比明显高于 B 组钻渣，即 A1＞A2＞B1＞B2，而 B 组右半侧等效直径大于 0.9 mm 尺寸的钻渣数量占比明显高于 A 组，即 A1＜A2＜B1＜B2。由此可见，A 组小尺寸钻渣数量占比大，大尺寸钻渣数量占比小，使得 A 组钻渣尺寸小于 B 组钻渣。根据统计结果显示，A 组钻渣最大等效直径均小于 3 mm，而 B 组钻渣最大尺寸则达到了 10.47 mm。A、B 组钻渣平均尺寸如图 6-8 所示。

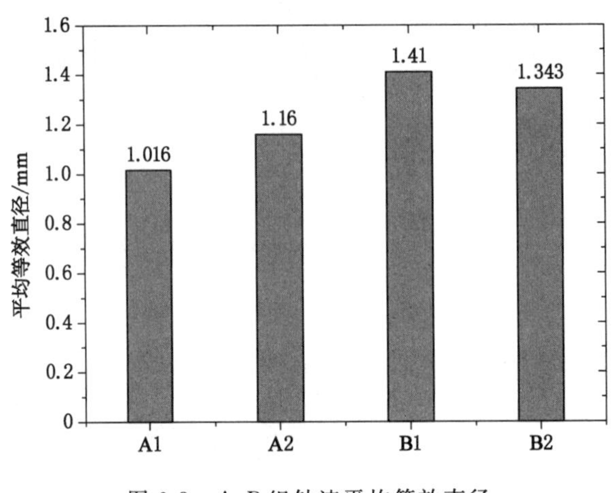

图 6-8　A、B 组钻渣平均等效直径

由图 6-8 可知，A1、A2、B1、B2 钻孔所产钻渣平均等效直径分别为 1.016 mm、1.160 mm、1.410 mm、1.343 mm。由此可见，高效破岩钻头所产钻渣平均尺寸要低于普通 PDC 两翼式钻头。综上所述，通过对比 A、B 组钻孔所产钻渣尺寸可知，高效破岩钻头可有效降低钻渣尺寸，使产生的钻渣主要以中等偏小（小于 2 mm）尺寸的钻渣为主，可避免大尺寸钻渣造成排渣通道堵塞，增大排渣能量损失，最终使成孔效率降低。为了进一步分析高效破岩钻头及排渣钻杆的成孔效果，生成了 A、B 组各钻孔钻进深度与时间曲线，如图 6-9 所示。

由图 6-9 可知，A 组钻孔采用高效排渣钻具进行成孔，B 组钻孔利用 B19 六棱钻杆＋ϕ32 普通两翼式钻头，各组曲线形态较为相近，在整数进尺时，各曲线均表现为水平线。这是由于接长钻杆占用时间造成的，所以各孔接钻杆时长较为相近，均为 60 s 左右。在钻进深度小于 1 m 时，两组钻进速度相差不大，随着钻进深度的增加，进尺速度开始出现明显区别，B 组曲线随着钻进深度的增加，钻进速度不断降低，曲线走势逐渐变缓，尽管 A 组钻进速度也出现一定降低，但是明显高于 B 组。在钻进初始阶段，尽管 B 组钻孔所产钻渣尺寸也高于 A 组，且 B19 六棱钻杆排渣效率低于高效排渣钻具，但是钻孔深度较浅，排渣效率受孔深影响程度低，所以在钻进初始阶段，两者钻进速度差别较小。然而，随着钻孔深度不断增加，排渣效率受孔深影响越加明显，加之 B 组 ϕ32 两翼式钻头产生的大尺寸钻渣产量不断增加，排渣效率的不断降低使钻孔底部出现了钻渣集聚，大尺寸钻渣不断占据钻头刀片的切

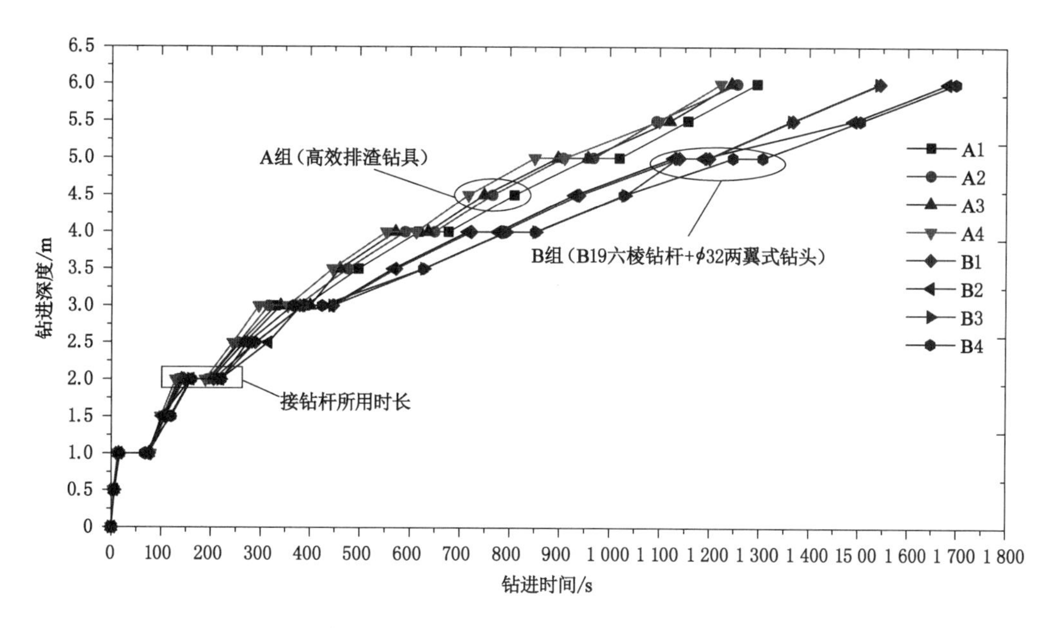

图 6-9　A、B 组各钻孔钻进深度与时间曲线

削空间，最终影响了钻进速度。相比之下，随着钻进深度的不断增加，虽然 A 组各钻孔钻进速度有所下降，但是整体明显高于 B 组，由于高效破岩钻头极大限度地减小了钻渣的生成尺寸，特别是中心岩柱破断产生的大钻渣尺寸，同时配合高效排渣钻杆导升排渣作用，使产生的钻渣能够及时排出，极大限度地减轻了孔底钻渣积聚程度，从而保证了钻进速度。A、B 组各钻孔平均钻进速度如图 6-10 所示。

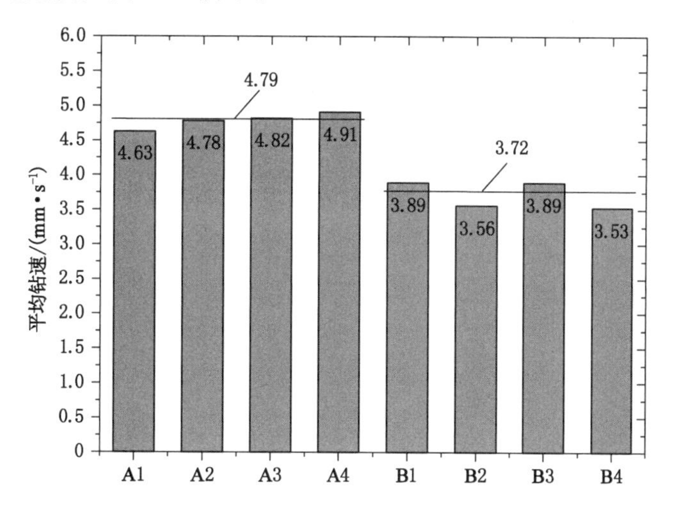

图 6-10　A、B 组各钻孔平均钻速

由图 6-10 可知，A1～A4 钻孔平均钻速分别为 4.63 mm/s、4.78 mm/s、4.82 mm/s、4.91 mm/s，整体均值为 4.79 mm/s，B1～B4 钻孔平均钻速分别为 3.89 mm/s、3.56 mm/s、3.89 mm/s、3.53 mm/s，整体均值为 3.72 mm/s。以上数据表明，A 组钻孔成孔速度明显高于 B 组。A、B 组各锚索锚固力测试结果如图 6-11 所示。

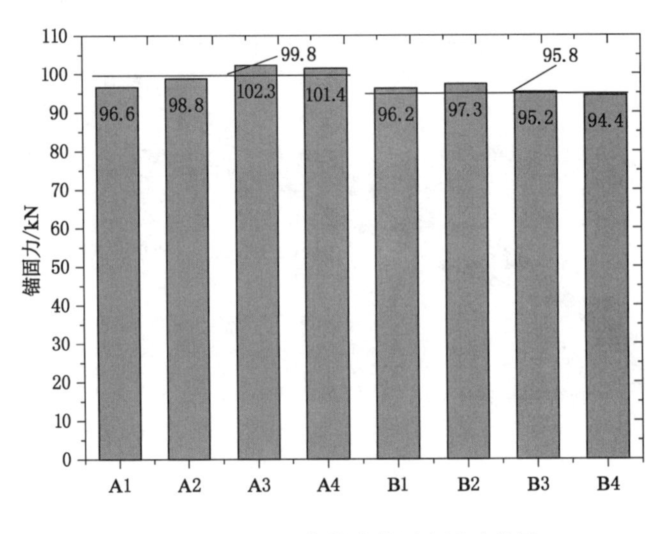

图 6-11　A、B 组各锚索锚固力测试结果

由图 6-11 可知，A1～A4 锚索锚固力分别为 96.6 kN、98.8 kN、102.3 kN、101.4 kN，整体均值为 99.8 kN，B1～B4 锚索锚固力分别为 96.2 kN、97.3 kN、95.2 kN、94.4 kN，整体均值为 95.8 kN。虽然 A、B 组锚索锚固力较为接近，但是 A 组锚索锚固力均值高于 B 组锚索 4.0 kN。这是由于 B 组各钻孔排渣能力有限，锚固力测试前虽然将孔内大部分液渣混合流抽出，但是孔底依然残留有一定量的大尺寸钻渣。在进行锚固剂搅拌时，这些钻渣一部分进入锚固剂内部，其余部分则会分布在锚固剂与孔壁之间，使锚固剂与孔壁间的黏聚力降低，最终导致锚固力下降。

综上所述，由于高效破岩钻头极大限度地减小了钻渣生成尺寸，使较小尺寸钻渣在高效排渣钻杆的作用下具有更高的上返速度以及排渣效率，不易造成孔底钻渣积聚，使高效排渣钻具较普通 B19 六棱钻杆具有更高的成孔速度。同时，孔底钻渣残余量的降低增加了锚固剂与围岩的有效接触面积，从而间接提高了锚索的锚固力。由以上分析可知，高效排渣钻具具有良好的工作性能。

6.4　本章结论

通过在赵家寨煤矿 14205 区段回风平巷进行底板小孔径锚固孔成孔试验，检验了高效排渣钻具的工作性能。主要结论如下：

(1) 高效破岩钻头极大限度地减小了钻渣的生成尺寸，使较小尺寸钻渣在高效排渣钻杆的作用下具有更高的上返速度及排渣效率，从而较 B19 六棱钻杆具有更高的成孔速度。

(2) 高效排渣钻具可减少孔底钻渣的残余量，增加了锚固剂与围岩的有效接触面积，从而提高了锚索的锚固力。

(3) 井下工业性试验表明，高效排渣钻具具有良好的工作性能，为煤矿巷道底板小孔径锚固孔快速钻进提供了一种新方法。

第7章　主要研究结论

本书针对煤矿巷道底板小孔径锚固孔排渣这一瓶颈问题，通过理论分析、实验室试验、数值模拟及现场工业性试验相结合的方法，深入系统研究了底板小孔径锚固孔钻渣生成机理与尺寸分布特征，确定了合理的排渣方式，明晰了底板锚固孔钻渣运移规律及其影响因素，进行了高效排渣钻具的设计优化。主要取得了以下研究结论：

(1) 分析了常规矿用PDC两翼式锚杆钻头破岩及钻渣的生成过程，建立了底板锚固孔岩石破碎力学模型，求解了单位刀刃宽度切削力及钻孔中心岩柱所受扭矩的表达式；基于能量守恒定理，得到了钻渣平均尺寸表达式，确定了钻渣平均尺寸的影响因素。

① PDC两翼式钻头破岩时钻渣生成过程可分为4个阶段：钻渣初始生成阶段、崩落钻渣重复破碎阶段、底部中心岩柱生成阶段、中心岩柱破断大尺寸钻渣生成阶段。这4个阶段反映了底板锚固孔钻渣分区域的生成过程，即孔底外围岩石切削破碎生成小粒径钻渣过程以及中心岩柱扭转(受压)破坏产生大粒径钻渣过程。

② 底板锚固孔钻进过程中，单位刃宽上切削力 F_1 与岩石单轴抗压强度及内摩擦角紧密相关，岩石单轴抗压强度越大，单位刃宽上切削力 F_1 越大。同样，当钻进同种岩石时，增加钻机钻进速度，可以提高切削力；而当钻机转速增加时，切削力反而降低。

③ 钻渣平均尺寸主要与岩石单轴抗压强度及钻头有效刀片宽度有关，随着岩石单轴抗压强度的增大而增大，随着刀片有效宽度的增大而减小，钻进至较坚硬岩层时，大尺寸钻渣产出量会相应增加。此外，钻渣平均尺寸与钻机的动力参数(钻速及转速)无关，调节钻机动力参数对钻渣平均尺寸影响不大。

(2) 在实验室利用实钻试验分析了煤矿巷道底板常见岩石在钻进过程中钻渣的尺寸分布规律及形貌特征。

① 研究表明，底板锚固孔钻进过程中，PDC两翼式钻头产生的钻渣尺寸服从广义极值分布函数，钻渣的平均尺寸随着岩石单轴抗压强度的增大而增大，岩石强度越高，钻进产生的大尺寸钻渣比例越大，其平均尺寸也越大，该结论与理论分析结果一致。

② 底板锚固孔钻进过程中，当钻头形状参数固定不变时，改变钻机的动力参数(钻速及转速)对钻渣平均尺寸的影响不明显。对于两翼式钻头而言，钻进过程中产生的粒径小于1.5 mm钻渣的平均尺寸基本相同，钻头刀片间距对其并无明显影响，但对于粒径较大钻渣的尺寸影响显著。随着钻头刀片间距的增大，有效刀片宽度不断减小，使中心岩柱尺寸不断增大，导致岩柱破断时产生的粒径大于1.5 mm钻渣的平均尺寸也随之增大，引起整体钻渣平均尺寸的增大。

③ 现有PDC两翼式钻头产生的钻渣平均尺寸一般较大，最大钻渣尺寸可达10 mm左右。由于排渣通道狭小，若不采取一定措施降低钻渣尺寸，此类钻渣的存在会对排渣过程造成极为不利的影响。

④ 底板锚固孔钻进过程中，当钻进至较坚硬岩层时，钻渣平均尺寸特别是大尺寸钻渣的平均尺寸会相应增加。此时，应及时调整排渣动力参数，防止卡钻及堵钻。以上研究结论为优化钻头切削部位结构及数值模拟中钻渣尺寸设定提供理论依据。

(3) 利用流体力学相关理论确定了正循环的排渣方式。采用数值模拟方法分析了排渣过程中钻渣的运移规律以及钻杆截面形状、钻孔深度、钻孔倾角等参数对排渣效果的影响。

① 在锚固孔深度及倾角一定时，配合泵送条件下的正循环排渣较泵吸反循环钻渣上返速度更大，具有更高的排渣效率，且更易实现小孔径锚固孔的施工。

② 钻头周边钻渣的运移过程较为复杂，靠近钻孔中部区域的钻渣会发生上下的螺旋往复运动，周边区域钻渣则直接向上运动，但钻头的高速旋转对钻渣运移不会产生明显影响。此外，现有两翼式钻头结构均存在一定钻渣集中区域，这些区域会对钻渣造成一定能量损失，影响排渣效果。钻渣生成后，在绕流阻力、浮力及自重作用下先进行减速运动，进入钻杆与孔壁的环形通路后又呈现出类匀速向上的运动状态。

③ 钻杆截面形状对排渣效果具有显著影响，四棱钻杆在排渣过程中表现出较好的工作性能，钻渣 z 向上返速度最大，且钻渣于环形通路中体积分数最低，排渣效果较好；孔深的增加会降低钻渣上返速度，不利于钻渣的排出，且钻孔存在一定倾角时，钻渣会在下半侧孔壁处集聚。因此，应采取一定措施防止钻渣过度集聚，堵塞排渣通道，影响成孔效率。钻渣粒径对底板锚固孔的排渣效果具有一定影响，钻渣上返速度随着粒径的增加而降低，钻渣粒径越大，在排渣通道内体积分数越高，越易出现钻渣聚集，堵塞排渣通道，排渣效率也越低。

④ 进液压力以及钻渣转速对排渣效果具有显著影响。也就是说，提高进液压力可以明显增加钻渣上返速度，提高排渣效率。在钻孔存在一定倾角时，提高钻杆转速，可提高钻渣聚集区域偏转速度，避免钻渣沿下部孔壁形成带状聚集，使钻渣聚集区沿钻孔轴向偏转，更有利于降低上返液的能量损失。此部分研究结论为钻具优化以及底板锚固孔排渣过程中排渣动力参数调节(进液压力、钻机转速)提供重要理论支撑。

(4) 采用理论分析、数值模拟以及实验室试验方法实现了高效排渣钻具关键参数的优化设计，完成了高效排渣钻具的材质选型与加工。

① 研究得出，具有主/副切削刀片的高效破岩钻头能够很好地消除孔底中心岩柱，改变钻孔中部区域岩石原有的受压/扭转破坏形式，保证钻孔区域内岩石钻渣均由主/副刀片切削产生，有效降低了钻渣尺寸。

② 确定四棱杆体截面尺寸为：进液通道直径为 7 mm，等效壁厚为 8.5 mm，外接圆直径为 24 mm。导升槽参数为：槽深 1 mm，槽宽 8 mm，螺距 34 mm。基于以上关键尺寸参数，并结合现场实际，进行了高效排渣钻杆结构设计、强度校核及材质选型，完成了高效排渣钻杆的加工。

(5) 在赵家寨煤矿 14205 区段回风平巷进行底板小孔径锚固孔成孔试验，检验了高效排渣钻具的工作性能。井下工业性对比试验结果表明，高效破岩钻头极大程度上降低了钻渣的生成尺寸，使较小尺寸钻渣在高效排渣钻杆的作用下具有更高的上返速度及排渣效率。与传统的 B19 六棱钻杆相比具有更高的成孔速度、更少的孔底钻渣的残余量，进而增加锚固剂与围岩的有效接触面积，提高了锚索的锚固力和工作性能，为煤矿巷道底板小孔径锚固孔快速钻进提供了一种新方法。

参 考 文 献

[1] 康红普,王国法,姜鹏飞,等.煤矿千米深井围岩控制及智能开采技术构想[J].煤炭学报,2018,43(7):1789-1800.

[2] 何满潮.深部开采工程岩石力学现状及其展望[C]//第八次全国岩石力学与工程学术大会论文集.成都:[s.n.],2004:99-105.

[3] 何满潮.中国煤矿软岩巷道支护理论与实践[M].徐州:中国矿业大学出版社,1996:1-17.

[4] 刘少伟.锚杆支护煤巷冒顶危险的应力影响及工程应用[J].采矿与安全工程学报,2007,24(2):239-242.

[5] 何满潮,谢和平,彭苏萍,等.深部开采岩体力学研究[J].岩石力学与工程学报,2005,24(16):2803-2813.

[6] JIAO Y Y,SONG L,WANG X Z,et al. Improvement of the U-shaped steel sets for supporting the roadways in loose thick coal seam[J]. International journal of rock mechanics and mining sciences,2013,60(1):19-25.

[7] 刘泉声,康永水,白运强.顾桥煤矿深井岩巷破碎软弱围岩支护方法探索[J].岩土力学,2011,32(10):3097-3104.

[8] KANG Y S,LIU Q S,XI H L. Numerical analysis of THM coupling of a deeply buried roadway passing through composite strata and dense faults in a coal mine[J]. Bulletin of engineering geology and the environment,2014,73(1):77-86.

[9] 侯朝炯,郭利生.煤矿锚杆支护[M].北京:中国矿业大学出版社,1999:1-29.

[10] 侯朝炯,郭宏亮.我国煤巷锚杆支护技术的发展方向[J].煤炭学报,1996,21(2):113-118.

[11] 康红普,王金华,等.煤巷锚杆支护理论与成套技术[M].北京:煤炭工业出版社,2007.

[12] 马念杰,侯朝炯.采准巷道矿压理论及应用[M].北京:煤炭工业出版社,1995.

[13] 康红普,王金华,林健.煤矿巷道锚杆支护应用实例分析[J].岩石力学与工程学报,2010,29(4):649-664.

[14] PENG S S. Topical areas of research needs in ground control:a state of the art review on coal mine ground control[J]. International journal of mining science and technology,2015,25(1):1-6.

[15] MURRHY M,FINFINGER G L,PENG S. Guest editorial-special issue on ground control in mining[J]. International journal of mining science and technology,2016,26:1-2.

[16] BASARIR H,SUN Y T,LI G C. Gateway stability analysis by global-local modeling

approach[J]. International journal of rock mechanics and mining sciences & geomechanics abstracts,2018,113:31-40.

[17] ZHANG W,HE Z M,ZHANG D S,et al. Surrounding rock deformation control of asymmetrical roadway in deep three-soft coal seam: a case study[J]. Journal of geophysics and engineering,2018,15(5):1917-1928.

[18] HUANG W P, YUAN Q, TAN Y L, et al. An innovative support technology employing a concrete-filled steel tubular structure for a 1000-m-deep roadway in a high in situ stress field[J]. Tunnelling and underground space technology,2018,73:26-36.

[19] JIA H S,WANG L Y,LIU S W,et al. Design of multi-layer coupling support and span of setup entry roof at depth[J]. Arabian journal of geosciences, 2018, 11(17):488.

[20] 孙志勇,林健,王子越,等. 大采高工作面锚杆支护巷道局部冒顶机理研究[J]. 煤炭科学技术,2019,47(4):78-82.

[21] 康红普,王金华,林健. 高预应力强力支护系统及其在深部巷道中的应用[J]. 煤炭学报,2007,32(12):1233-1238.

[22] 王金华. 我国煤巷锚杆支护技术的新发展[J]. 煤炭学报,2007,32(2):113-118.

[23] YANG J H,SONG G,YANG Y. Application of the complex variable function method in solving the floorheave problem of a coal mine entry[J]. Arabian journal of geosciences,2018,11(17):1-15.

[24] SUN X M,CHEN F,HE M C. Physical modeling of floor heave for the deep-buried roadway excavated in ten degree inclined strata using infrared thermal imaging technology[J]. Tunnelling and underground space technology, 2017, 63(Mar.):228-243.

[25] CHANG Q L,ZHOU H Q,XIE Z H,et al. Anchoring mechanism and application of hydraulic expansion bolts used in soft rock roadway floor heave control[J]. International journal of mining science and technology,2013,23(3):323-328.

[26] TANG S B,TANG C A. Numerical studies on tunnel floor heave in swelling ground under humid conditions[J]. International journal of rock mechanics and mining sciences,2012,55:139-150.

[27] WANG C L,LI G Y,GAO A S,et al. Optimal pre-conditioning and support designs of floor heave in deep roadways[J]. Geomechanics and engineering, 2018, 14(5):429-437.

[28] KANG Y S,LIU Q S,GONG G Q,et al. Application of a combined support system to the weak floor reinforcement in deep underground coal mine[J]. International journal of rock mechanics and mining sciences,2014,71:143-150.

[29] 刘少伟,张伟光,冯友良. 深井煤巷滑移型底鼓岩体运移机理及控制对策[J]. 采矿与安全工程学报,2013,30(5):706-711.

[30] 陈炎光,陆士良. 中国煤矿巷道围岩控制[M]. 徐州:中国矿业大学出版社,1994.

[31] OLDENGOTT M. 巷道底臌的防治[M]. 北京：煤炭工业出版社，1985.

[32] PENG S S,WANG Y J,TSANG P. Analysis of floor heave mechanisms：proceedings of the society for mining metallurgy and exploration[C]//Denver,Colorado. 1995,1-12.

[33] WUEST W J. Controlling coal mine floor heave：an overview[J]. Information circular-United States,Bureau of Mines,1992,9326：1-10.

[34] PENG S S. Coal mine ground control[M]. New York：Wiley,1978.

[35] PENG S S, TSANG P. Yield pillar application under strong roof and strong floor condition-a case study[J]. Rock mechanics,balkema,rotterdam,1989(1)：411-418.

[36] STANKUS J C,PENG S S. Floor bolting for control of mine floor heave[J]. Mining engineering,1994,46：1099-1102.

[37] 谢卫红，陆士良，张玉祥. 挠曲褶皱性巷道底臌机理分析及防治对策研究[J]. 岩石力学与工程学报，2001，20(1)：57-60.

[38] 谢文兵，陆士良，殷少举，等. 柴里矿－490 水平泵房围岩加固技术[J]. 矿山压力与顶板管理，1997，14(增刊 1)：167-168.

[39] 姜耀东，陆士良. 巷道底臌机理的研究[J]. 煤炭学报，1994，19(4)：343-351.

[40] 康红普，陆士良. 巷道底臌的挠曲效应及卸压效果的分析[J]. 煤炭学报，1992，17(1)：37-52.

[41] 王卫军，侯朝炯. 回采巷道底臌力学原理及控制研究新进展[J]. 湘潭矿业学院学报，2003，18(1)：1-6.

[42] 王卫军，冯涛，侯朝炯. 回采巷道底臌过程研究[J]. 湘潭矿业学院学报，2002，17(2)：4-8.

[43] 侯朝炯，何亚男，李晓，等. 加固巷道帮、角控制底臌的研究[J]. 煤炭学报，1995，20(3)：229-234.

[44] 刘泉声，黄诗冰，崔先泽，等. 深井煤矿硐室底臌控制对策与监测分析[J]. 岩土力学，2015，36(12)：3506-3515.

[45] 刘泉声，刘学伟，黄兴，等. 深井软岩破碎巷道底臌原因及处置技术研究[J]. 煤炭学报，2013，38(4)：566-571.

[46] 刘泉声，肖虎，卢兴利，等. 高地应力破碎软岩巷道底臌特性及综合控制对策研究[J]. 岩土力学，2012，33(6)：1703-1710.

[47] 付建军，刘泉声，赵海斌，等. 煤矿深部巷道底臌发生机理及防治对策研究[J]. 矿冶工程，2010，30(5)：21-26.

[48] 杨生彬，何满潮，刘文涛，等. 底角锚杆在深部软岩巷道底臌控制中的机制及应用研究[J]. 岩石力学与工程学报，2008，27(增刊 1)：2913-2920.

[49] 杨生彬，何满潮，王晓义，等. 孔庄矿深部软岩大巷底臌机理及控制对策研究[J]. 中国矿业，2007，16(4)：77-80.

[50] 何满潮，王树仁. 大变形数值方法在软岩工程中的应用[J]. 岩土力学，2004，25(2)：185-188.

[51] 袁瑞甫，程乐金，李怀珍. 深井高应力巷道卸压法防治底臌机理研究[J]. 矿业研究与开

发,2009,29(4):31-33.
[52] 景海河,胡刚,武雄.孔底爆破卸压法控制采区巷道底臌的数值模拟研究[J].黑龙江矿业学院学报,2000,10(4):11-14.
[53] 周同龄,李玉寿,高春花.巷道底臌的爆破卸压[J].矿山压力与顶板管理,1997,3-4(增刊1):158-160.
[54] CALLIS A V,NEWSON S R. Progress into roadway reinforcement techniques in the UK[J]. Mining engineering,1987,11:233-242.
[55] AFROUZ A. Methods to reduce floor heave and sides closure along the arched gate roads[J]. Mining science and technology,1990,10(3):253-263.
[56] 侯朝炯,张树东.控制巷道底鼓的一种新型环形支架[J].中国矿业学院学报,1985,14(3):49-57.
[57] 贾后省,王璐瑶,刘少伟,等.综放工作面煤柱巷道软岩底板非对称底臌机理与控制[J].煤炭学报,2019,44(4):1030-1040.
[58] 孟庆彬,韩立军,张建,等.深部高应力破碎软岩巷道支护技术研究及其应用[J].中南大学学报(自然科学版),2016,47(11):3861-3872.
[59] 唐芙蓉,刘娜,郑西贵.直墙半圆拱U型钢封闭支架控底力学模型及应用[J].煤炭学报,2014,39(11):2165-2171.
[60] 曹良胜.封闭式可伸缩U形支架在底臌巷道中的应用[J].江西煤炭科技,2011(3):52-53.
[61] GERBAUD L,MENAND S,SELLAMI H. PDC bits:all comes from the cutter/rock interaction: proceedings of IADC/SPE Drilling Conference[C]//Miami, Florida, USA,2006.
[62] BELLIN F, DOURFAYE A, KING W W, et al. The current state of PDC bit technology: proceedings of: IADC/SPE Drilling Conference[C]//Miami, Florida, USA,2006.
[63] MERCHANT M E. Mechanics of the metal cutting process. Ⅰ. orthogonal cutting and a type 2 chip[J]. Journal of applied physics,1945,16(5):267-275.
[64] MERCHANT M E. Mechanics of the metal cutting process. Ⅱ. plasticity conditions in orthogonal cutting[J]. Journal of applied physics,1945,16(5):318-324.
[65] NISHIMATSU Y. The mechanics of rock cutting[J]. International journal of rock mechanics and mining science geomechanics abstract,1972,9:261-270.
[66] WARREN T, SINOR A. Drag-bit performance modeling[J]. SPE drilling engineering,1989,4(2):119-127.
[67] LEBRUN M. Etude théorique et expérimentale de l'abattage Ingénierie mécanique application à la conception des machines d'abattage et de creusement[D]. Fontainebleau:Ecole Nationale Supérieure Des Mines de Paris,1978.
[68] GLOWKA D A. Design Considerations for a Hard-rock PDC Drill Bit[R]. Albuquerque,NM:T Sandia National Labs.,1985.
[69] GLOWKA D A. Developmentofa methodforpredictingtheperformanceand wear of PDC

(polycrystalline diamond compact) drill bits. Sandia Report: SAND86-1745 • UC-66c[R]. 1987:1-206.

[70] GLOWKA D A. Use of single-cutter data in the analysis of PDC bit designs: part 1-development of a PDC cutting force model[J]. Journal of petroleum technology, 1989,41(8):797-849.

[71] DETOURNAY E,DEFOURNY P. A phenomenological model for the drilling action of drag bits [J]. International journal of rock mechanics and mining science geomechanics abstract,1992,29:13-23.

[72] ALMENARA J,DETOURNAY E. Cutting experiments in sandstones with blunt PDC cutters, proceedings of Rock Characterization: ISRM Symposium, Eurock'92 [C]//Chester:International Society for Rock Mechanics,1992.

[73] SAMISELO W W. Rock-tool Friction as a Cuttability Predictor[D]. London:Imperial College,1992.

[74] LASSERRE C. Rock friction apparatus:Realisation de tests de coupe sur roches a l'Aide d'un outil PDC[R]. France:Institut en sciences et technologies geophysique et geotechniques,universite paris Ⅵ,1994.

[75] ADACHI JI. Frictional contact in rock cutting with blunt tools[D]. Civil Engineering, University of Minnesota,1996.

[76] ROSTAMSOWLAT I,AKBARI B,EVANS B. Analysis of rock cutting process with a blunt PDC cutter under different wear flat inclination angles [J]. Journal of petroleum science and engineering,2018,171:771-783.

[77] 徐小荷,余静. 岩石破碎学[M]. 北京:煤炭工业出版社,1984:1-3-10.

[78] 赵统武. 冲击凿入效率的波动理论研究[J]. 金属学报,1980,16(3):263-275.

[79] 单仁亮,杨永琦,赵统武. 冲击凿入系统效率的实验研究[J]. 凿岩机械气动工具,1991(4):49-53.

[80] FU M X,LIU S W,SU F Q. An experimental study of the vibration of a drill rod during roof bolt installation[J]. International journal of rock mechanics and mining sciences,2018,104:20-26.

[81] 刘少伟,付孟雄,张辉,等. 煤巷顶板锚固孔钻进钻杆振动机理与特征分析[J]. 中国矿业大学学报,2016,45(5):893-900.

[82] 付孟雄,刘少伟,贾后省. 锚杆机动力参数对煤巷顶板锚固孔钻进特征影响研究[J]. 采矿与安全工程学报,2018,35(3):517-524.

[83] 刘少伟,罗亚飞,贾后省. 煤巷顶板锚固孔钻进岩层界面能量响应特性研究[J]. 中国矿业大学学报,2018,47(1):88-96.

[84] 刘少伟,朱乾坤,贾后省,等. 煤巷顶板锚固孔钻进岩层界面动力响应特征与识别[J]. 采矿与安全工程学报,2017,34(4):748-753.

[85] 刘少伟,刘栋梁,冯友良,等. 应力状态对煤巷顶板锚固孔钻进速度的影响[J]. 煤炭学报,2014,39(4):608-613.

[86] 刘少伟,冯友良,刘栋梁. 煤巷层状顶板岩石钻进动态响应特性数值试验[J]. 岩石力学

与工程学报,2014,33(S1):3170-3176.

[87] 祝效华,罗衡,贾彦杰.考虑岩石疲劳损伤的空气冲旋钻井破岩数值模拟研究[J].岩石力学与工程学报,2012,31(4):754-761.

[88] 张林中.金刚石切削岩石的模拟[D].北京:中国地质大学(北京),2008.

[89] CHENG Z H,LI G S,HUANG Z W,et al. Analytical modelling of rock cutting force and failure surface in linear cutting test by single PDC cutte[J]. Journal of petroleum technology,2019,177:306-316.

[90] MENEZES P L,LOVELL M R,AVDEEV I V,et al. Studies on the formation of discontinuous rock fragments during cutting operation[J]. International journal of rock mechanics and mining sciences,2014,71:131-142.

[91] GRADY D E. Local inertial effects in dynamic fragmentation[J]. Journal of applied physics,1982,53(1):322-325.

[92] GRADY D E. Fragment size prediction in dynamic fragmentation:proceedings of AIP Conference[C]//Menlo Park,USA,1982.

[93] GLENN L A,GOMMERSTADT B Y,CHUDNOVSKY A. A fracture mechanics model of fragmentation[J]. Journal of applied physics,1986,60(3):1224-1226.

[94] GLENN L A,CHUDNOVSKY A. Strain-energy effects on dynamic fragmentation [J]. Journal of applied physics,1986,59(4):1379-1380.

[95] ZHOU F H,MOLINARI J F,RAMESH K T. Effects of material properties on the fragmentation of brittle materials[J]. International journal of fracture,2006,139(2):169-196.

[96] LEVY S,MOLINARI J F. Dynamic fragmentation of ceramics,signature of defects and scaling of fragment sizes[J]. Journal of the mechanics and physics of solids,2010,58(1):12-26.

[97] 赵志红,郭建春.层内爆炸压裂岩石破碎颗粒尺寸的预测模型[J].爆炸与冲击,2011,31(6):669-672.

[98] 赵志红,郭建春,王辰龙.层内爆炸压裂岩石破碎颗粒尺寸预测与影响因素分析[J].石油钻采工艺,2011,33(3):58-61.

[99] 张立国,李守巨,付增绵,等.炸药破碎岩石能量利用率的研究[J].辽宁工程技术大学学报(自然科学版),1998,17(2):133-137.

[100] 王利,高谦.基于损伤能量耗散的岩体块度分布预测[J].岩石力学与工程学报,2007,26(6):1202-1211.

[101] 谢和平,陈忠辉,王家臣.放顶煤开采巷道裂隙的分形研究[J].煤炭学报,1998,23(3):30-35.

[102] 谢和平.动态裂纹扩展中的分形效应[J].力学学报,1995,27(1):18-27.

[103] 高峰,谢和平,赵鹏.岩石块度分布的分形性质及细观结构效应[J].岩石力学与工程学报,1994,13(3):240-246.

[104] 李德建,贾雪娜,苗金丽,等.花岗岩岩爆试验碎屑分形特征分析[C]//第十一次全国岩石力学与工程学术大会论文集.武汉:湖北科学技术出版社,2010:698-707.

[105] 李德建，贾雪娜，苗金丽，等. 花岗岩岩爆试验碎屑分形特征分析[J]. 岩石力学与工程学报，2010，29(增刊1)：3280-3289.

[106] 李德建，贾雪娜，苗金丽，等. 花岗岩岩爆实验碎屑分形特征分析[C]//中国软岩工程与深部灾害控制研究进展：第四届深部岩体力学与工程灾害控制学术研讨会暨中国矿业大学(北京)百年校庆学术会议论文集. 北京：中国岩石力学与工程学会软岩工程与深部灾害控制分会，2009：313-321.

[107] 闫铁，张杨，杜树明. 基于岩屑分形破碎特征的钻井工程能效评价模型[J]. 岩石力学与工程学报，2014，33(增刊1)：3157-3163.

[108] 李玮，闫铁. 基于分形岩石破碎比功方程的钻井优化[J]. 石油学报，2011，32(4)：693-696.

[109] 闫铁，李玮，毕雪亮，等. 一种基于破碎比功的岩石破碎效率评价新方法[J]. 石油学报，2009，30(2)：291-294.

[110] WEIBULL W. A statistical theory of the strength of materials[J]. Ingeniorsvetens kapsakademiens handlingar. 1939，151：1-45.

[111] ROSIN P O，RAMMLER E J. The laws governing the fitness of powdered coal[J]. Journal of the institute of fuel，1933，7：29-36.

[112] CHEONG Y S，REYNOLDS G K，SALMAN A D，et al. Modelling fragment size distribution using two-parameter Weibull equation[J]. International journal of mineral processing，2004，74：S227-S237.

[113] BLAIR D P. Curve-fitting schemes for fragmentation data[J]. Fragblast，2004，8(3)：137-150

[114] HOU T X，XU Q，YANG X G，et al. Experimental study of the fragmentation characteristics of brittle rocks by the effect of a freefall round hammer[J]. International journal of fracture，2015，194(2)：169-185.

[115] JAMES D H，ROBERT J R，JOHN G S，et al. Dynamic fragmentation of granite for impact energies of 6-28 J Engineering fracture mechanics，2012，79：103-125.

[116] 郑春山. 穿层钻孔煤或瓦斯喷出机理及防治关键技术研究[D]. 徐州：中国矿业大学，2014.

[117] 贾明群，王毅，王力，等. 复合排渣钻进技术在松软突出煤层中的应用[J]. 探矿工程(岩土钻掘工程)，2010，37(4)：23-26.

[118] 谢浩，张忠孝，周托，等. 一种用于流化床的新型固态排渣装置[J]. 动力工程，2009，29(10)：899-903.

[119] 杨永良，李增华，高文举，等. 煤层钻孔风力排渣模拟实验研究[J]. 采矿与安全工程学报，2006，23(4)：415-418.

[120] 王海锋，李增华，杨永良，等. 钻孔风力排渣最小风速及压力损失研究[J]. 煤矿安全，2005，36(3)：4-6.

[121] 姜晓举. 突出煤层长钻孔风力排渣影响因素分析[J]. 煤矿现代化，2004(6)：61-62.

[122] 吴占强. 风力排渣成孔在汝箕沟煤矿钻孔施工中的应用[J]. 探矿工程(岩土钻掘工程)，2004，31(9)：57-58.

[123] 秋实.关于凿岩排渣问题的分析[J].凿岩机械气动工具,2002(1):27-32.

[124] 侯朝炯团队.巷道围岩控制[M].徐州:中国矿业大学出版社,2013:257-261.

[125] 马念杰,郭励生,杜木民.锚杆三径的合理匹配[J].中国煤炭,1998,24(1):35-37,55.

[126] AOUZ I. Numerical simulation of laminar and turbulent flows of wellbore fluids in annular passages of arbitrary cross-section[D]. Tulsa:University of Tulsa,1994.

[127] FORD J T, PEDEN J M, OYENEYIN M B, et al. Experimental investigation of drilled cuttings transport in inclined boreholes: proceedings of SPE Annual Technical Conference and Exhibition [C]//New Orleans: Society of Petroleum Engineers,1990:1-15.

[128] HYUN C, SHAH S, OSISANYA S. A three-layer modeling for cuttings transport with coiled tubing horizontal drilling: proceedings of SPE Annual Technical Conference and Exhibition[C]//Dallas:Society of Petroleum Engineers,2000:1-14.

[129] KELESSIDIS V C, BANDELIS G E. Flow patterns and minimum suspension velocity for efficient cuttings transport in horizontal and deviated wells in coiled-tubing drilling[J]. SPE drilling & completion,2004,19(4):213-227.

[130] NGUYEN D, RAHMAN S S. A three-layer hydraulic program for effective cuttings transport and hole cleaning in highly deviated and horizontal wells[J]. SPE drilling & completion,1998,13(3):182-189.

[131] YASSIN A, ISMAIL A R, MOHAMMAD A. Evaluation of formation damage caused by drilling fluid in deviated wellbore: proceedings of: Seminar Penyelidikan Fakulti Kej. Kimia & Kej. Sumber Asli[C]//Kuala Lumpur:FKKKSA,1993:1-24.

[132] BOYCOTT A E. Sedimentation of blood corpuscles[J]. Nature,1920,104:532.

[133] BECKER T E. Correlations for drill-cuttings transport in directional-well drilling [D]. Tulsa:University of Tulsa,1987.

[134] AZAR J J, SANCHEZ R. Important issues in cuttings transport for drilling directional wells: proceedings of Latin American and Caribbean Petroleum Engineering Conference[C]//Rio de Janeiro:Society of Petroleum Engineers,1997:1-20.

[135] PILEHVARI A, AZAR J J, SHIRAZI S. State-of-the-art cuttings transport in horizontal wellbores[J]. SPE drilling& completion,1999,14(03):196-200.

[136] SANCHEZ R A, AZAR J J, BASSAL A A, et al. effect of drillpipe rotation on hole cleaning during directional well drilling[J]. SPE journal,1999,4(2):101-108.

[137] 翟羽佳,汪志明,张同义.充气欠平衡钻井水平段环空岩屑运移规律实验研究[J].科学技术与工程,2016,16(19):63-71.

[138] 孙士慧,闫铁,毕雪亮,等.钻具旋转对泡沫钻井岩屑运移规律影响的研究[J].石油天然气学报,2014,36(5):97-101.

[139] 孙晓峰,闫铁,崔世铭,等.钻杆旋转影响大斜度井段岩屑分布的数值模拟[J].断块油气田,2014,21(1):92-96.

[140] 翟羽佳,汪志明,张权,等.深水钻井隔水管段携岩规律研究[J].科学技术与工程,

2013,13(27):7966-7970.
[141] 王永龙,孙玉宁,刘春,等.软煤层钻进钻穴区钻屑运移动态特征及应用[J].采矿与安全工程学报,2016,33(6):1138-1144.
[142] 王永龙,宋维宾,孙玉宁,等.瓦斯抽采钻孔堵塞段力学模型及其应用[J].重庆大学学报,2014,37(9):119-127.
[143] 孙玉宁,王永龙,翟新献,等.松软突出煤层钻进困难的原因分析[J].煤炭学报,2012,37(1):117-121.
[144] 张明杰,杨硕.松软煤层螺旋钻杆钻进中的吸钻卡钻力学机理[J].煤田地质与勘探,2015,43(5):121-124.
[145] 李旺年,阚志涛,李旭涛.全液压履带钻机在煤矿巷道底板锚固施工中的应用[J].煤矿现代化,2017(3):6-8.
[146] 徐锁庚.软岩巷道底板液压钻机设计理论及关键技术研究[D].徐州:中国矿业大学,2014.
[147] 阚志涛,张幼振,马冰,等.全液压履带钻机改进及在巷道底板锚固中的应用[J].煤炭科学技术,2014,42(2):9-11.
[148] 姜清.气液双动底板锚索钻机设计与研究[D].淮南:安徽理工大学,2013.
[149] 王永龙,刘春,孙玉宁,等.瓦斯抽采钻孔棱状钻杆排渣原理数值模拟[J].安全与环境学报,2015,15(4):89-93.
[150] 王永龙,翟新献,孙玉宁.刻槽钻杆应用于突出煤层钻进的合理参数研究[J].煤炭学报,2011,36(2):304-307.
[151] 王永龙,孙玉宁,翟新献,等.棱状钻杆应用于松软突出煤层钻进强度匹配研究[J].中国安全生产科学技术,2014,10(10):48-54.
[152] 张波.突出煤层双动力排渣钻杆的分析与研究[D].焦作:河南理工大学,2011.
[153] 张辉.超千米深井高应力巷道底鼓机理及锚固技术研究[D].北京:中国矿业大学(北京),2013.
[154] 徐佑林,张辉.煤矿巷道底板锚固钻孔钻具的研制与应用[J].中国煤炭,2018,44(5):71-73.
[155] 王其洲,谢文兵,荆升国.巷道底板锚杆(索)高效施工装置研制及应用[J].采矿与安全工程学报,2015,32(6):973-977.
[156] 刘晓明,熊力,刘建华,等.基于能量耗散原理的红砂岩崩解机制研究[J].中南大学学报(自然科学版),2011,42(10):3143-3149.
[157] 何鹏,刘长武,王琛,等.沉积岩单轴抗压强度与弹性模量关系研究[J].四川大学学报(工程科学版),2011,43(4):7-12.
[158] 李江腾,古德生,曹平,等.岩石断裂韧度与抗压强度的相关规律[J].中南大学学报(自然科学版),2009,40(6):1695-1699.
[159] 张泽琳,杨建国,王羽玲.基于 MATLAB 的煤粒图像识别系统及其密度和产率的预测[J].选煤技术,2011(1):53-56.
[160] SALMAN A D,FU J,GORHAM D A,et al. Impact breakage of fertiliser granules [J]. Powder technology,2003,130(1-3):359-366.

[161] 张倩倩.掘进机截齿截割硬岩的试验与数值模拟研究[D].太原:太原理工大学,2016.

[162] 张幼振,石智军,田东庄,等.高强度大通孔钻杆接头圆锥梯形螺纹的有限元分析及改进设计[J].煤炭学报,2010,35(7):1219-1223.

[163] 河南理工大学岩石力学实验室.沽源金牛能源有限公司巷道围岩物理力学参数试验报告[R].焦作:河南理工大学,2010.

[164] 洪达灵,顾太和,徐曙光,等.钎钢与钎具[M].北京:煤炭工业出版社,2001.

[165] 黄志永.新型 55SiMnMo 中空钢的研制[J].特钢技术,1995,1(4):37-40.

[166] YUW,XIE B S,WANG B,et al. Effect of rolling process on microstructure and properties of 95CrMo drill steel[J]. Journal of iron and steel research international, 2016,23(9):910-916.